高等教育“十三五”规划教材

测　量　学

主　编　王崇倡
副主编　吉长东　车莉娜
参　编　韦　峰　鲍　勇　张冬梅

中国矿业大学出版社

内容提要

本书叙述了水准测量、角度测量、距离测量、测量误差、控制测量、大比例尺地形图的测绘、测设与建筑施工测量、道桥工程测量、管线工程测量、地质勘探工程测量和矿山测量的基本理论、模型与方法，并结合实际工程给出了应用案例。本书从测绘和测设两个层面上讲述了测量基本原理和方法，结合工程实例对测量学的基本理论给出了独特的阐述。

图书在版编目(CIP)数据

测量学 / 王崇倡主编. —徐州：中国矿业大学出版社，2018.1(2019.7 重印)

ISBN 978-7-5646-3896-2

Ⅰ. ①测… Ⅱ. ①王… Ⅲ. ①测量学—高等学校—教材 Ⅳ. ①P2

中国版本图书馆 CIP 数据核字(2018)第020530号

书　　名　测量学
主　　编　王崇倡
责任编辑　王加俊
出版发行　中国矿业大学出版社有限责任公司
(江苏省徐州市解放南路　邮编 221008)
营销热线　(0516)83884103　83885105
出版服务　(0516)83995789　83884920
网　　址　http://www.cumtp.com　**E-mail**：cumtpvip@cumtp.com
印　　刷　江苏淮阴新华印务有限公司
开　　本　787mm×1092mm　1/16　**印张** 15.25　**字数** 381 千字
版次印次　2018 年 1 月第 1 版　2019 年 7 月第 2 次印刷
定　　价　30.00 元

前　言

本书介绍了测量学的研究对象、现代测绘相关理论知识及应用情况，主要包括：测量学的研究与应用领域，地球的形状、大小及地面点位的确定，直线定向与坐标计算；水准测量原理，水准仪及其使用，水准测量作业及水准测量误差；角度测量原理，经纬仪及角度观测，水平角测量误差；视距测量，普通钢尺、电磁波和全站仪测距；测量误差，偶然误差及衡量精度的标准，误差传播定律；导线测量，交会法测量，高程控制测量，GPS卫星定位测量；地形图的基本知识，地形图的符号、分幅与编号，图根点加密与大比例尺地形图的测绘；测设水平距离、水平角、平面位置、已知高程和已知坡度线；建筑场地的施工控制测量、竣工测量和变形观测；道路路线初测、定测和曲线测量，施工测量，竣工测量和桥梁工程测量；管道中线测量，纵横断面图测绘，管道施工测量和竣工测量；勘探工程测量，地质剖面测量，地质填图测量；井下控制测量，井下联系测量，巷道施工测量等，并配有大量的实例。

本书可作为高等院校非测绘专业教材，也可供从事测绘专业的科技人员及高等院校相关专业师生参考。

本教材由王崇倡任主编，吉长东、车莉娜任副主编。其中第一章绪论、第二章水准测量和第三章角度测量由吉长东编写；第四章距离测量与全站仪由车莉娜编写；第五章测量误差的基本知识、第六章控制测量、第七章大比例尺地形图的测绘和应用、第八章测设的基本工作由韦峰编写；第九章建筑施工测量、第十章道桥工程测量、第十一章管线工程测量由鲍勇编写；第十二章地质勘探工程测量、第十三章矿山测量由张冬梅编写。

由于测量学相关多个学科内容较多，相关理论与算法也在不断发展和完善，其应用领域也在不断拓宽，加上作者理论水平与实践经验有限，书中难免有错误和不当之处，敬请读者批评指正。

编　者

2018年1月

目　录

第一章 绪 论

第一节 测量学的研究与应用领域

测量学是采集、量测、处理、应用与地球和空间分布有关数据的一门科学。它的研究对象非常广泛,包括从地球的形状、大小乃至地球以外的空间,到地面上局部区域的面积及点位等有关数据和信息。按照研究范围和对象的不同,测绘科学形成了许多分支学科。

一、大地测量学

大地测量又可分为卫星大地测量、空间大地测量、几何大地测量(空间大地测量与几何大地测量又称为天文大地测量)、重力大地测量、海洋大地测量等。大地测量主要研究地球的形状与大小(精化水准面)、地球的整体运动(地球的自转和极移等)、地球的局部运动(板块运动和区域性地壳形变等)。

大地测量为地球动态变化状态以及动力学机制提供理论研究依据;为研究海平面变化、保护人类生存环境、地震中长期预报提供依据和信息;为经济建设提供控制依据;为航空、航天、航海提供定轨、定位的基础数据;为国防建设提高战略、战术武器的命中精度提供制导手段等。

二、摄影测量与遥感

摄影测量与遥感可分为航天摄影测量、航空摄影测量、地面立体摄影测量、遥感测量等。

摄影测量可以快速获取地球表面上地貌地物的影像。在当代通信技术、计算机技术的支持下,可以实时获取各种纸质和数字地图。利用遥感技术(电磁波、光波、热辐射等)可以快速获取地球表面、地球内部、环境景象、天体等传感目标的信息特征信号,以应用于农业调查、植被分布、地下资源、气象、环境污染等调查以及自然灾害预测等方面。

三、地形测量学(或普通测量学)

地形测量学主要研究地球表面小范围的测绘问题。由于以全球定位系统(GPS)、地理信息系统(GIS)、当代遥感技术(RS)即 3S 技术为代表的测绘新技术的迅猛发展,地形测量学的产品已经开始由传统的纸质地图快速向 4D 产品[数字高程模型(DEM)、数字正射影像图(DOM)、数字栅格地图(DRC)、数字线划地图(DLG)]过渡。4D 产品在网络的支持下,成为国家空间数据基础设施(NSDI)的基础,给相关的研究工作以及国民经济各行业、各部门应用地理信息带来方便。

四、工程测量学

工程测量学主要研究有关城市建设、矿山工厂、水利水电、农林牧业、道路交通、地质矿产等领域的勘测设计、建设施工、竣工验收、生产经营、变形监测等方面的测绘。工程测量学应用基本测量理论、技术、仪器设备,针对不同工程的特点,研究其具有特殊性的施工测绘方法。

测量学科的地位非常重要。在21世纪的信息时代,国家信息基础设施(NII)即"国家信息高速公路"必须以国家空间数据基础设施(NSDI)为基础,未来的"数字地球"也必须以NSDI为基础。现代测绘业是NSDI的主干产业,它提供的地理信息数据产品、技术产品和地理信息工程将作为NSDI的基础框架,因而现代测绘行业越来越多地被称为地球信息科学产业。

测绘科学在国家各级政府部门的管理和决策、国民经济的发展规划、科学研究、工农业基本建设、国防建设中都有着极广泛的应用。对于各种工程建设,在勘测设计阶段就要求有相应比例尺的地形图,供规划、选址、管道及交通路线选线以及总平面图设计和竖向设计之用。在施工阶段,要将设计的建筑物、构筑物的平面位置和高程测设于实地,指导施工。施工结束后,还要进行竣工测量,绘制竣工图,供日后扩建和维修之用。对某些大型及重要的建筑物和构筑物还要进行变形观测,保证其安全运营和使用。

对于一般工程建设而言,测量学的基本工作内容包括两个部分:测定(或测绘)和测设(或放样)。测定是通过使用专用仪器设备,采用一定的技术方法,将地貌地物转化成一系列的数据,经过处理后成为各种纸质地图或数字地图。测设则是测定的反过程,即将图上的规划或设计(例如构筑物的位置、图形)在实地上标定出来,作为建设施工的依据。

本课程的学习,要求学生对测量学的基本知识、基础理论有一定的了解,并掌握工程水准仪、经纬仪等常规工程测绘仪器的基本操作方法和基本内业计算工作,以便在各自的专业中具有正确应用有关测绘信息与资料的能力,更好地为专业工作服务。

第二节　地球的形状与大小

地球的自然表面极为复杂,有高山、丘陵、盆地、平原和海洋。人们把平均海水面及其延伸到大陆内部所形成的闭合曲面,称为大地水准面(图1-1),用来代表地球的几何形状。这是因为大地水准面同地球表面的形状非常接近。大地水准面是一个处处与重力方向垂直的封闭曲面。重力的方向线又称铅垂线,是测量工作的基准线,而大地水准面则是测量工作的一个基准面。

地球内部质量分布不均匀,引起了铅垂线方向的变化,导致大地水准面成为一个复杂的曲面,人们无法在这个曲面上直接进行测绘和数据处理。然而从力学角度看,地球是一个旋转的均质流体,其平衡状态是一个旋转椭球体。于是人们进一步利用一个合适的旋转椭球面来逼近大地水准面[图1-1(b)]。

旋转椭球面是一个数字表面。在直角坐标系 $O—XYZ$ 中(图1-2),若椭圆长半轴为 a,

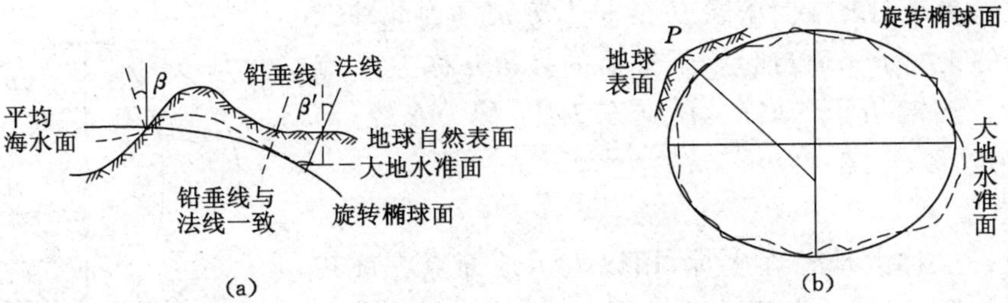

图 1-1　地球自然表面、大地水准面和旋转椭球面

短半轴为 b，则旋转椭球面标准方程为：

$$\frac{X^2}{a^2}+\frac{Y^2}{a^2}+\frac{Z^2}{b^2}=1 \tag{1-1}$$

地球的形状非常接近于一个旋转椭球，其长半轴 a 为 6 378 140 m，短半轴 b 为 6 356 755 m，扁率 f 为 1∶298.257。其中

$$f=\frac{a-b}{a} \tag{1-2}$$

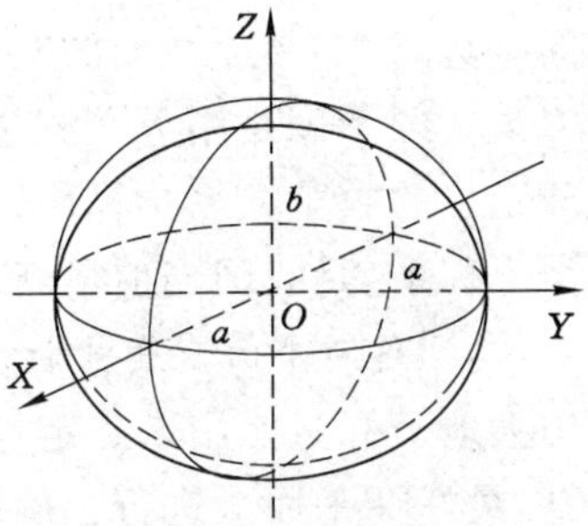

图 1-2　旋转椭圆

在一般情况下，地面点上的铅垂线同旋转椭球面正交的法线是不平行的，两者之间的夹角称为垂线偏差，以 β' 表示，其值一般在 $10''$ 之内［图 1-1(a)］。由于地球椭球的扁率很小，当测区面积不大时，可以把地球当作圆球看待，其平均半径为 6 371 km。

第三节　地面点位的确定

测量工作的根本任务是确定地面点的位置。确定地面点的空间位置，通常是求出该点的球面位置或投影在水平面上的平面位置，称为坐标，以及求出该点到大地水准面的铅垂距离，称为高程或标高，也就是确定地面点的坐标和高程。

一、地面点的坐标

根据实际情况，可选用下列三种坐标系统中的一种来确定地面点的坐标。

（一）地理坐标

地面点在球面上的位置是用经纬度来表示的，称为地理坐标。地理坐标又按坐标所依据的基本线和基本面的不同以及求坐标方法的不同，分为天文坐标和大地坐标两种。

1. 天文坐标

天文坐标又称天文地理坐标，用以表示地面点在大地水准面上的位置，用天文经度 λ 和天文纬度 φ 来表示，如图 1-3 所示。

图 1-3 中，G 点为英国格林尼治天文台位置，过 G 点包含 ON 的平面称为起始天文子午面。地球的自转轴 NS 称为地轴。垂直于地轴的平面与球面的交线称为纬线，垂直于地轴的平面并通过球心 O 与球面相交的纬线称为赤道，经过 P 点的铅垂线和赤道平面的夹角，称为 P 点的纬度，常以 φ 表示。由于地球是椭球体，所以地面点的铅垂线不一定经过地球

中心。纬度从赤道向北或向南自 0°至 90°,分别称为北纬或南纬。P 点的天文子午面与起始子午面的夹角 λ 称为 P 点的天文经度。由起始子午面起算,向东为正,称为东经;向西为负,称为西经。

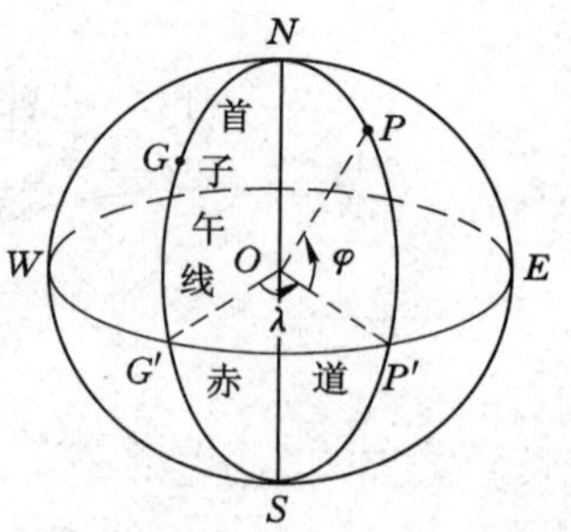

图 1-3 天文坐标

2. 大地坐标

大地坐标又称大地地理坐标,用以表示地面点在旋转椭球面上的位置,用大地经度 L 和大地纬度 B 表示。P 点的大地经度 L,就是包含 P 点的子午面和首子午面所夹的两面角;P 点的大地纬度 B,就是过 P 点的法线(与旋转椭球面垂直的线)与赤道面的交角。

天文经纬度是用天文测量的方法直接测定的,而大地经纬度是根据大地测量数据并由椭球定位的数学关系推算而得的。不同的椭球和定位方法得到不同的坐标系。2000 国家大地坐标系,是我国当前最新的国家大地坐标系(CGCS2000)。

(二) 高斯平面直角坐标

大地坐标只能用来确定地面点在旋转椭球面上的位置,不能直接用来测图。测量上的计算,最好在平面上进行。旋转椭球面是一个曲面,不能简单地展成平面,我国采用高斯投影的方法建立一个平面直角坐标系。

高斯投影就是设想将截面为椭圆的一个圆柱面横套在旋转椭球外面[图 1-4(a)],并与旋转椭球面上某一条子午线(如 NOS)相切,同时使圆柱的轴位于赤道面内,并通过椭球中心相切的子午线(称为中央子午线),然后将中央子午线附近的旋转椭球面上的点、线投影到横圆柱面上,如将旋转椭球面上的 M 点,投影到横圆柱面上得 m 点,再顺着过极点的母线,将圆柱面剪开,展成平面如图 1-4(b)所示,这个平面称为高斯投影平面。

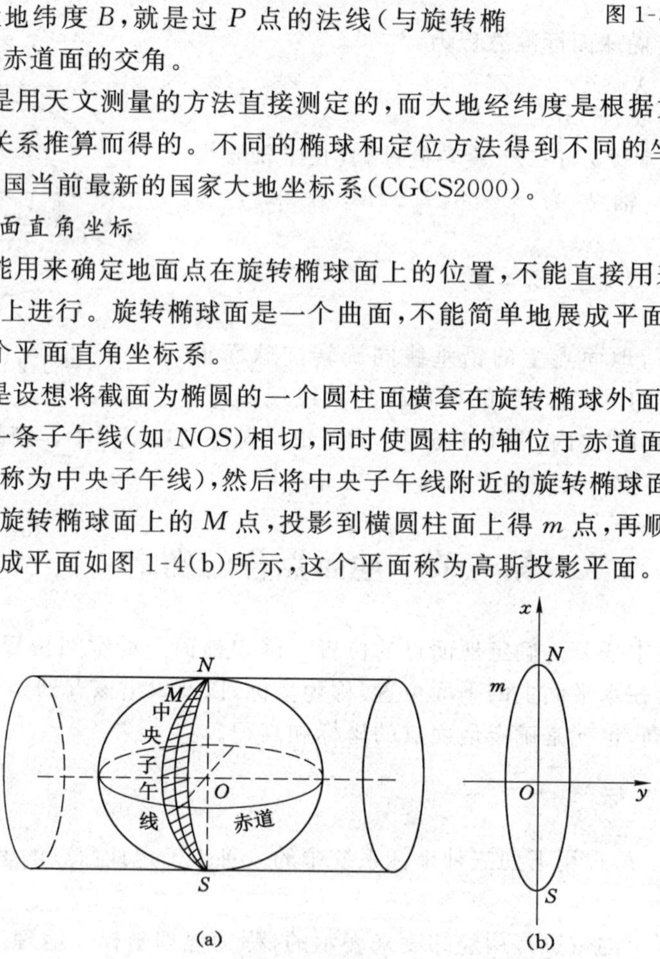

图 1-4 高斯投影

高斯投影平面上的中央子午线投影为直线且长度不变,其余的子午线均为凹向中央子午线的曲线。其长度大于投影前的长度,离中央子午线越远长度变形越大。为了将长度变形限制在测量精度允许的范围内,人们采用了投影带的划分,一般采用 3°或 6°分带法。6°分带法即从格林尼治零子午线起每隔经差 6°为一带,将旋转椭球面由西向东等分为 60 带[图 1-5(a)],0°～6°为第一带。第一带的中央子午线的经度为 3°[图 1-5(b)],任意带中央子午线经度 L_0 可按下式计算:

$$L_0 = 6n - 3 \tag{1-3}$$

式中，n 为投影带的号数。每一投影带采用各自独立的高斯平面直角坐标系[图 1-6(a)]。

实践证明，6°带投影后，其边缘部分的变形能满足 1∶25 000 或更小比例尺测图的精度要求。

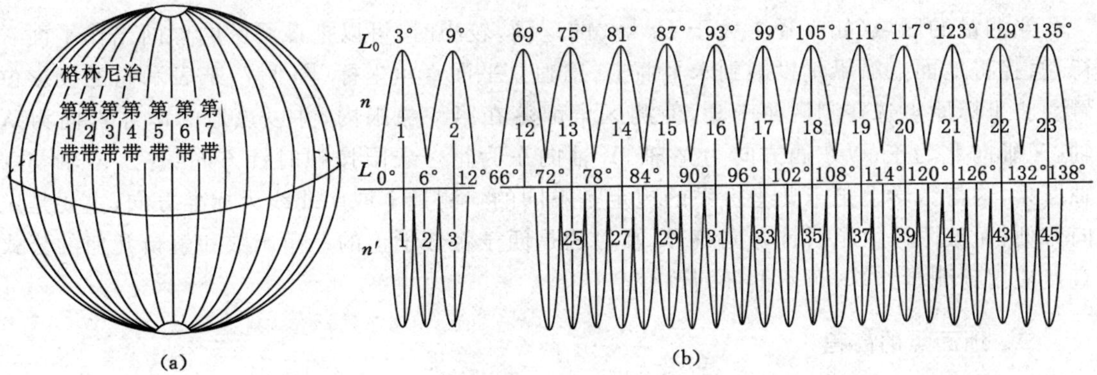

图 1-5 高斯投影分带

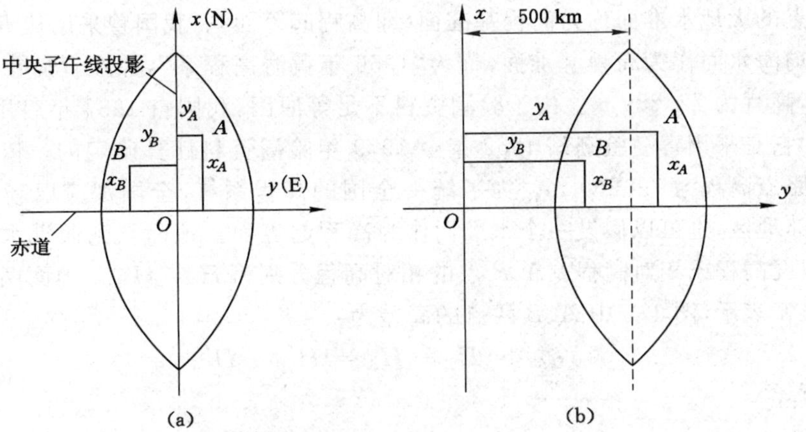

图 1-6 高斯平面直角坐标

(a) 坐标原点西移前的高斯平面直角坐标系；(b) 坐标原点西移后的高斯平面直角坐标系

当进行 1∶10 000 或更大比例尺测图时，要求投影变形更小，可用 3°分带法[图 1-5(b)]或 1.5°分带法。3°分带法是从东经 1°30′起，每隔 3°划分一带，全球共划分为 120 带，每带中央子午线经度 L_0 可按下式计算：

$$L_0 = 3n \tag{1-4}$$

测量学上以每一带的中央子午线的投影为直角坐标系的纵轴 x，向上为正，向下为负；以赤道的投影为直角坐标系的横轴 y，向东为正，向西为负；两轴交点 O 为坐标原点。由于我国领土全部位于赤道以北，因此，x 值均为正值，而 y 值则有正有负，如图 1-6(a)所示，假设 $y_A = +148\ 680.54$ m，$y_B = -134\ 240.69$ m。为了避免出现负值，将每带的坐标原点向西移 500 km,则每点的横坐标值均为正值,如图 1-6(b)所示,$y_A=500\ 000+148\ 680.54=648\ 680.54$ m,$y_B=500\ 000-134\ 240.69=365\ 759.31$ m。

为了能根据横坐标值确定某点位于哪一个分带内,在横坐标值前冠以带的编号。假如 A 点位于第 20 带内,则其横坐标值 $y_A=20\ 648\ 680.54$ m。

(三) 独立平面直角坐标

当测量的区域(如半径不大于 10 km 的范围)较小时,可以把该测区的球面当作平面看待,直接将地面点沿铅垂投影到水平面上,用独立平面直角坐标(图 1-7)来表示它的投影位置。将坐标原点选在测区西南角,使测区全部落在第一象限内,并以该地的南北方向为 X 轴,X 轴向北为正;以东西方向为 Y 轴,Y 轴向东为正。象限按顺时针方向编号,X 轴与 Y 轴互换,这与数学上笛卡儿坐标系的规定是不同的。测量上取南北线为标准方向,主要是定向方便,而象限采取顺时针方向编号,其目的是便于将数学上的三角函数和解析几何的公式直接应用到测量计算,可不做任何改变。

二、地面点的高程

地面点到大地水准面的铅垂距离,称为绝对高程,又称海拔。如图 1-8 中的 A、B 两点的绝对高程为 H_A、H_B。海水面由于受潮汐、风浪等影响,是个动态的曲面,它的高低时刻都在变化,通常是在海边设立验潮站,进行长期观测,取海水面的平均高度作为高程零点。通过该零点的大地水准面称为高程基准面(即高程起算面)。我国曾采用从青岛验潮站求得的黄海平均海水面作为高程基准面,称为"1956 年黄海高程系",并在青岛市观象山上建立水准原点,高程为 72.289 m。由于验潮资料不足等原因,我国自 1987 年启用"1985 国家高程基准"。它是采用青岛验潮站 1952 年至 1979 年验潮资料计算确定的。依此推算的青岛国家水准原点高程为 72.260 m。为了统一全国的高程系统,全国都应以新的原点高程为准。在局部地区,也可以假设一个水准面作为高程起算面。地面点到假设水准面的铅垂距离,称为假设高程或相对高程。A、B 点的相对高程分别为 H'_A、H'_B。地面两点高程之差称为高差,以 h 表示,图 1-8 中 A、B 两点的高差为:

$$h_{AB}=H_B-H_A=H'_B-H'_A \tag{1-5}$$

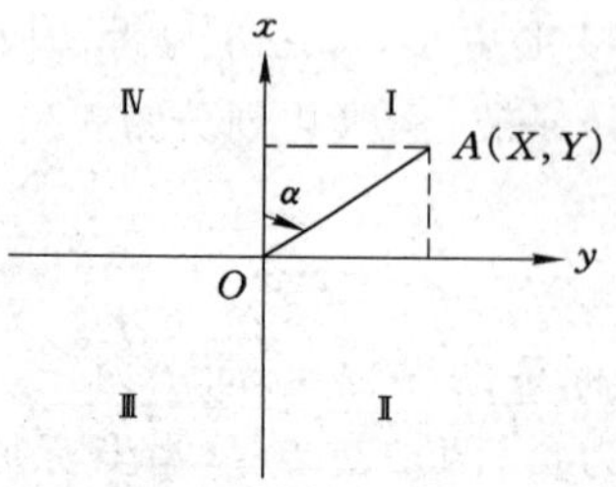

图 1-7 独立平面直角坐标系

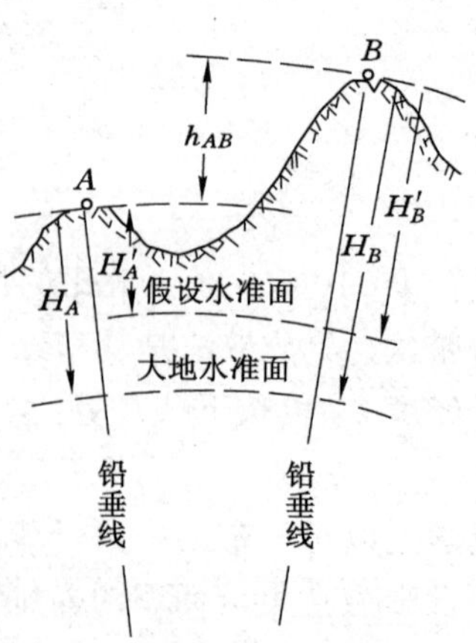

图 1-8 高程和高差

三、水平面代替水准面的限度

对于众多的工程来说，图纸是平面的，而且要求平面图上地貌、地物是实际地貌、地物按比例缩小的相似形。然而水准面是不可展开的曲面，如果一定要将水准面展开成平面，则会发生变形。

下面分别讨论不考虑地球曲率，直接用水平面代替水准面时这种变形对平面距离和高程的影响，以便确定在允许的精度内（变形产生的误差可以忽略不计）以水平面代替水准面的限度。

（一）对距离的影响

如图 1-9 所示，设球面 P 与水平面 P' 在 a 点相切，a，b 两点在球面上的弧长为 D，在水平面上的距离为 S'，则 $D=R\cdot\theta$，$S'=R\cdot\tan\theta$，以水平长度 S' 代替球面上弧长 D 所产生的误差为：

$$\Delta D = S' - D = R\tan\theta - R\theta = R(\tan\theta - \theta)$$

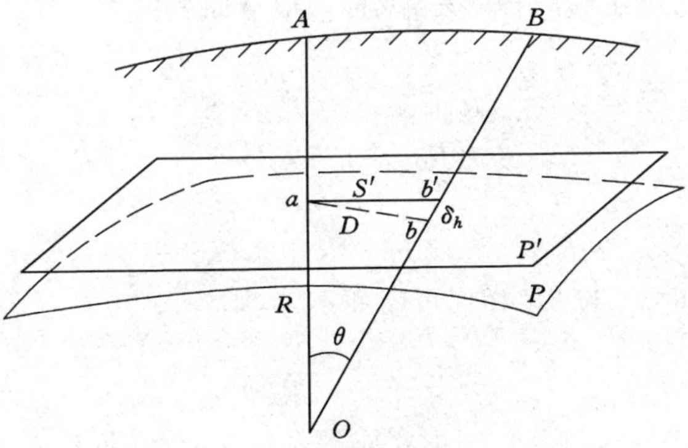

图 1-9 水平面代替水准面的影响

将 $\tan\theta$ 按级数展开，略去高次项，得：

$$\tan\theta = \theta + \frac{1}{3}\theta^3 + \cdots$$

因而：

$$\Delta D = R\left[\left(\theta + \frac{1}{3}\theta^3 + \cdots\right) - \theta\right] = R\cdot\frac{\theta^3}{3}$$

以 $\theta=\dfrac{D}{R}$ 代入式(1-5)，得：

$$\Delta D = \frac{D^3}{3R^2} \tag{1-6}$$

或

$$\frac{\Delta D}{D} = \frac{1}{3}\left(\frac{D}{R}\right)^2 \tag{1-7}$$

取 R=6 371 km，并以不同的 D 值代入式(1-6)和式(1-7)，则可得出距离误差 ΔD 和相对误差 $\Delta D/D$，见表 1-1。由表 1-1 可知，当距离为 10 km 时，以平面代替曲面所产生的距离相对误差为 1∶1 250 000，这样小的误差，就是在地面上进行最精密的距离测量也是容许的。因此，在半径为 10 km 的范围内，即面积约 320 km^2 内，以水平面代替水准面所产生的距离误差可忽略不计。当精度要求较低时，还可以将测量范围的半径扩大到 25 km，即面积约为 2 000 km^2。

表 1-1　　水平面代替水准面的距离误差和相对误差

距离 D/km	距离误差 ΔD/cm	相对误差 $\Delta D/D$
10	0.8	1 : 1 250 000
25	12.8	1 : 200 000
50	102.6	1 : 49 000
100	821.2	1 : 12 000

（二）对高程的影响

在图 1-9 中，A、B 两点在同一水准面上，其高程应相等。B 点投影到水平面上得 b'，即为水平面代替水准面所产生的高程误差，或称为地球曲率的影响。

设 $bb'=\delta_h$，则：

$$(R+\delta_h)^2 = R^2 + S'^2$$

$$2R\delta_h + \delta_h{}^2 = S'^2$$

$$\delta_h = \frac{S'^2}{2R+\delta_h}$$

式中，用 D 代替 S'，同时 δ_h 与 $2R$ 相比可略而不计，则：

$$\delta_h = \frac{D^2}{2R} \tag{1-8}$$

以不同的距离 D 代入式(1-8)，则得相应的高程误差值，见表 1-2。

表 1-2　　水平面代替水准面的高程误差

D/km	0.1	0.5	1	2	3	4	5	10
δ_h/cm	0.08	2	8	31	71	126	196	785

由表 1-2 可知，当以水平面代替水准面，1 km 的距离内，高程误差就有 8 cm。因此，当进行高程测量时，即使距离很短也必须考虑地球曲率的影响。

第四节　直线定向与点位坐标计算

由第三节可知，地面上测量的数据，在高斯平面直角坐标系中，可方便地应用数学公式进行有关计算。在图 1-10 中，若知道 1、2 两点坐标，即可求得两点相对关系的数据。即两点连线的水平距离 S_{12} 及连线的坐标方位角或方向角 α_{12}，或知道距离 S_{12} 后，可计算坐标增量 Δx_{12} 和 Δy_{12}。

一、直线定向

在测量工作中，确定一直线与基准方向的关系称为直线定向。

(一) 基准方向

测量工作中,常采用的基准方向有真子午线方向、磁子午线方向和坐标纵轴方向(图 1-11)。

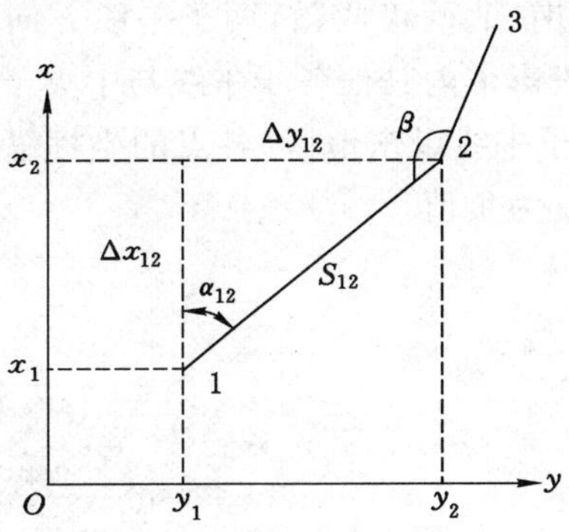

图 1-10 坐标计算

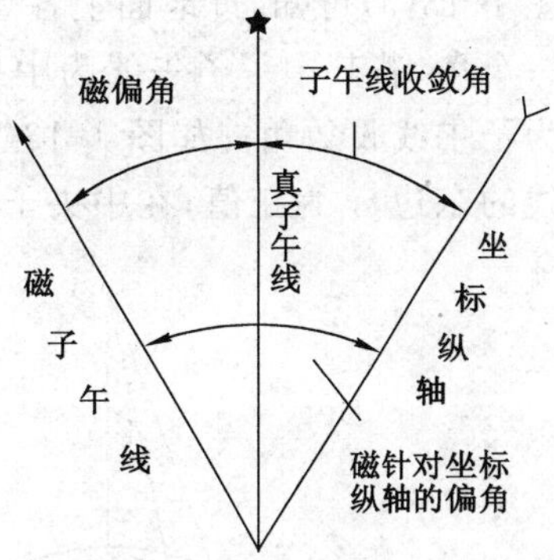

图 1-11 基准方向

1. 真子午线方向

过地球表面某点的真子午线的切线方向,称为过该点的真子午线方向。真子午线方向可用天文测量方法或用陀螺经纬仪测定。大地天文测量工作中真子午线方向多用天文测量方法来测定。

2. 磁子午线方向

磁子午线方向是磁针自由静止时其轴线所指的方向,可用罗盘仪测定。

3. 坐标纵轴方向

平行于高斯平面直角坐标系 x 坐标轴的方向称为坐标纵轴方向。若采用假定坐标系,则假定坐标纵轴方向为基准方向。

(二) 基准方向间的关系

1. 磁偏角

磁偏角是指过一点的磁子午线方向与过该点真子午线的方向的夹角。磁偏角是由于地磁南、北极与地球南、北极不一致而产生的,如图 1-12 所示。磁偏角用 δ 表示,凡是磁子午

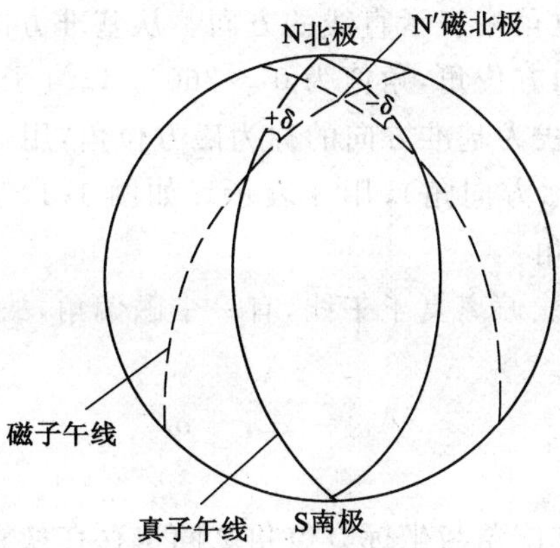

图 1-12 磁偏角

线北方向偏在真子午线北方向以东称为东偏，其角值为正；偏在真子午线北方向以西称为西偏，其角值为负。

2. 子午线收敛角

由图 1-13(a)可知，过地面上各点的子午线均向南、北两极收敛，两子午线方向不平行且存在一个角，若其中一子午线为中央子午线，则该投影带内其他各子午线与中央子午线的夹角 γ 为子午线收敛角。如图 1-13(b)所示，在中央子午线以东地区，各点的坐标纵轴偏在真子午线的东边，γ 为正值；在中央子午线以西地区，γ 为负值。

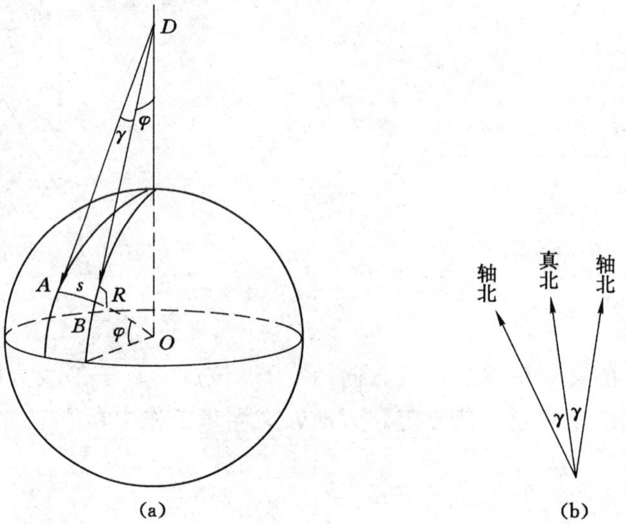

图 1-13　子午线收敛角

若一点的子午线收敛角为 γ，可用式(1-9)计算：

$$\gamma = \Delta L \cdot \sin B \tag{1-9}$$

式中，ΔL 为该点与中央子午线之间的经度之差，即 $\Delta L = L - L_0$；L 为计算点的经纬度；B 为计算点的纬度；L_0 为中央子午线的经度。

3. 方位角和象限角

(1) 方位角

测绘工作中，常采用方位角来表示直线的方向。从基准方向线北端起，顺时针方向量至某直线的角度，称为该直线的方位角，角值为 0°～360°。以真子午线为基准方向的称为真方位角，用 $A_{真}$ 表示；以磁子午线为基准方向的称为磁方位角，用 $A_{磁}$ 表示；以坐标纵轴为基准方向的称为坐标方位角(也称方向角)，用 α 表示。如图 1-14 所示，A_1、A_2、A_3、A_4 分别为 OP_1、OP_2、OP_3、OP_4 的方位角。

由于过同一点的磁子午线偏离真子午线，有一个磁偏角，故真方位角与磁方位角存在着换算关系，据图 1-15 可知：

$$A_{真} = A_{磁} + \delta_a \tag{1-10}$$

式中，δ_a 的值有正有负。

同样，过一点直线的真方位角与坐标方位角之间也存在换算关系，由图 1-15(b)可知：

$$A_{真} = \alpha + \gamma \tag{1-11}$$

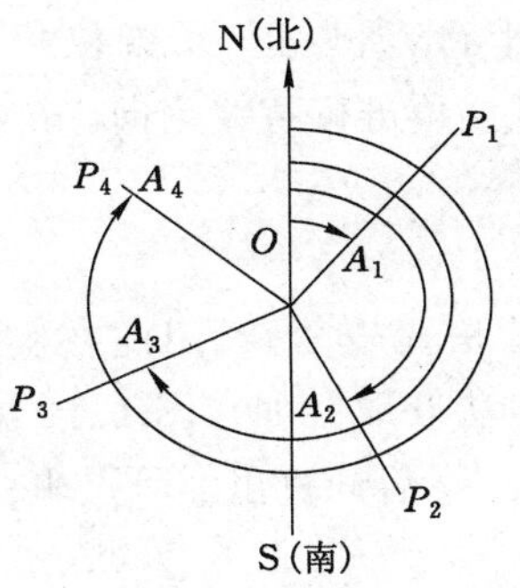

图 1-14 方位角

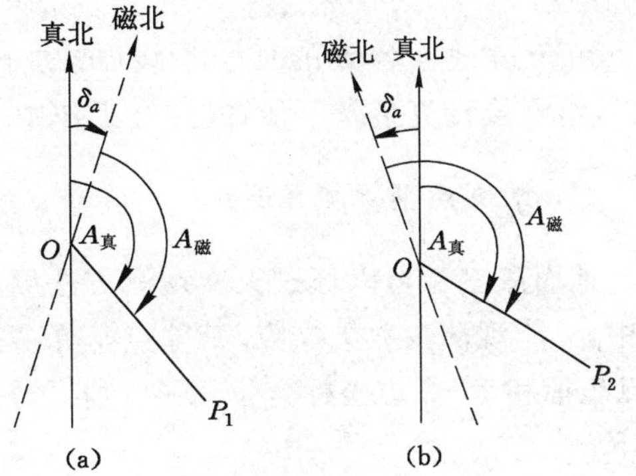

图 1-15 真方位角与磁方位角

式中，γ 的值有正有负。

(2) 象限角

象限角是指直线与基准方向线所夹的锐角，用 R 表示。图 1-16 中，R_1、R_2、R_3、R_4 即为四条直线的象限角。用象限角定向时，需要注明角度的大小和它所在的象限，例如 OP_1、OP_2、OP_3、OP_4 诸直线的象限角应写成北东 R_1、南东 R_2、南西 R_3、北西 R_4。方位角与象限角存在着换算关系，见表 1-3。

表 1-3　　方位角与象限角之间的换算

直线方向	根据象限角 R 求方位角 A	根据方位角 A 求象限角 R
北东，第一象限	$A=R$	$R=A$
南东，第二象限	$A=180°-R$	$R=180°-A$
南西，第三象限	$A=180°+R$	$R=A-180°$
北西，第四象限	$A=360°-R$	$R=360°-A$

(3) 正反方位角

测绘工作中的直线具有方向性，通常以前进方向为正方向。如图 1-17 所示，直线A—B的点 A 是起点，B 是终点，则通过起点 A 的坐标纵轴方向与直线 A—B 所夹的坐标方位角 α_{AB} 称为直线 A—B 的正坐标方位角。过终点 B 的坐标纵轴方向与直线 B—A 所夹的坐标方位角 α_{BA} 称为直线 A—B 的反坐标方位角。若将直线 B—A 确定为正方向，则 α_{BA} 为正方位角，而 α_{AB} 为直线 B—A 的反坐标方位角。由图 1-17 可知，正反方位角刚好相差 180°，即

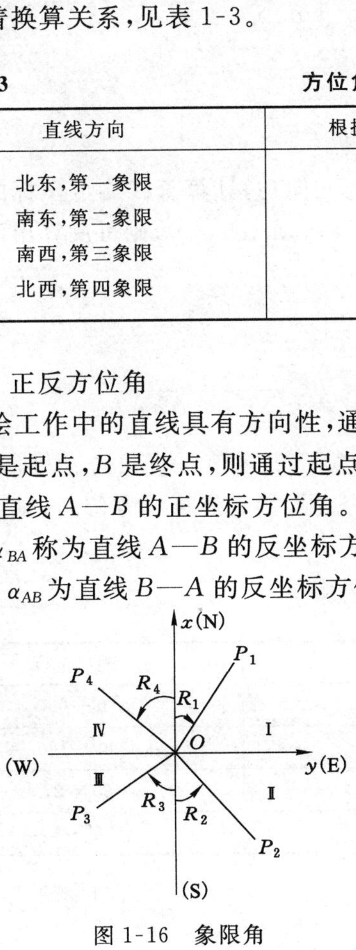

图 1-16 象限角

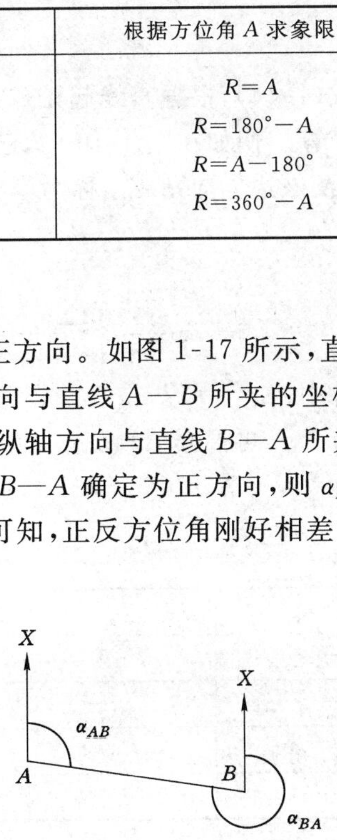

图 1-17 正反方位角

$$\alpha_{BA} = \alpha_{AB} \pm 180° \tag{1-12}$$

由于过地面各点的真子午线(或磁子午线)之间不平行,所以正、反方位角就不相差180°,给测绘计算带来不便,故测绘工作中通常采用坐标方位角进行直线定向。

二、地面点坐标测算原理

地面点坐标可以通过天文观测方法测算得到。由于此法比较复杂,因此在实际测绘工作中,只能观测少数天文点,其他点坐标多采用常规测绘方法获取。如在图1-10中,若已知1点坐标和1—2边坐标方位角 α_{12},则可通过丈量水平边长 S_{12}后计算出2号点坐标,其方法如下:

$$\left.\begin{aligned}\Delta x_{12} &= S_{12}\cos\alpha_{12}\\ \Delta y_{12} &= S_{12}\sin\alpha_{12}\end{aligned}\right\} \tag{1-13}$$

称 Δx_{12}、Δy_{12}为边 S_{12}的坐标增量,则2点坐标为:

$$\left.\begin{aligned}x_2 &= x_1 + \Delta x_{12}\\ y_2 &= y_1 + \Delta y_{12}\end{aligned}\right\} \tag{1-14}$$

至于3点坐标,可以通过观测直线2—1与2—3所夹水平角 β 和丈量水平边长 S_{23}后计算获得。首先计算2—3边方位角 α_{23}:

$$\alpha_{23} = \alpha_{12} - 180° + \beta \tag{1-15}$$

则3点坐标为:

$$\left.\begin{aligned}x_3 &= x_2 + \Delta x_{23}\\ y_3 &= y_2 + \Delta y_{23}\end{aligned}\right\} \tag{1-16}$$

按式(1-16),根据直线起始点坐标、已知边长及其方向角,计算直线终点坐标的工作称为坐标正算。假如在图1-10中,已知1、2两点坐标 (x_1, y_2)、(x_2, y_2),则可反算出两点水平距离 S_{12}及该边方向角 α_{12},称为坐标反算。

$$R_{12} = \left|\arctan\frac{\Delta y_{12}}{\Delta x_{12}}\right| \tag{1-17}$$

$$S_{12} = \left|\frac{\Delta y_{12}}{\sin\alpha_{12}}\right| = \left|\frac{\Delta x_{12}}{\cos\alpha_{12}}\right| \text{或 } S_{12} = \sqrt{\Delta y_{12}^2 + \Delta x_{12}^2} \tag{1-18}$$

式(1-18)中,$\Delta x_{12} = x_2 - x_1$,$\Delta y_{12} = y_2 - y_1$。式(1-17)算出的角值是直线与 x 轴所夹锐角,即象限角 R_{12},再根据 Δx_{12}、Δy_{12}的正负号判断其所在象限,然后换算成方位角,见表1-3与表1-4。

表1-4 **象限角位**

Δx	Δy	方位角	角度范围
+	+	Ⅰ	0°~90°
−	+	Ⅱ	90°~180°
−	−	Ⅲ	180°~270°
+	−	Ⅳ	270°~360°

第二章
水准测量

测量地面上各点高程的工作，称为高程测量。根据所使用的测量方法及仪器的不同，高程测量分为水准测量、三角高程测量和气压高程测量。水准测量是高程测量中最基本也是精度较高的一种方法，用于建立国家高程控制网，并在工程勘测和施工测量中被广泛采用。

第一节　水准测量原理

水准测量的实质是测定两点之间的高程之差——高差，然后由已知点高程及已知点与未知点间的高差求出未知点高程。

如图 2-1 所示，设 A 点高程为 H_A，B 点为高程待定点，通过水准测量测出 A、B 两点之间的高差 h_{AB}，则可按式(2-1)求出 B 点高程：

$$H_B = H_A + h_{AB} \tag{2-1}$$

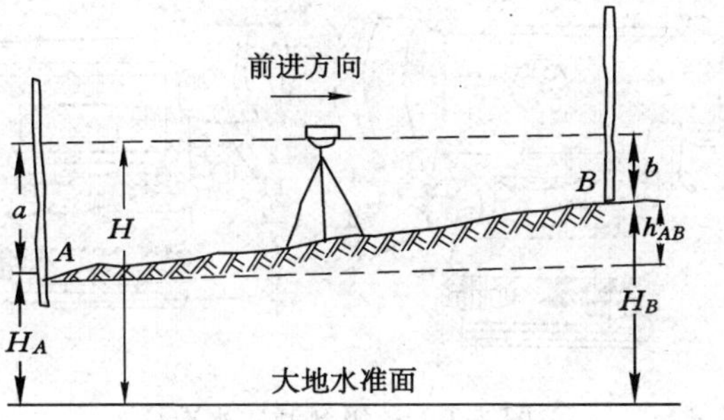

图 2-1　水准测量原理

为测出 A、B 两点之间的高差，可在 A、B 两点上分别竖立水准尺，并在 A、B 之间安置水准仪。根据仪器的水平视线，A 点尺上读数为 a，B 点尺上读数为 b，则 A、B 点的高差为：

$$h_{AB} = a - b \tag{2-2}$$

如果水准测量是由 A 到 B 进行的，如图 2-1 中的箭头所示，由于 A 点为已知高程点，故 A 点尺(后尺)上读数 a 称为后视读数；B 点为待求高程的点，则 B 点尺(前尺)上读数为前视读数，则高差等于后视读数减去前视读数。$a>b$ 时，高差为正，反之为负。

式(2-1)和式(2-2)是直接利用高差 h_{AB} 计算 B 点高程的，称为高差法。还可通过仪器

的视线高 H_i 计算 B 点的高程：

$$\left.\begin{aligned} H_i &= H_A + a \\ H_B &= H_i - b \end{aligned}\right\} \tag{2-3}$$

式(2-3)是利用仪器视线高 H_i 计算 B 点高程的，称为仪器高法。当需要通过很多站的观测，即通过建立水准路线求得较远处某点的高程时，采用高差法；若安置一次仪器需要测出多个点的高程(如抄平工作)，则仪器高法更方便一些。

第二节 水 准 仪

水准测量所使用的仪器为水准仪，包含水准尺和尺垫。我国对大地测量仪器规定的总代号为“D”，水准仪的代号为“S”，即取汉语拼音的第一个字母，连接起来即为“DS”，通常可省略“D”而只写“S”。按仪器的精度(即仪器所能达到的每千米水准测量往返测高差中误差，以 mm 计)来划分，可分为 S_{05}、S_1、S_3 和 S_{10} 等不同精度系列。水准仪按其结构又分为微倾式水准仪和自动安平水准仪。

目前，我国工程测量一般使用的是 S_3 级微倾式水准仪和自动安平水准仪。

一、水准仪

(一) S_3 级微倾式水准仪

根据水准测量的原理，水准仪的主要作用是提供一条水平视线，并能照准水准尺进行读数。因此，水准仪主要由望远镜、水准器及基座三部分组成。图 2-2 所示是我国生产的 S_3 级微倾式水准仪。

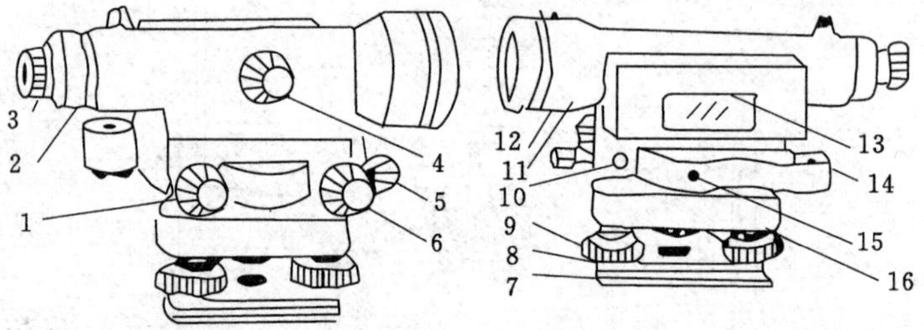

图 2-2 S_3 级微倾式水准仪

1——微倾螺旋；2——分划板护罩；3——目镜；4——物镜对光螺旋；5——制动螺旋；6——微动螺旋；7——底板；8——三角压板；9——脚螺旋；10——弹簧帽；11——望远镜；12——物镜；13——管水准器；14——圆水准器；15——连接小螺丝；16——轴座

1. 望远镜及其成像原理

图 2-3 是 S_3 级水准仪望远镜的构造图。望远镜主要由物镜 1、目镜 2、对光凹透镜 3 和十字丝分划板 4 所组成。物镜的作用是将所照准的目标成像在十字丝面上形成一个倒立而缩小的实像，它由凸透镜或复合透镜组成。目镜的作用是将物镜所成的实像连同十字丝的影像放大成虚像，此时该实像与目镜之间的距离应小于目镜的焦距。由于目镜也是一个凸透镜，所以能得到放大的虚像。十字丝分划板用于准确瞄准目标和读数。在十字丝分划板上刻有两条相互垂直的长线，如图 2-3 中的 7，竖直的一条称竖丝，横的中间一条称为中丝。

在中丝的上下还有对称的两根短横丝称为上丝和下丝，用来测定距离，称为视距丝。十字丝大多刻在玻璃片上，玻璃片安装在分划板上，分划板座由止头螺丝 8 固定。十字丝交点与物镜光心的连线，称为视准轴(图 2-3 中的 $C—C$)。水准测量是在视准轴水平时，用十字丝的中丝截取水准尺上的读数。

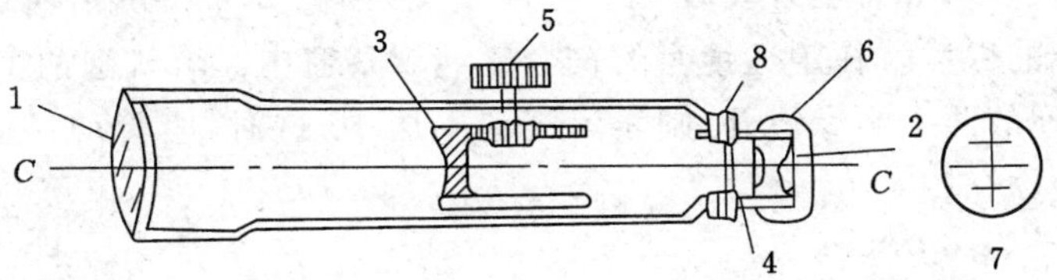

图 2-3　S_3 级水准仪望远镜构造

1——物镜；2——目镜；3——对光凹透镜；4——十字丝分划板；5——物镜对光螺旋；6——目镜对光螺旋；7——十字丝放大像；8——分划板座止头螺丝

图 2-4 为望远镜成像原理图。目标 AB 经过物镜后形成一个倒立且缩小的实像 ab，移动对光透镜可使不同距离的目标均能成像在十字丝平面上。再通过目镜的作用，便可看到同时放大了的十字丝和目标影像 a_1b_1。

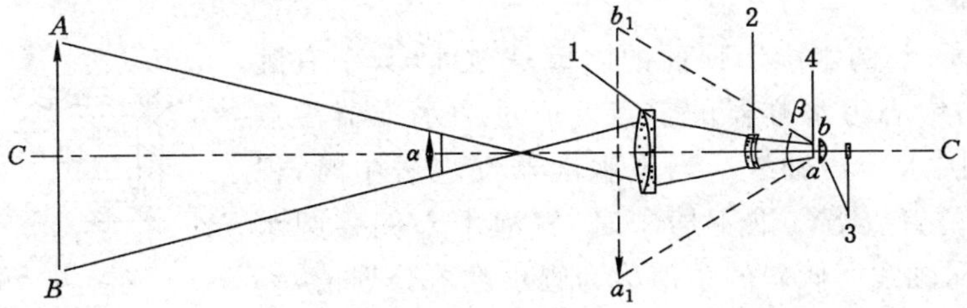

图 2-4　望远镜成像原理

1——物镜；2——对光透镜；3——目镜；4——十字丝平面

从望远镜内所看到的目标影像的视角与肉眼直接观察该目标的视角之比，称为望远镜的放大率。从望远镜内看到目标的像所对应的视角为 β，用肉眼看目标所对应的视角可近似地认为是 α，故放大率 $\upsilon=\beta/\alpha$。S_3 级水准仪望远镜的放大率一般为 28 倍。

2. 水准器

水准器是用来指示视准轴是否水平或仪器竖轴是否垂直的装置。水准器分为管水准器和圆水准器两种。

(1) 管水准器

管水准器亦称水准管，它与望远镜连在一起，用于指示望远镜视准轴是否水平。水准管是把内壁纵向磨成圆弧形(圆弧半径一般为 7～20 mm)的玻璃管，管内装酒精和乙醚的混合液，热融封冷却后留有一个气泡(见图 2-5)。由于气泡轻，故气泡总是处于管内最高位置。水准管上一般刻有间隔为 2 mm 的分划线，分划线的中点 O 称为水准管零点(见图 2-5)。通过零点作水准管圆弧的纵切线，称为水准管轴(即 LL)。当水准管的气泡中点与水准管零点重合时，称为气泡居中。此时水准管轴 LL 处于水平位置。水准仪就是把望远镜与水准管连接在一起，并使视准轴 CC 平行于水准轴 LL，通过气泡居中，置平水准管轴 LL，达到视准轴 CC 水平，从而得到水平视线的。水准管圆弧 2 mm($OO'=2$ mm)所对应的

圆心角 τ'' 称为水准管分划值,用公式表示为:

$$\tau'' = \frac{2}{R} \cdot \rho'' \tag{2-4}$$

式中,$\rho''=206\ 265''$,R 为水准管圆弧半径(单位:mm)。

微倾式水准仪在水准管上方安装一组符合棱镜,如图 2-6 所示。通过符合棱镜的折光作用,使气泡两端的像反映在望远镜旁的符合气泡观察窗中。若气泡两个半像吻合,则表示气泡居中。若气泡的两个半像错开,则表示气泡不居中,这时,应转动目镜下方右侧的微倾螺旋,使气泡的像吻合。

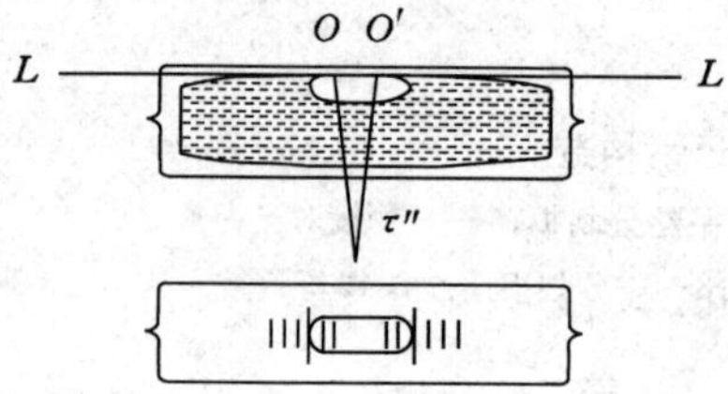

图 2-5　管水准器

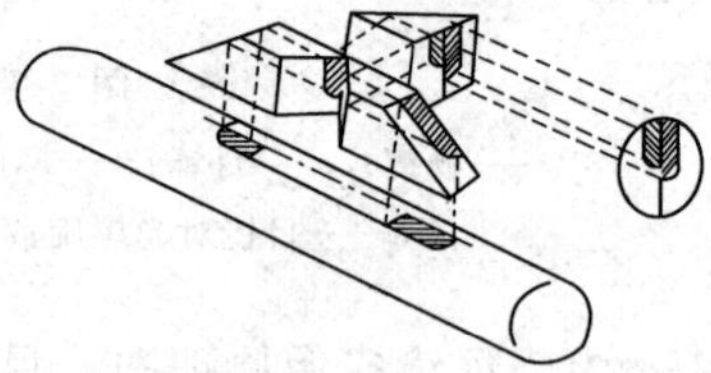

图 2-6　管水准器工作原理

(2) 圆水准器

如图 2-7 所示,圆水准器顶面的内壁是球面,其中有圆分划圈,圆圈的中心为水准器的零点。通过圆水准器零点的球面法线为圆水准器轴线。当圆水准器气泡居中时,视轴线处于竖直位置。当气泡不居中时,气泡中心偏移圆水准器零点2 mm,轴线所倾斜的角值称为圆水准器分划值,一般为8°～10°。因其精度较低,它只用作仪器的概略整平。

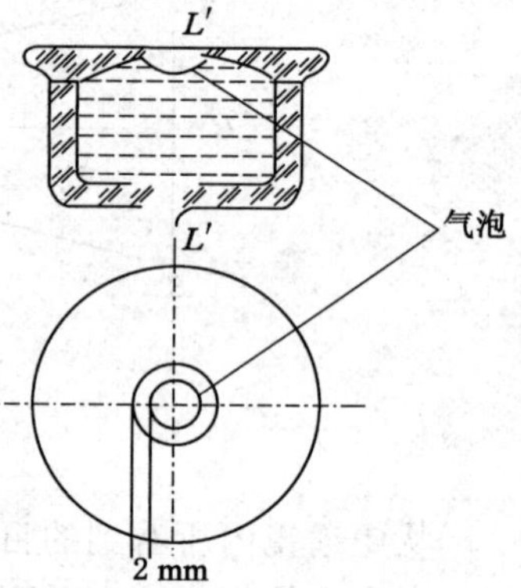

图 2-7　圆水准器

3. 基座

基座的作用是支撑仪器和上部并与三脚架连接。它主要由轴座、脚螺旋、底板和三角压板构成。

(二) 自动安平水准仪

在用微倾式水准仪进行水准测量时,每次读数都要用微倾螺旋将水准管气泡调至居中位置,这不仅使观测十分麻烦、影响观测速度,而且由于延长了测站观测时间,增加了外界因素的影响,从而降低观测成果的质量。20 世纪 40 年代自动安平水准仪的问世,标志着水准测量自动化的开端,经过不断发展和完善,自动安平水准仪已得到了广泛的应用并成为水准仪的发展方向。

如图 2-8 所示,当望远镜视准轴倾斜了一个小角 α 时,由水准尺上的 a_0 点过物镜光心 O 所形成的水平光线,不再通过十字丝中心 Z,而在离 Z 为 l 的 A 点处,则:

$$l = f \cdot \alpha \tag{2-5}$$

式中,l 为物镜的等效焦距;α 为视准轴倾斜的小角度。

在图 2-8(a)中,若在距十字丝分划板 S 处,安装一个补偿器 K,使水平光线偏转 β 角,并恰好通过十字丝中心 Z,则:

$$l = S \cdot \beta \tag{2-6}$$

$$f \cdot \alpha = S \cdot \beta \tag{2-7}$$

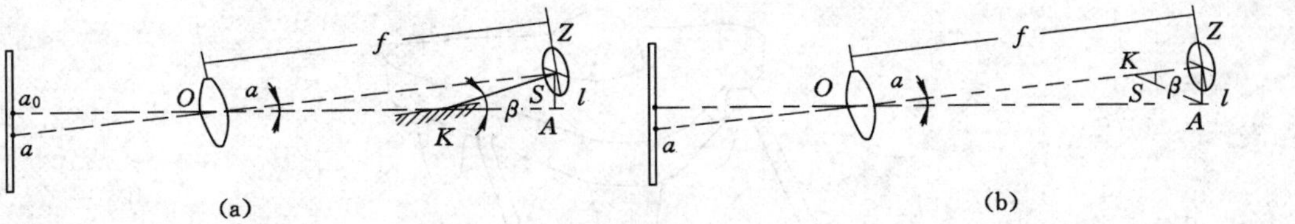

图 2-8　自动安平水准仪工作原理

由此可知，式(2-7)的条件若能满足，即使视准轴有微小倾斜，十字丝中心 Z 仍能读出视线水平时的读数 a_0，从而达到自动补偿的目的。

还有另一种补偿器[如图 2-8(b)]，它是借助于补偿器 K 将 Z 移至 A 处，此时视准轴所截取尺的读数仍为 a_0。这种补偿器是将十字丝分划板悬吊起来，借助重力，在仪器有一微小倾斜的情况下，十字丝分划板仍回到原来的位置，安平(也称精平)的条件仍为式(2-7)。

二、水准尺和尺垫

水准尺是水准测量时使用的标尺。S_3 级水准仪所附的水准尺是用干燥木料或玻璃钢等制成的，长度为 3～5 m，尺上每隔 1 cm 或 0.5 cm 涂有黑白或红白相间的分格，每分米注一数字。水准尺按尺型分为塔尺和直尺两种(图 2-9)。直尺一般为双面尺，多用于三、四等水准测量。其尺的分划一面是黑白相间的，称为黑色面；另一面是红白相间的，称为红色面。双面尺要成对使用。一对尺子的黑色分划，其起始数字都是 0，而红色面的起始数字分别为 4 687 mm 或 4 787 mm。使用双面尺的优点在于可以避免观测中因印象而产生的读数错误，并可检查计算中的粗差。

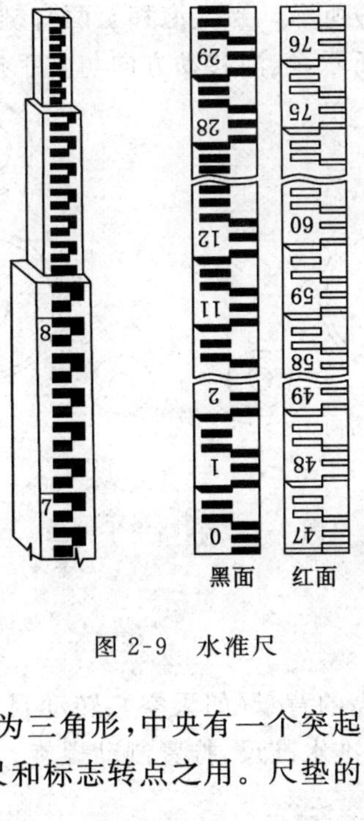

图 2-9　水准尺

尺垫是用生铁铸成的，一般为三角形，中央有一个突起的半球体，如图 2-10 所示。突起的半球体的顶点作为竖直水准尺和标志转点之用。尺垫的作用是防止水准尺的位置和高度发生变化而影响水准测量的精度。

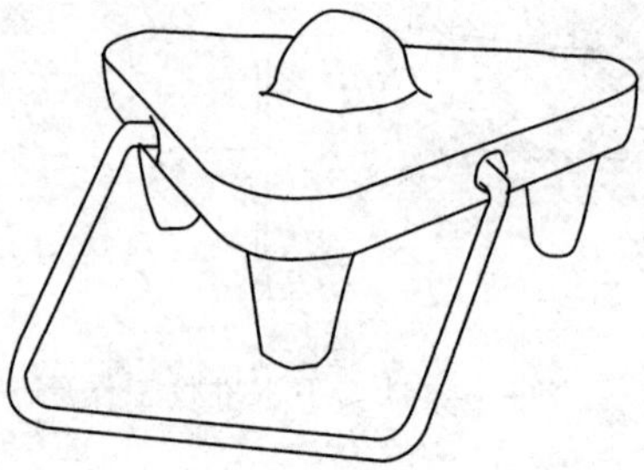

图 2-10　尺垫

第三节　水准仪的使用

一、水准仪的安置

张开三脚架并使其高度适合观测者的身高，用目估的方法使架头大致水平，稳固地架设在地面上。然后打开仪器箱取出仪器，用中心螺旋将水准仪固连在三脚架头上。

二、粗略整平

粗略整平是利用圆水准器将气泡居中，使仪器竖轴大致铅垂，从而使视准轴粗略水平。如图 2-11 所示，操作者双手各执一脚螺旋（第三只脚螺旋居于操作者正前方）。双手同时向内（或向外）旋转脚螺旋。此时圆水准器中的气泡左右方向移动，移动方向与左手拇指转动脚螺旋的方向一致，如图 2-12(a)所示。当气泡移至两脚螺旋连线方向的中点时，以左手旋转第三只脚螺旋，如图 2-12(b)所示，气泡移动方向与左手拇指动作方向一致。

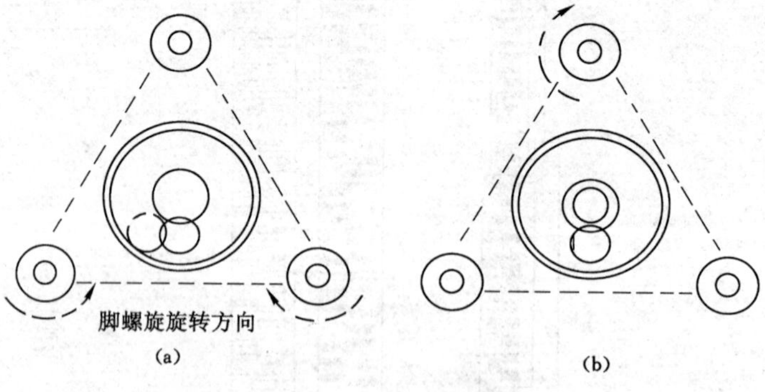

图 2-11　粗略整平方法

三、水准尺的瞄准

瞄准前，先将望远镜对向明亮的背景（如天空），转动目镜对光螺旋，使十字丝清晰。接着用望远镜筒上的缺口和准星瞄准水准尺，拧紧制动螺旋。然后从望远镜中观察，若物像不清晰，则转动物镜对光螺旋进行对光，使目标影像清晰。

当眼睛在目镜端上下微微移动时，若发现十字丝与目标影像有相对运动(图 2-12)，说明存在视差现象。产生视差的原因是目标成像的平面与十字丝平面不重合。由于视差的存在会影响正确读数，故应加以消除。消除的方法是交替调节目镜和物镜的对光螺旋，仔细对光，直到眼睛上下移动，十字丝和目标影像均十分清晰时为止。

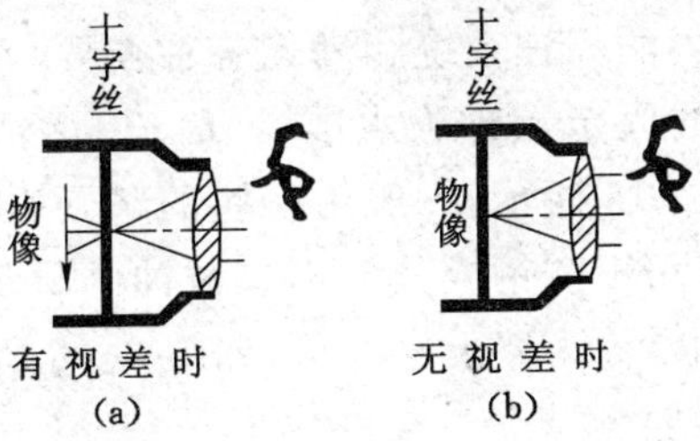

图 2-12　消除视差

四、精确整平与读数

精平是转动微倾螺旋使水准管气泡居中，亦即使水准仪的视准轴达到精密水平。如果用符合水准器，则可通过目镜左方符合水准管气泡观察窗观察气泡影像，右手旋转微倾螺旋，使气泡严格居中[即气泡两端影像严格吻合，如图 2-13(a)所示]。此时可用十字丝的中丝在尺上读数。读数时自小向大进行，先估读出毫米数，然后读出全部读数。如图 2-14 所示，读数分别为 1.608 和 6.295，但习惯上只读 1608、6295 四位数，而不读小数点，即以毫米为单位。

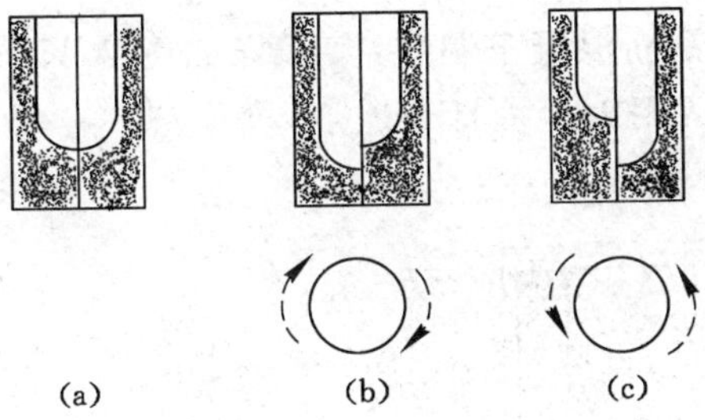

图 2-13　气泡严格居中

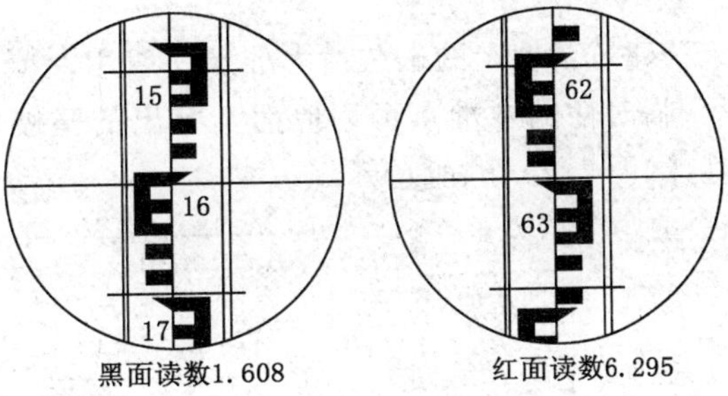

图 2-14　尺的读数

精平和读数虽是两项不同的操作步骤，但在水准测量施测过程中却把这两项操作视为一个整体，即精平后再读数，读数后还需检查水准管气泡影像是否完全符合。只有这样，才能保证读出的读数是视线水平时的读数。

如果使用自动安平水准仪进行水准测量，上述操作步骤中则省去了“精平”操作。即将水准仪安置好后，再用脚螺旋将水准仪圆气泡调至居中位置，此时即可利用十字丝交点读取读数。

第四节　水准测量作业程序

一、水准点

水准测量通常是从高程为已知值的水准点开始，引测其他点的高程。国家等级水准点是国家测绘部门为了统一全国的高程系统和满足各种需要，在全国各地埋设且测定了其高程的固定点。这些已知高程的固定点称为水准点，简记为 *BM*。水准点有永久性和临时性两种。国家等级水准点如图 2-15 所示，一般用整块的坚硬石料或混凝土制成，深埋到地面的基岩以下，在标石顶面设有用不锈钢或其他不易锈蚀的材料制成的半球状标志。有些水准点也可设置在稳定的墙脚上，称为墙上水准点，如图 2-16 所示。

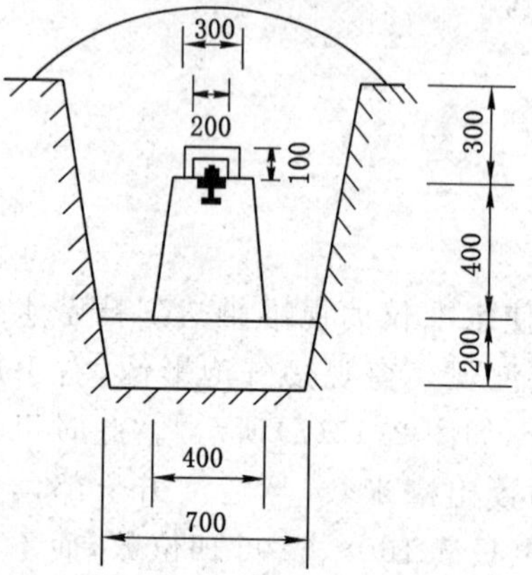

图 2-15　永久水准点（地下）

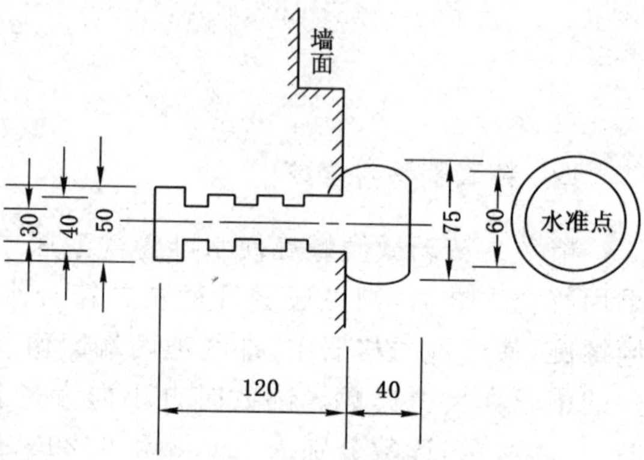

图 2-16　永久水准点（墙上）

建筑工地上的永久性水准点一般用混凝土或钢筋混凝土制成，其式样如图 2-17(a)所示；临时性的水准点可用地面上突出的坚硬岩石或用大木桩打入地下，桩顶钉入半球形铁钉，如图 2-17(b)所示。

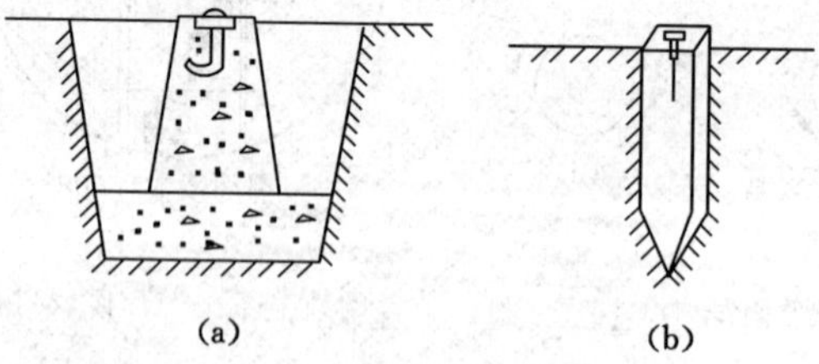

图 2-17　建筑工地水准点

无论是永久性水准点，还是临时性水准点，均应埋设在便于引测和寻找的地方。埋设水准点后，应绘制点标记，以便于日后寻找和使用。

二、水准路线

在水准测量中，通常沿某一水准路线进行施测。进行水准测量的路线称为水准路线。

根据测区实际情况和需要,可布设成单一水准路线和水准网。

(一) 单一水准路线

单一水准路线又分为附合水准路线、闭合水准路线和支水准路线。

1. 附合水准路线

如图 2-18 所示,附合水准路线是从已知高程的水准点如 BM_1 出发,测定点 1、点 2、点 3 等待定点的高程,最后附合到另一已知水准点 BM_2 上。

2. 闭合水准路线

如图 2-19 所示,闭合水准路线是由已知高程的水准点如 BM_1 出发,沿环线进行水准测量,以测定出点 1、点 2、点 3 等待定点的高程,最后回到原水准点 BM_1 上。

3. 支水准路线

如图 2-20 所示,支水准路线是从一已知高程的水准点如 BM_5 出发,既不附合到其他水准点上,也不自行闭合。

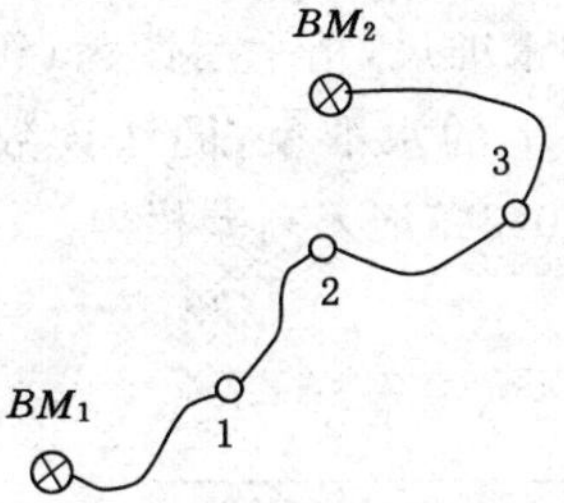

图 2-18 附合水准路线

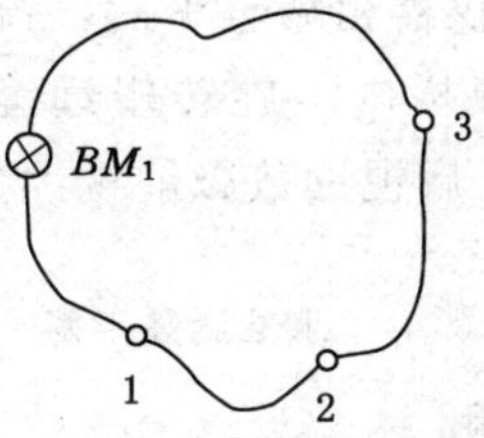

图 2-19 闭合水准路线

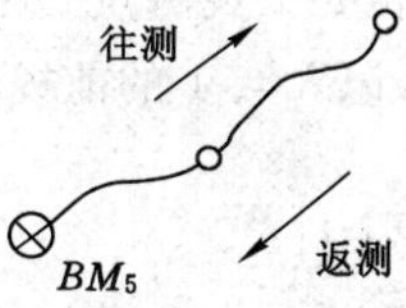

图 2-20 支水准路线

(二) 水准网

若干单一水准路线相互连接构成如图 2-21 所示的形状,称为水准网。水准网中单一水准路线相互连接的点称为节点,如图 2-21(a)中的点 4 和图 2-21(b)中的点 1、点 2、点 3 以及图 2-21(c)中的点 1、点 2、点 3 和点 4 均称为节点。

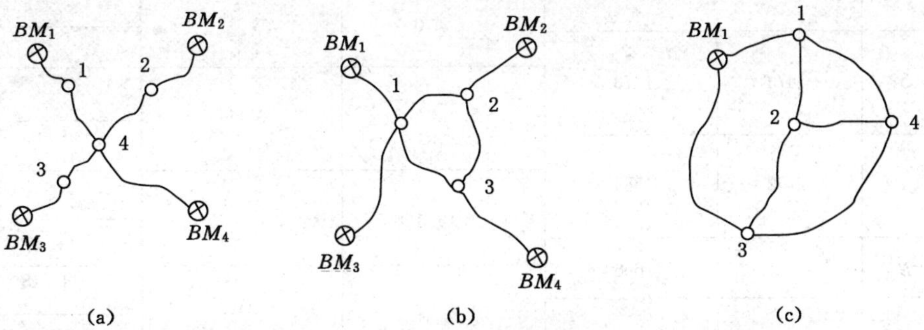

图 2-21 水准网

三、微差水准测量

当待测高程点距水准点较远或高差很大时,则需要连续多次安置仪器才能测出两点的高差，称为微差水准测量。如图 2-22 所示，水准点 A 的高程为 7.654 m，现拟测量 B 点的高程，观测步骤如下。

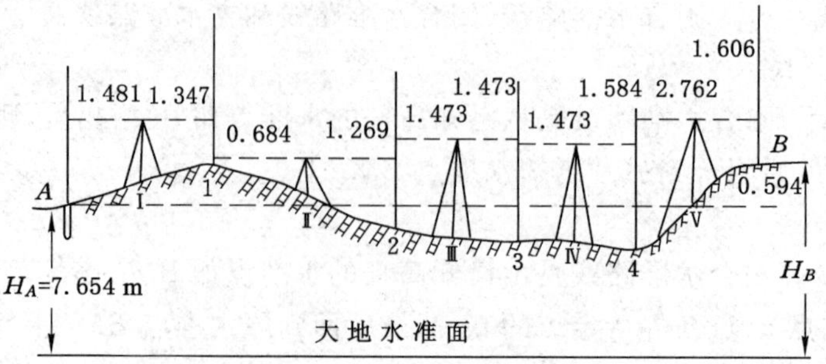

图 2-22 微差水准测量

在距 A 点 100～200 m 处选定点 1，在 A、1 两点上分别竖立水准尺，在点 A 和点 1 中间等距安置水准仪。用圆水准器将仪器粗略整平后，后视 A 点上的水准尺，精平后读为1481，记入表 2-1 观测点 A 的后视读数栏内。旋转望远镜，前视点 1 上的水准尺，同法读数为1347，记入点 1 的前视读数栏内。后视读数减前视读数得高差为 0134，记入高差栏内。

表 2-1 **水准测量手簿**

日期 ________ 仪器 ________ 观测 ________

天气 ________ 地点 ________ 记录 ________

测站	测点	水准尺读数/mm		高差/m		高程/m	备注
		后视(a)	前视(b)	+	−		
Ⅰ	A	1481		0.134		7.654	
	1	0684	1347				
Ⅱ					0.585		
	2	1473	1269				
Ⅲ				0			
	3	1473	1473				
Ⅳ					0.111		
	4	2762	1584				
Ⅴ				1.156			
	B		1606			8.248	
计算检核		$\sum a=7873$	$\sum b=7279$	1.290	0.696		
	$\sum a-\sum b=+594$			$\sum h=1.290-0.696=+0.594$		$\sum h=h_{AB}$ $=H_B-H_A$ $=+0.594$	

完成上述一个测站上的工作后，点 1 上的水准尺不动，把 A 点上的水准尺移到点 2，仪器安置在点 1 和点 2 之间，按照上述方法观测和计算，逐站施测直至 B 点。显然，每安置一次仪器，便测得一个高差，即：

$$h_1 = a_1 - b_1$$
$$h_2 = a_2 - b_2$$
$$\cdots$$
$$h_5 = a_5 - b_5$$

将各式相加，得：

$$\sum h = \sum a - \sum b$$

则 B 点的高程为：

$$H_B = H_A + \sum h \tag{2-8}$$

由表 2-1 可知，在观测过程中点 1、2、…、4 仅起传递高程的作用，这些点称为转点。

四、水准测量的检核

(一) 计算检核

由式(2-8)可知，B 点对 A 点的高差等于各点之间高差的代数和，也等于后视读数之和减去前视读数之和，故此式可作为计算的检核公式。计算检核只能检查计算是否正确，并不能检核观测和记录错误。

(二) 测站检核

如上所述，B 点的高程是根据 A 点的已知高程和转点之间的高差计算出来的，其中若读错、记错或算错任何一个数据，则所测 B 点高程就不正确。因此，对每一站的高差均必须进行检核，这种检核称为测站检核。测站检核常采用两次仪器高法或双面尺法。

1. 两次仪器高法

此法是在同一个测站上安置两次不同的仪器高度(一般将仪器升高或降低 0.1 m 左右)，用测得的两次高差进行检核。如果两次测得的高差之差不超过容许值(对等外水准规定为 6 mm)，则取其平均值作为最后结果，否则需重测。

2. 双面尺法

这种方法是仪器只安置一次，高度不变，而用水准尺的黑红面两次测量高差进行检核。两次高差之差的容许值和两次仪器高法相同(见表 2-2)。

(三) 成果检核

测站检核只能检核某个测站上是否存在错误或误差超限，而对于整条水准路线来说，还不足以说明所求水准点的高程精度是否符合要求。例如，温度、风力、大气折光及立尺点变动等外界条件引起的误差和尺子倾斜、估读误差及水准仪本身的误差等，虽然在一个测站上反映不很明显，但整条水准路线累积的结果将可能超过容许的限差。因此，还必须进行整条水准路线的成果检核。成果检核的方法随着水准路线布设形式的不同而不同。

表 2-2　　四等水准测量观测手簿

测自　　至　　　　年　月　日

时刻始　时　分　　　　天气：

末　时　分　　　　成像：

测站编号	后尺 下丝 / 上丝 / 后距 / 视距差 d	前尺 下丝 / 上丝 / 前距 / $\sum d$	方向及尺号	标尺读数 黑面	标尺读数 红面	$K+$ 黑－红	高差中数	备注
	(1)	(5)	后	(3)	(8)	(10)		
	(2)	(6)	前	(4)	(7)	(9)		
	(12)	(13)	后－前	(16)	(17)	(11)		
	(14)	(15)						
1	1570	0738	后 1	1374	6161	0		
	1197	0362	前 2	0541	5229	－1		
	37.3	37.6	后－前	＋0833	＋0932	＋1	＋0832	
	－0.3	－0.3						
2	2122	2196	后 2	1944	6631	0		
	1748	1821	前 1	2008	6796	－1		
	37.4	37.5	后－前	－0064	－0165	＋1	－0064	
	－0.1	－0.4						
3	1918	2055	后 1	1736	6523	0		
	1539	1678	前 2	1866	6554	－1		
	37.9	37.7	后－前	－0130	－0031	＋1	－0130	
	＋0.2	－0.2						
4	1965	2141	后 2	2832	7519	0		
	1706	1874	前 1	2007	6793	＋1		
	25.9	26.7	后－前	－0825	－0726	－1	－0826	
	－0.8	－1.0						
5	0090	0124	后 1	0054	1842	－1		
	0020	0050	前 2	0087	4775	－1		
	7.0	7.4	后－前	－0033	＋0067	0	－0033	
	－0.4	－1.4						

1. 附合水准路线的成果检核

由图 2-18 可知，在附合水准路线中，各待定高程点间高差的代数和应等于两个水准点间的高差。如果不相等，两者之差称为高差闭合差 f_h，其值不应超过容许值，用公式表示为：

$$f_h = \sum h_{测} - (H_{终} - H_{始}) \tag{2-9}$$

式中，$H_{终}$ 表示终点水准点 BM_2 的高程；$H_{始}$ 表示始点水准点 BM_1 的高程。

各种测量规范对不同等级的水准测量规定了高差闭合差的容许值。如我国《工程测量规范》中规定，四等水准测量路线闭合差不得超过 $\pm 20\sqrt{L}$ mm，在起伏地区则不应超过 $\pm 6\sqrt{n}$ mm。其中，L 为水准路线的长度，以千米计；n 为测站数。当 $|f_h| \leqslant |f_{h容}|$ 时，则成果合格，否则必须重测。

2. 闭合水准路线的成果检核

在闭合水准路线中，观测高差的代数和应等于零。即：

$$\sum h_{理} = 0 \tag{2-10}$$

由于测量误差的影响，实测高差总和 $\sum h_{测}$ 不等于零，它与理论高差总和的差数即为高差闭合差。用公式表示为：

$$f_h = \sum h_{测} - \sum h_{理} = \sum h_{测} \tag{2-11}$$

其高差闭合差亦不应超过相应的容许值。

3. 支水准路线的成果检核

在如图 2-20 所示的支水准路线中，理论上往测与返测高差的绝对值应相等。即：

$$\left|\sum h_{返}\right| = \left|\sum h_{往}\right| \tag{2-12}$$

两者如不相等，其差值即为高差闭合差，可通过往、返测进行成果检核。

五、水准测量的内业

在水准测量的外业结束之后即可进行内业计算。计算之前应首先复查外业手簿中各项观测数据是否符合要求，高差计算是否正确。水准测量内业计算的目的是调整整条水准路线的高差闭合差及计算各待定点的高程。在此，以一条闭合等外水准路线为例，介绍内业计算的方法和步骤。

如图 2-23 所示，水准点 A 和待定高程点 1、点 2、点 3 组成一闭合等外水准路线。各测段高差及测站数如图 2-23 所示。

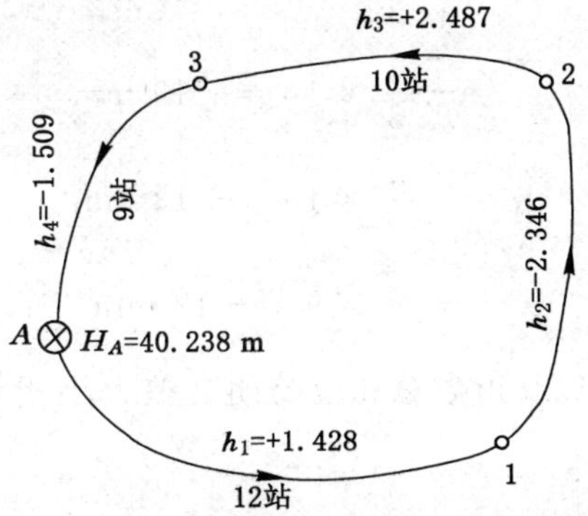

图 2-23 水准内业计算略图

计算步骤如下：

(1) 将观测数据和已知数据填入计算表 2-3 中

将图 2-23 中的点号、测站数、观测高差与水准点 A 的已知高程填入有关栏内。

(2) 计算高差闭合差

根据式(2-11)计算出此闭合水准路线的高差闭合差,即 $f_h=0.060$ m。

表 2-3 水准测量内业计算表格

点号	测段中测站数	实测高差/m	改正数/mm	改正后高差/m	高程/m	点号
A					40.238	A
	12	+1.428	−16	+1.412		
1					41.650	1
	14	−2.346	−19	−2.365		
2					39.285	2
	10	+2.487	−13	+2.474		
3					41.749	3
	9	−1.509	−12	−1.521		
A					40.238	A
$\sum$	45	$f_h=+0.060$	−60	0.000		
辅助计算	$f_{h容}=\pm12\sqrt{n}=\pm12\sqrt{45}=\pm80$ mm $\lvert f_h\rvert<\lvert f_{h容}\rvert$,成果合格					

(3) 计算高差闭合差的容许值

按表 2-3 中的公式计算等外水准路线的高差闭合差容许值 $f_{h容}$,因为$\lvert f_h\rvert<\lvert f_{h容}\rvert$,所以观测成果合格。

(4) 高差闭合差的调整

在整条水准路线上,由于各测站的观测条件基本相同,所以,可认为各站产生误差的机会也是相等的,故闭合差的调整按与测站数(或距离)成正比例反符号分配的原则进行。本例中,测站数 $n=45$,故每一站的改正数为:

$$-\frac{f_h}{n}=-\frac{60}{45}=-\frac{4}{3}\ \text{mm}$$

则第一段至第四段高差改正数分别为:

$$v_1=-\frac{4}{3}\times12=-16\ \text{mm}$$

$$v_2=-\frac{4}{3}\times14=-19\ \text{mm}$$

$$v_3=-\frac{4}{3}\times10=-13\ \text{mm}$$

$$v_4=-\frac{4}{3}\times9=-12\ \text{mm}$$

把改正数填入改正数栏中,改正数总和应与闭合差大小相等、符号相反,并以此作为计算检核的基础。

(5) 计算改正后的高差

各段实测高差加上相应的改正数,得到改正后的高差,填入改正后的高差栏内。改正后高差的代数和应等于零,以此作为计算检核依据。

(6) 计算待定点的高程

由 A 点的已知高程开始,根据改正后的高差,逐点推算点 1、点 2、点 3 的高程。算出点 3 的高程后,应再推回 A 点,推算高程应等于已知 A 点高程。如不相等,则说明推算有误。

第五节 水准仪的检验与校正

在使用水准仪之前,应先对其进行检验和校正。水准仪检校的目的是保证水准仪各轴系之间满足应有的几何关系。下面分别介绍微倾式水准仪和自动安平水准仪的检验与校正方法。

一、微倾式水准仪的检校

(一) 微倾式水准仪应满足的几何条件

1. 圆水准器轴 $L'L'$ 应平行于仪器竖轴 VV

满足此条件的目的是当圆水准器气泡居中时,仪器竖轴处于竖直位置。这样,仪器转动到任何方向,管水准器的气泡都不至于偏差太多,调节水准管气泡居中就很方便。

2. 十字丝的横丝应垂直于仪器竖轴

当此条件满足时,可不必用十字丝的交点而用交点附近的横丝进行读数,故可提高观测速度。

3. 水准管轴 LL 应平行于视准轴 CC

根据水准测量原理,要求水准仪能够提供一条水平视线,而仪器视线是否水平是依据望远镜的水准管器来判断的,即水准管气泡居中,则认为水准仪的视准轴水平。因此,应使水准管轴平行于视准轴。此条件是水准仪应满足的主要条件。

(二) 微倾式水准仪的检校

1. 圆水准器轴平行于仪器竖轴的检校

(1) 检验:如图 2-24(a)所示,用脚螺旋使圆水准器气泡居中,此时圆水准器轴 $L'L'$ 处于竖直位置。假设竖轴 VV 与 $L'L'$ 不平行,且交角为 α,则此时竖轴 VV 与竖直位置偏差 α 角。将望远镜绕竖轴旋转 180°,如图 2-24(b)所示,因水准器转到竖轴的另一侧,这时 LL 不但不竖直,而且与竖直线 $L'L'$ 的交角为 2α。显然气泡不再居中,气泡偏移的弧度所对应的圆心角等于 2α。气泡偏移的角度是仪器旋转轴与圆水准器轴夹角的两倍。

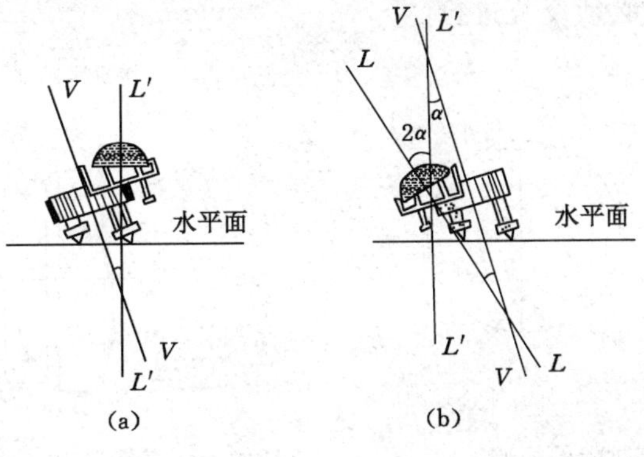

图 2-24 圆水准器平行于仪器竖轴的检验

(2) 校正:通过检验证明 $L'L'$ 与 VV 不平行,需要校正。校正时可用校正针分别拨动圆水准器底部的三个校正螺钉(图 2-25),使气泡向居中位置移动偏离的一半,如图 2-26(a)所示，这时圆水准器轴 $L'L'$ 与 VV 平行。然后再用脚螺旋使气泡完全居中，竖轴 VV 则处于竖直状态，见图 2-26(b)。这项检验校正工作需要反复进行数次，直到不管仪器竖轴旋转到任何位置，圆水准器气泡都居中为止。

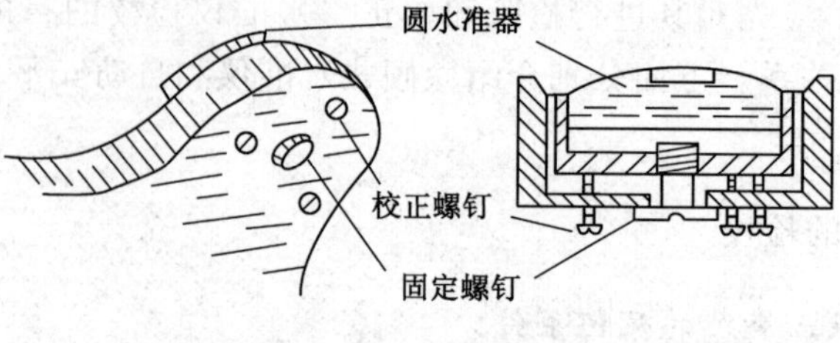

图 2-25 圆水准器平行于仪器竖轴的校正

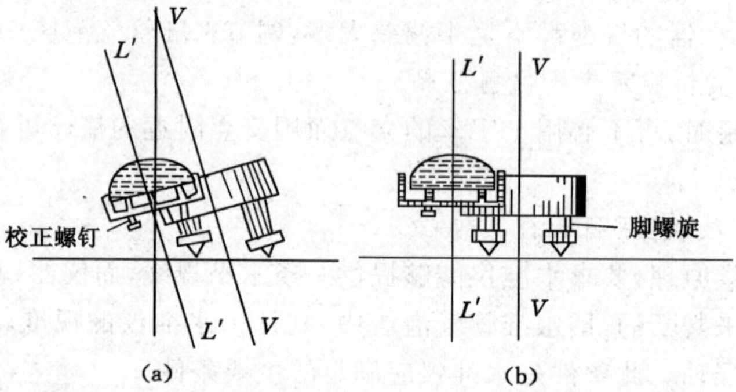

图 2-26 圆水准器平行于竖轴状况

2. 十字丝横丝应垂直于仪器竖轴的检校

(1) 检验：水准仪精确整平（仪器竖轴处于正确位置）之后，以十字丝横丝的一端瞄准一点状目标 M，如图 2-27(a)所示，然后固定制动螺旋，转动微动螺旋，如标志点 M 始终在横丝上移动，如图 2-27(b)所示，则说明条件满足，否则，需要校正。

(2) 校正：松开十字丝分划板的固定螺丝，如图 2-28 所示，转动十字丝分划板座，使其满足条件。此项校正也必须反复进行。

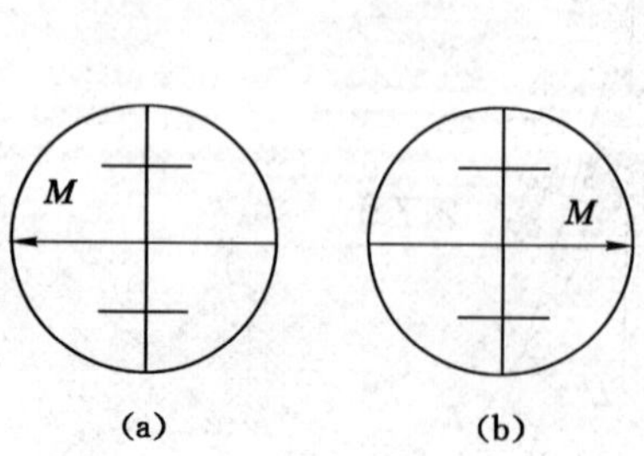

图 2-27 十字丝板的检验

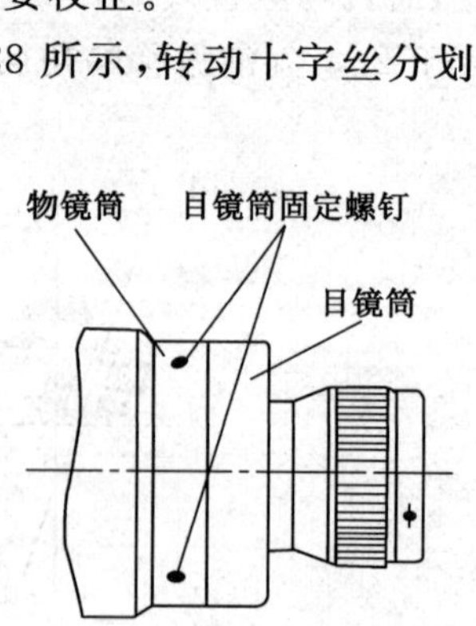

图 2-28 十字丝板的校正

3. 视准轴平行于水准管轴的检校（i 角检验）

(1) 检验：如图 2-29 所示，假设视准轴不与水准管轴平行，它们之间的夹角为 i，当水准管气泡居中，即水准管轴水平时，视线倾斜 i 角。由于 i 角对标尺读数的影响与距离成正比，则当前后视距相等(即 $D_A=D_B$)时，则高差 $h_{AB}=a_1-b_1$。

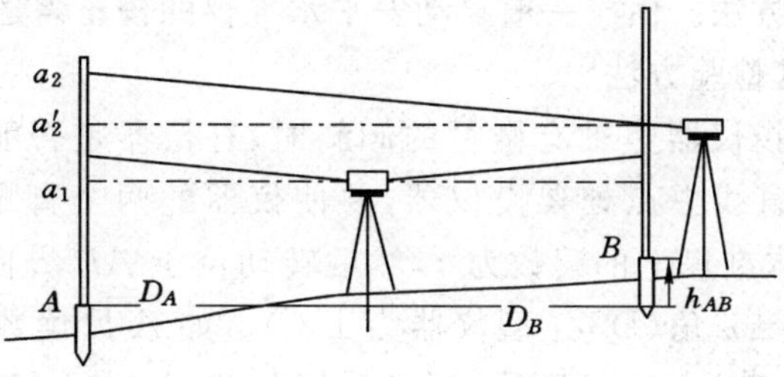

图 2-29　i 角的检验

检验时先将仪器置于两水准尺中间等距处，测得两立尺点正确高差。然后将仪器置于 A 或 B 点附近(3 m 左右)，如将仪器搬至 B 点附近，则读得 B 尺上读数为 b_2，因为此时仪器离 B 点很近，i 角的影响很小，可忽略不计，故认为 b_2 为正确的读数。用公式：

$$a'_2 = b_2 + h_{AB} \tag{2-13}$$

可计算出 A 尺上应读得的正确读数 a'_2(即视线水平时的读数)。然后瞄准 A 尺读得读数 a_2，若 $a_2=a'_2$，则说明条件满足。否则存在角 i，其值为：

$$i'' = \frac{\Delta a}{D_{AB}}\rho'' \tag{2-14}$$

式中，$\Delta a=a_2-a'_2$。对于 S_3 级水准仪，i 值应小于 20″，如果超限，则需要校正。

(2) 校正：转动微倾螺旋，使中丝读数对准 a'_2，此时视准轴处于水平位置，但水准气泡却偏离了中心，拨动水准管上下两个校正螺丝(图 2-30)，使它们一松一紧，直至气泡居中(符合水准器两端气泡影像重合)为止。

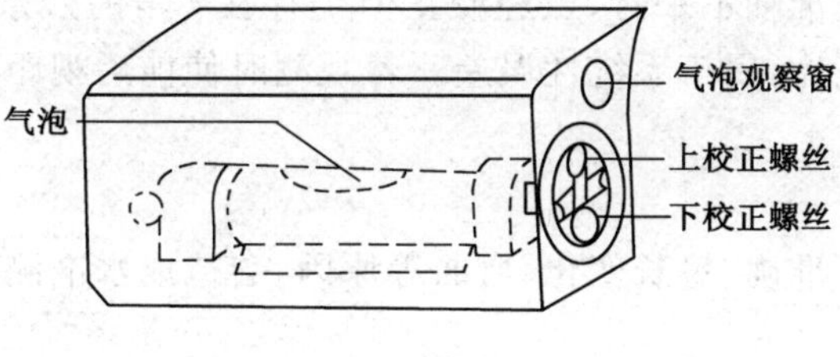

图 2-30　i 角的校正

此项检校需反复进行，直至符合要求为止。

二、自动安平水准仪的检校

自动安平水准仪的主要检验项目如下：

(1) 圆水准器轴应平行于仪器竖轴；

(2) 十字丝的横丝应垂直于仪器竖轴；

(3) 补偿器误差的检验；

(4) 望远镜视准轴位置正确性的检验。

其中,第一项和第二项的检验方法与微倾式水准仪前两项的检验相同,第四项检验方法与微倾式水准仪的"视准轴平行于水准管轴的检校(i 角检验)"方法一样,这里只介绍第三项"补偿器误差的检验"方法。由于一般自动安平水准仪的校正需送修理部门由专业人员进行,因此这里着重介绍其检验方法。

所谓补偿器性能是指仪器竖轴有微量的倾斜时,补偿器是否能在规定的范围内补偿。如图 2-31 所示,在 AB 直线中点处架设仪器,并使仪器的两个脚螺旋的连线与 AB 垂直。整平仪器后,读取 A 点水准尺上的读数为 a,然后转动位于 AB 方向的第三个脚螺旋,使仪器轴向 A 点水准尺倾斜 $\pm\alpha$ 角(DSZ_3 型仪器为 $\pm 8''$)。如 A 尺读数 $a_{\pm\alpha}$ 与整平时读数 a 相同,则补偿器工作正常。若 $a_{\pm\alpha}>a$,则称为"过补偿";若 $a_{\pm\alpha}<a$,则称为"欠补偿"。对于普通水准测量,$a_{\pm\alpha}\neq a$,且应小于 3 mm,否则应进行校正。校正可根据说明书调整有关重心调节器或送修理部门检修。

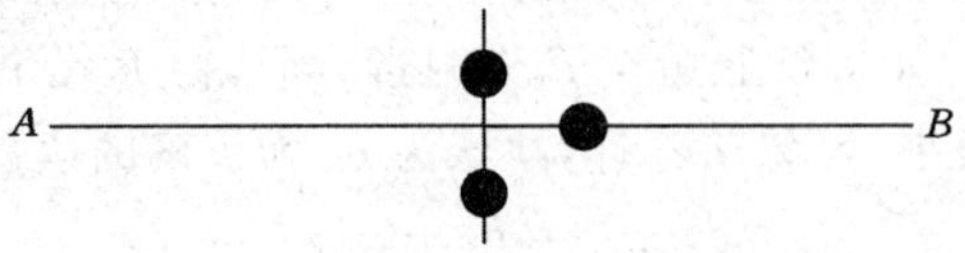

图 2-31 补偿器误差的检校

第六节 水准测量误差

水准测量的误差主要来自仪器误差、观测误差和外界条件的影响三个方面。

一、仪器误差

(一) 仪器校正后的 i 角残差

它指水准管轴与视准轴不平行,虽经校正但仍存在 i 角的残余误差。这种误差与仪器至水准尺的视距差成正比,属于系统性误差。若观测时使前后视距相等,便可抵消此项误差的影响。

(二) 水准尺误差

水准尺由于刻划不准确、尺长变化、弯曲等原因,会造成水准测量误差。因此,水准尺在使用之前应进行检验。

二、观测误差

(一) 水准管气泡的居中误差

设水准管分划值为 τ'',居中误差约为 $0.15\tau''$。采用符合式水准器时,气泡居中精度可提高一倍,则居中误差为:

$$m_\tau = \pm \frac{0.15\tau''}{2 \cdot \rho''} \cdot D \tag{2-15}$$

式中,D 为水准仪到水准尺的距离;$\rho''=206\ 265''$。

由式(2-15)可知,这种误差随着视距的增大而增大。观测时应使用微倾螺旋使气泡两个半像严格附合。

（二）估读水准尺的误差

人眼的极限分辨力为 1′，设望远镜的放大倍率为 υ，视距为 D，则在水准尺上估读毫米数的误差为：

$$m_{\upsilon}=\pm\frac{60''}{\upsilon}\cdot\frac{D}{\rho''} \tag{2-16}$$

（三）视差的影响

水准测量中视差的影响会给观测结果带来较大的误差，因此观测前必须反复调节目镜和物镜的对光螺旋，使水准尺的分划线与十字丝平面重合。

（四）水准尺倾斜的影响

水准尺倾斜将使尺上读数增大，为避免这项误差，读数时应取水准尺上的最小读数。

三、外界条件的影响

（一）仪器下沉

观测过程中仪器下沉，会使视线降低，从而使观测高差产生误差。此误差可通过采用“后、前、前、后”的观测程序减弱其影响。

（二）尺垫下沉

如果在转点发生尺垫下沉，将使下一站的后视读数增加，也将引起高差误差。为减少这种误差的影响，在设置转点时尽量选择土质坚硬的地点，也可采用往返观测取中数的方法减弱其影响。

（三）地球曲率和大气折光的影响

由于水准面是一个曲面，水准仪的视线是水准面的水平切线（见图 1-9），该切线与水准面在视距为 S' 时的高程差值 bb' 称为地球曲率对高差的影响。如果水准测量作业时，保持前后视距相等，使后尺读数和前尺读数均含有相同差值，则可消除其影响。

在大气折光的影响下，视线会发生弯曲。由于重力的作用，大气呈上疏下密分布，视线向下弯曲；当地表被阳光烤晒，地面温度高于地表气温时，地表大气呈上密下疏分布，视线向上弯曲。大气折光给读数带来的影响也与视距长度 D' 有关。若水准测量作业时，适当控制视线离开地面的高度，且使前后视距相等，则可有效减弱或消除大气折光对观测高差的影响。

（四）温度的影响

当烈日照射到水准管时，造成水准管本身和管内液体温度升高，气泡向着温度高的方向移动，从而影响仪器水平，产生气泡居中误差。因此，观测时要避免阳光直射仪器。

第三章 角度测量

为确定地面点的空间位置，常进行角度测量，即水平角和竖直角的测量。水平角测量用于求算点的平面位置，竖直角测量用于将倾斜距离化成水平距离或测算高差。角度测量最常用的仪器是经纬仪，它具有测量水平角和竖直角(简称竖角)的双重功能。

第一节　角度测量原理

角度是确定点位的基本元素之一，角度测量也是测量的基本工作之一。角度测量包括水平角测量和竖直角测量。

一、水平角和竖直角

地面上某点到两目标的方向线垂直投影到水平面上所成的夹角，称水平角。如图 3-1 所示，A 点到 B、C 两目标的方向线 AB 和 AC 在水平面 H 上的垂直投影线 ab 和 ac 所夹角 $\angle bac$ 即称水平角。

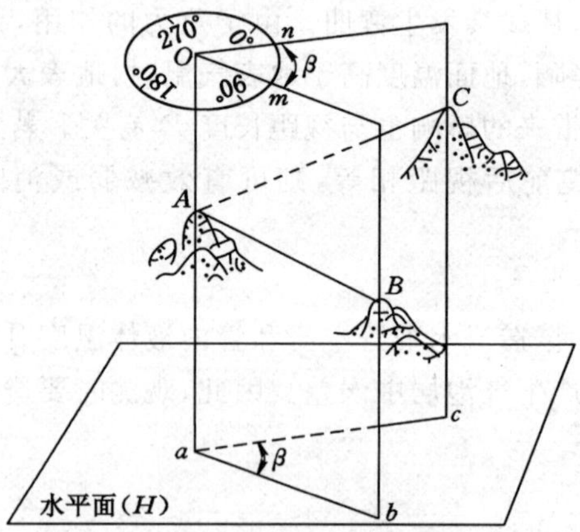

图 3-1　水平角测量原理

地面上某点到目标点的方向线与过该线的竖直面内的水平线之间的夹角，称该方向线的竖直角，又称垂直角。AB、AC 方向的竖直角分别为视线 AB、AC 与包含两线的竖直平面内过 A 点的水平线间的夹角。竖直角由水平线起算，视线在水平线之上为正，称仰角；反之为负，称俯角。

二、角度测量原理

如图 3-1 所示，若在过角顶点 A 的铅垂线上任一点 O 设置一水平的且按顺时针 0°～360°分划的刻度圆盘，使刻度盘圆心正好位于过 A 点的铅垂线上，设 A 点到 B、C 目标方向线在水平刻度盘上的投影读数分别为 n 和 m，则水平角 $\beta=m-n$，即右目标读数减左目读数。当$m<n$时，则 $\beta=m+360°-n$，即右目标读数加上 360°后再减左目标读数，切勿倒过来减。

第二节 经 纬 仪

一、经纬仪的分类

目前我国工程上常用的经纬仪有光学经纬仪和电子经纬仪两大类。通过光学度盘测定角度的仪器称为光学经纬仪；采用电子学的方法测定角度的仪器称为电子经纬仪。

光学经纬仪在我国已经系列化、通用化、标准化。经纬仪按精度分为 DJ_{07}、DJ_1、DJ_2、DJ_6 和 DJ_{30} 等系列。“D”和“J”分别指“大地测量”“经纬仪”两个词的汉语拼音第一个字母。“07”“1”“2”等阿拉伯数字代表该仪器的精度，即一测回方向观测中误差为 0.7″、1″、2″。DJ_2 以上精度的经纬仪为精密光学经纬仪。DJ_6 经纬仪是普通光学经纬仪，DJ_2 和 DJ_6 型经纬仪在工程上经常使用。

电子经纬仪与光学经纬仪相比具有如下特点：

(1) 仅需对准目标，水平角和竖直角的数值能同时显示，角度读数快速显示，消除了读数误差；

(2) 采用双轴倾斜传感器来检测仪器倾斜状态，由仪器倾斜所造成的水平角和竖直角误差，可通过电子系统进行自动补偿；

(3) 角度数据可以直接输入计算机，不需手工记入手簿，避免记录错误；

(4) 只要按一下操作键，就可选择各种测量模式。

二、光学经纬仪的结构与使用

光学经纬仪由基座、光学度盘和照准部组成。图 3-2 为 DJ_6 级光学经纬仪的一种。

(一) 基座

基座是支撑仪器的底座，与水平度盘相连的外轴套插入基座的套轴内，并由锁紧螺旋固定，在基座下面用中心螺旋和三脚架相连。如图 3-2 所示，基座上还装有三个脚螺旋，调节脚螺旋能使竖轴处于竖直位置。

(二) 度盘

光学经纬仪度盘分为测量水平角的水平度盘和测量竖直角的竖直度盘，它们分别装在仪器纵、横旋转轴上。光学经纬仪度盘为玻璃制成的圆环，在其圆周上刻有精密的分划，0°～360°顺时针注记。度盘上相邻分划线间弧长所对应的圆心角，称为度盘分划值，通常有 20′、30′、1°等几种。

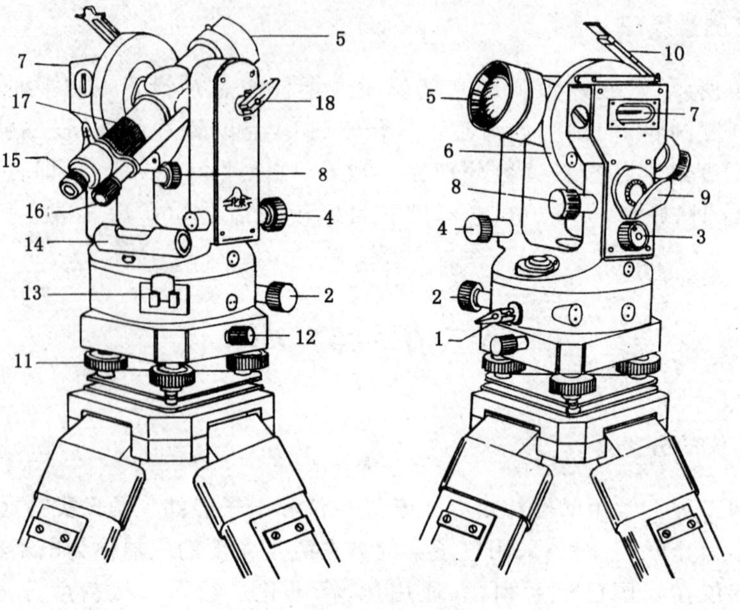

图 3-2　DJ_6 级光学经纬仪构造

1——水平制动扳钮；2——水平微动螺旋；3——测微轮；4——望远镜微动螺旋；5——物镜；6——竖直度盘；7——竖盘水准管；8——竖盘水准管微动螺旋；9、10——反光镜；11——脚螺旋；12——轴座固定螺旋；13——复测扳钮；14——水平度盘水准管；15——目镜；16——读数显微镜；17——对光螺旋；18——望远镜制动扳钮

（三）照准部

照准部的主要部件有望远镜、水准器、转动控制装置、读数设备、竖直度盘等。望远镜、水准器的原理和结构与水准仪的望远镜、水准器的相同。这里主要介绍转动控制装置和读数设备。

1. 转动控制装置

为了控制仪器各部件间的相对运动以便精确地瞄准目标，仪器上一般设有三套控制装置，即照准部的制动螺旋和微动螺旋，望远镜的制动螺旋和微动螺旋，水平度盘转动的控制装置。水平度盘转动控制装置一般采用水平度盘变换手轮。使用前，将手轮推压进去，转动手轮，则水平度盘随之拨动，待转到需要的位置后，将手松开，手轮退出即可。

2. 读数设备

光学经纬仪的水平度盘和竖直度盘刻度，通过一系列棱镜和透镜成像在望远镜旁的读数窗，可通过显微镜放大读数。下面分述几种常见的读数系统。

（1）分微尺读数装置和读数方法

图 3-3 所示为 DJ_6 型光学经纬仪分微尺读数系统的光路图。外来光线经棱镜 1 折射 90°，再通过水平度盘，由棱镜 2、3 的几次折射，到达刻有分微尺的指

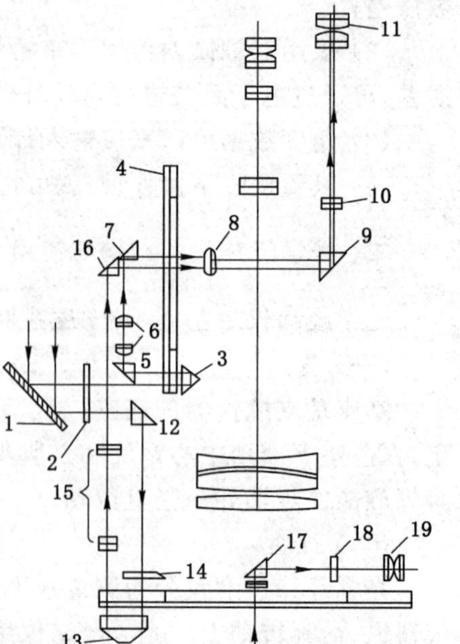

图 3-3　DJ_6 型光学经纬仪分微尺读数系统光路图

标镜 4，通过棱镜 5，在读数显微镜内就能看到水平度盘分划和分微尺（图 3-4）。外来光线经过棱镜 6 的折射，穿过竖直度盘，再经透镜组 7 及棱镜 8 到达分微尺指标镜。最后经过棱镜 5 折射，同样在读数显微镜内可以看到竖盘分划和另一个分微尺（图 3-4）。光路中的透镜组 9、10 是起放大作用的，调节透镜组上下位置，可以保证分微尺从 0 到 60 的全部分划的间隔和度盘上一个分划的间隔相等（图 3-5）。度盘上一个分划为 1°(60′)。此间隔在分微尺上分成 60 个分划，所以分微尺上一个分划是 1′。度数在度盘上读出，不到一度的读数在分微尺上读出，可估读到 0. 1′。图 3-4 中水平度盘的读数为 134°53′18″，竖直度盘的读数为87°58′12″。

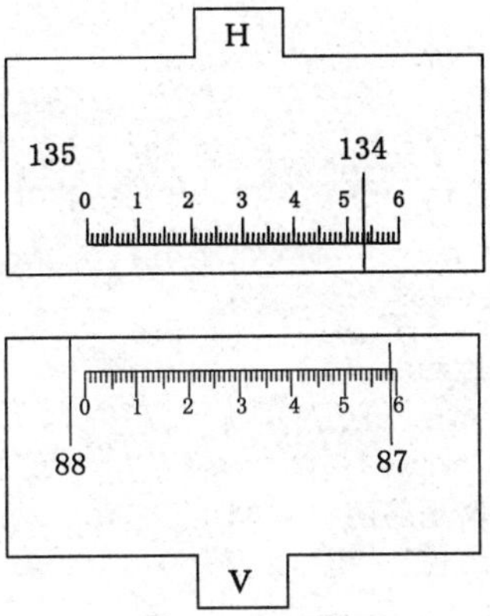

图 3-4　分微尺读数窗

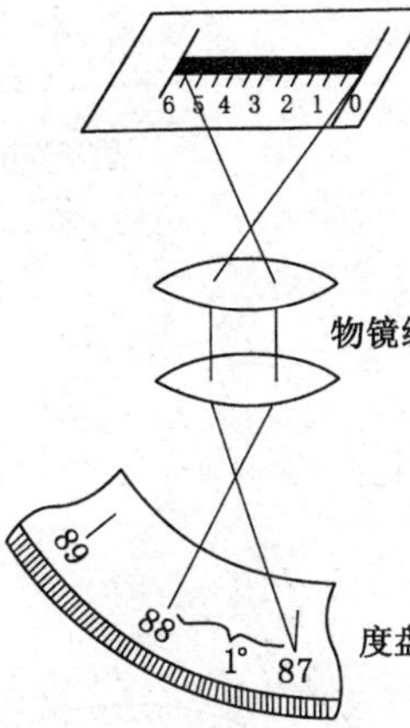

图 3-5　透镜组作用原理

(2) 单平板玻璃测微器及其读数方法

光线以一定入射角 i 穿过平行平板玻璃时，将产生平移现象（图 3-6），当玻璃材料的折射率 n 和平板厚度 d 一定时，移动量 h 的大小取决于光线的入射角 i，单平板玻璃测微器正是根据这一原理制成的。通过手轮转动平板玻璃，光线的入射发生变化，从而使分划线影像产生平移，其平移量由测微尺读出。图 3-7 是采用平板玻璃测微器的 DJ_6 光学经纬仪的光路图。光线由反光镜 1 进入光窗 2，通过一系列的棱镜和透镜就可在读数显微镜内清楚地看到水平度盘、竖直度盘和测微尺的读数。

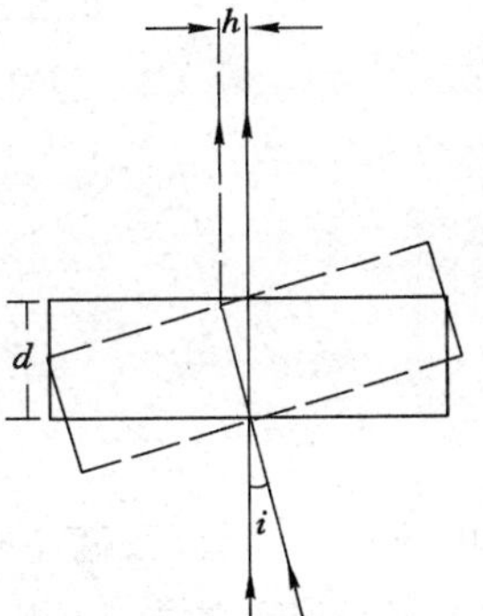

图 3-6　单平行玻璃板

测微尺 13 和平行玻璃 11 连接在一起。转动仪器支架上的测微手轮，测微尺和平行玻璃板就绕同一个轴转动。由于平板玻璃的转动，水平度盘分划和竖直度盘分划的像也在读数显微镜的视场内移动，不到一个分划的度盘读数就根据指标线在测微尺上读出。

图 3-8 为水平度盘和竖直度盘读数窗。读数窗的上窗为测微尺读数，其最小分划值为 20″，可估读到 2″，中窗为竖盘读数，下窗为水平度盘读数，分划值均为 30′。图 3-8(a)的水平度盘读数为 8°42′10″；图 3-8(b)的竖直度盘读数为 88°47′30″。

(3) 双光楔测微器及符合读数法

精度较高的 DJ_2 型经纬仪，都采用双光楔或双平板玻璃测微器，直接获取度盘对径相差

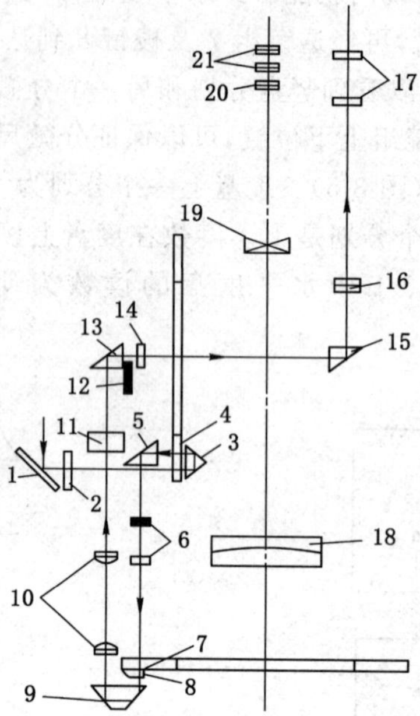

图 3-7 DJ_6(红Ⅱ)型光学经纬仪光路图

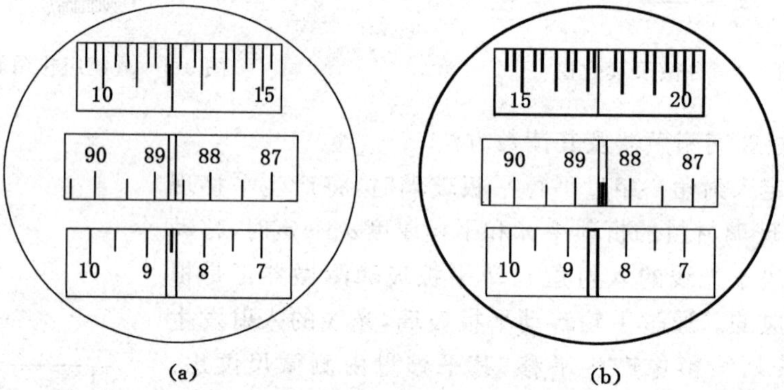

(a) (b)

图 3-8 读数窗

180°处两个读数,取两个对径分划读数平均值作为照准方向的读数,这种读数方法可消除照准部偏心误差的影响,提高读数精度,这种方法称为符合读数法。

三、电子经纬仪简介

本书以 DT_5(5″级)电子经纬仪为例,简单介绍电子经纬仪的使用。

(一) DT_5 电子经纬仪的外部构件及名称

图 3-9 中所示为 DT_5 电子经纬仪的外形、各部构件及其名称。

(二) DT_5 电子经纬仪的性能和特点

DT_5 经纬仪是一种 5″级的电子经纬仪,易操作、工效高,并具有以下特点:

(1) 可以使用任何一种标准 5 号电池;

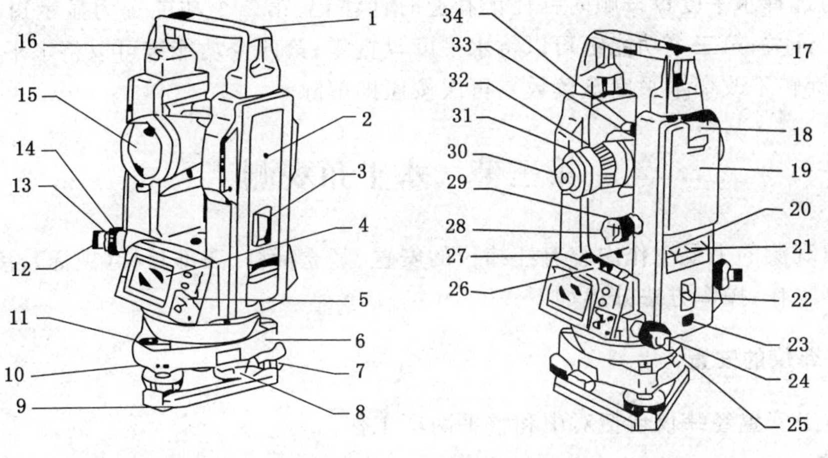

图 3-9 DT_5 电子经纬仪示意图

1——提柄；2——横轴中心；3——内部开关护盖；4——显示窗；5——键盘；6——基座；7——脚螺旋；8——仪器镇定钮；9——基座底板；10——圆水准校正螺丝；11——圆水准器；12——光学对中器目镜；13——光学对中器十字丝校正盖；14——光学对中器调焦环；15——物镜；16——提柄制紧螺丝；17——管式罗盘仪插口；18——电池解锁钮；19——电池盒；20——水准管校正螺丝；21——水准管；22——电源开关；23——数据输出插口；24——水平微动螺旋；25——水平制动钮；26——水准管；27——水准管校正螺丝；28——垂直制动钮；29——垂直微动螺旋；30——望远镜目镜；31——望远镜十字丝校正盖；32——望远镜调焦环；33——瞄准器；34——十字丝照明控制杆

(2) 液晶显示窗可以同时显示水平度盘和垂直度盘的读数；

(3) 水平度盘读数注记可以设置成顺时针或逆时针，并可在任何方向上置零(使度盘读数为 0°00′00″)；

(4) 有显示窗和望远镜十字丝照明设备，可在光线不足的室内、地下通道或夜间进行观测；

(5) 有一个 RS-232 数据输出接口，可以把测得的水平角和垂直角数据输出到数据采集器(电子手簿)或电子计算机。

(三) DT_5 电子经纬仪的度盘读数显示和功能键

DT_5 电子经纬仪的显示窗和功能键如图 3-10 所示，左边有 V、H 字样，V 所指的一行为垂直度盘读数，H 所指的一行为水平度盘读数。读数窗右边为 4 个功能键，从上而下，第一

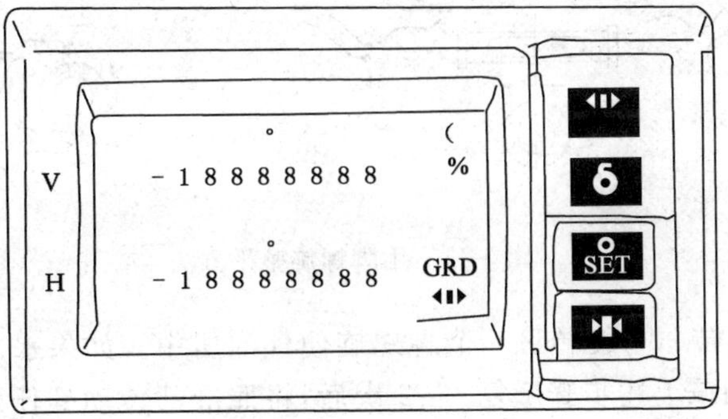

图 3-10 DT_5 电子经纬仪的显示窗口和功能键

个功能键为选择水平度盘按顺时针注记和逆时针注记；第二个功能键为显示窗和望远镜十字丝的照明开关；第三个功能键可以将水平度盘置零；第四个功能键可以将水平度盘读数固定(照准部旋转不改变水平度盘读数)，再次按压即解除。

第三节　水平角观测

水平角观测的主要工作内容有经纬仪的安置、竖立标杆、照准目标(觇标)、读数、记录及检校成果等工作，操作方法分述如下。

一、经纬仪的安置

在测站上安置经纬仪包括对中和整平两项工作。

1. 对中

对中就是将经纬仪的竖轴几何中心线安置到测站的铅垂线上，具体做法如下：

(1) 调整好三脚架腿的长度，张开三脚架(注意张开的跨度要大些)，将其放置在测站上，使其高度适宜，目估使架头大致水平。然后将垂球挂在中心连接螺旋下面的挂钩上，并把中心连接螺旋大致放在架头的中心，进行初步对中。若偏离较大，需平移三脚架，使垂球尖大致对准测站点的中心，用脚将三脚架的尖踩入土中，但仍需保持架头的大致水平。

(2) 从仪器箱中取出经纬仪放在三脚架头上，及时旋上中心连接螺旋(暂不拧紧)，在架头上用两手扶住仪器基座平移仪器，垂球尖准确地对准测站点后，再旋紧中心连接螺旋。用垂球对中的误差一般应小于 3 mm，当观测目标较近时，对中误差更应小些。

2. 整平

整平的目的是使经纬仪的竖轴垂直，亦即使水平度盘水平。整平工作是利用基座上的三个脚螺旋，使照准部水准管在相互垂直的两个方向上气泡都能居中。整平的具体做法如下：

(1) 先松开水平制动螺旋，转动照准部，使水准管大致平行于任意两个脚螺旋，两手同时向内或向外转动脚螺旋使气泡居中，气泡移动方向与左手大拇指方向一致(图 3-11)。

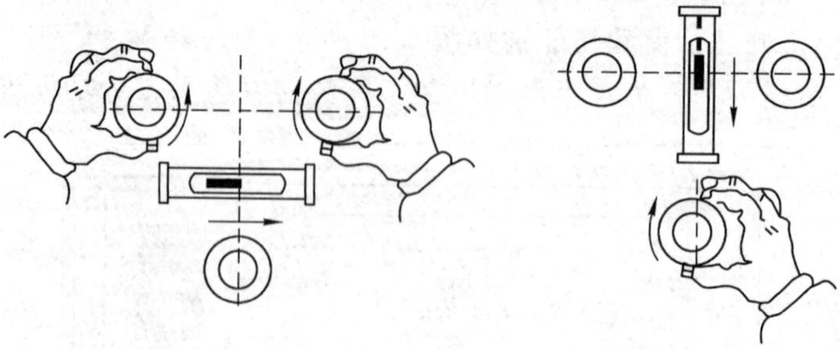

图 3-11　用脚螺旋整平方法

(2) 将照准部旋转 90°，旋转另一个脚螺旋使气泡居中。如果水准管是经检验校正(方法见第六节)后的，则按上述步骤反复 1～2 次后，将照准部转动到任意位置时，水准管气泡总是居中(或偏移不超过一格)，则完成了整平工作。

3. 使用光学对中器对中时的具体做法

(1) 放置三脚架时，要使架头大致水平，目估对中，将三脚架尖踩入土里。

(2) 转动对中器对光螺旋，使地面标志点的影像清晰。

(3) 边观察对中器中的影像，边用手旋转脚螺旋，使测站点标志中心的影像位于对中器上的圆圈中心。

(4) 上一步操作后，如圆水准器气泡不居中，则伸缩三脚架腿使圆气泡居中。若摆放三脚架时架头大致水平程度较好，则在伸缩架腿调整气泡使其居中过程中，对仪器对中的影响甚微。然后转动脚螺旋使长水准管气泡精确居中。

(5) 检查对中，若偏移较小，可稍旋松中心连接螺旋，在架头上用手扶住基座平移仪器，使其精确对中，其对中误差不超过 2 mm。

二、照准标志及照准目标方法

(一) 照准标志及竖立方法

测角用的照准标志一般有标杆、测钎或觇牌，如图 3-12 所示。标杆多用于稍远的目标。竖立标杆时，要将标杆下面的尖置于地面标志中心上。为保持稳定，常用三股细铁丝(或细绳)拉住，铁丝下端系到打入地下的木桩上。测钎多用于较近的目标。觇牌这种标志的下端是与经纬仪相同的基座，基座需安置到三脚架上，与经纬仪的安置相同。

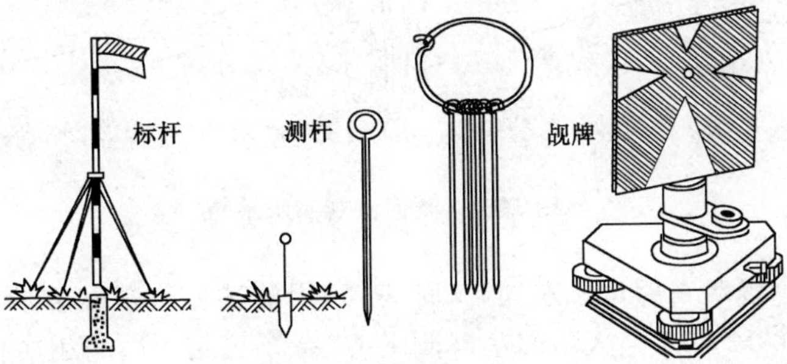

图 3-12 照准标志

(二) 照准目标方法

照准目标(或称瞄准目标)的方法有些操作和水准测量一样，如目镜对光、粗瞄目标、物镜对光及消除视差的操作完全等同于水准测量相应的操作。所不同的是，水平角观测是以十字丝交点处的竖丝去照准目标，粗瞄目标时所示情况见图 3-13(a)。标志位于竖丝一侧时，要旋转水平制动螺旋，为精确照准，需旋转望远镜和水平微动螺旋，使十字丝竖丝精确平分目标(或双丝准确夹住目标)。并且，为防止所立目标不够铅直，照准时应尽可能瞄准目标下部，如图 3-13(b)所示。

三、水平角观测方法

水平角观测方法，一般根据测量工作要求的精度、使用的仪器、观测目标的多少而定。现将常用的两种方法分述如下。

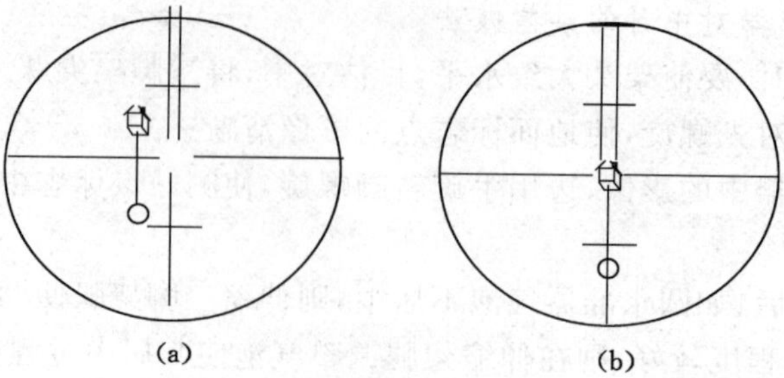

图 3-13　瞄准方法

(一) 测回法

测回法用于观测两个方向之间的夹角。如图 3-14 所示，欲测量 2—1 与 2—3 两个方向间的水平角，先在测站点 2 上安置仪器，在点 1、点 3 上设置观测标志，具体观测步骤如下：

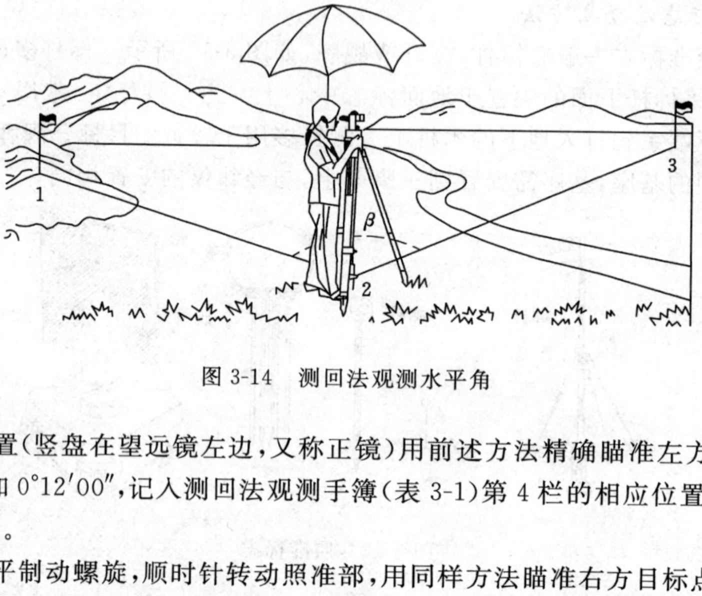

图 3-14　测回法观测水平角

(1) 盘左位置(竖盘在望远镜左边，又称正镜)用前述方法精确瞄准左方目标点 1，读取水平度盘读数，如 0°12′00″，记入测回法观测手簿(表 3-1)第 4 栏的相应位置，分微尺读数估读到 6″(即 0.1′)。

(2) 松开水平制动螺旋，顺时针转动照准部，用同样方法瞄准右方目标点 3，读取水平度盘读数，如 91°45′00″，同样记入手簿的第 4 栏中，以上称上半测回。上半测回水平角值 $B_L=91°45'00''-0°12'00''=91°33'0''$，记入第 5 栏中。

(3) 松开望远镜制动螺旋，纵转望远镜成盘右位置(竖盘在望远镜右边，亦称倒镜)，按上述方法先瞄准右方目标点 3，读取水平度盘读数 271°45′00″，逆时针转动照准部，再瞄准左方目标点 1，读取水平度盘读数 180°11′30″，将读数分别记入手簿第 4 栏，以上称下半测回。其角值 $B_R=271°45'00''-180°11'30''=91°33'30''$，记入手簿第 5 栏。

上、下半测回合称一测回，一测回角值为：$\beta=\frac{1}{2}(\beta_L+\beta_R)$。

本例中 $\beta=(91°33'00''+91°33'30'')/2=91°33'15''$。

同一测回中，上、下半测回角值之差和各测回间角值之差均不应大于相应细则、规范所规定之容许值，否则应重测。如各较差符合要求，则分别取平均值，记入表 3-1 的第 6、7 栏中。

表 3-1 测回法观测手簿

测站	竖盘位置	目标	水平角盘读数	半测回角值	一测回角值	各测回平均角值	备注
			° ′ ″	° ′ ″	° ′ ″	° ′ ″	° ′ ″
第一测回 2	左	1	00 12 00	91 33 00	91 33 15	91 33 12	
		3	91 45 00				
	右	1	180 11 30	91 33 30			
		3	271 45 00				
第二测回 2	左	1	90 11 24	91 33 06	91 33 09		
		3	181 44 30				
	右	1	270 11 48	91 33 12			
		3	01 45 00				

当测角精度要求较高时，往往要观测几个测回。为了减少度盘分划误差的影响，假定各测回间的测回数为 n，按 $180°/n$ 变换水平度盘位置。例如，要观测三个测回，则第一测回的起始方向读数可安置在略大于 0°处，第二测回起始方向读数应安置在略大于 $180°/3=60°$ 处，第三测回则略大于 120°。

（二）方向观测法

方向观测法简称方向法，适用于观测两个以上的方向。当方向多于三个时，每半测回都从一个选定的起始方向（零方向）开始观测，在依次观测所需的各个目标之后，应再次观测起始方向（称为归零），称为全圆方向法。其操作步骤如下：

(1) 如图 3-15 所示，安置经纬仪于 O 点，盘左位置，将度盘置于略大于 0°处，观测所选定的起始方向 A，读取水平度盘读数 a(0°02′12″)记入表 3-2 的第 4 栏。

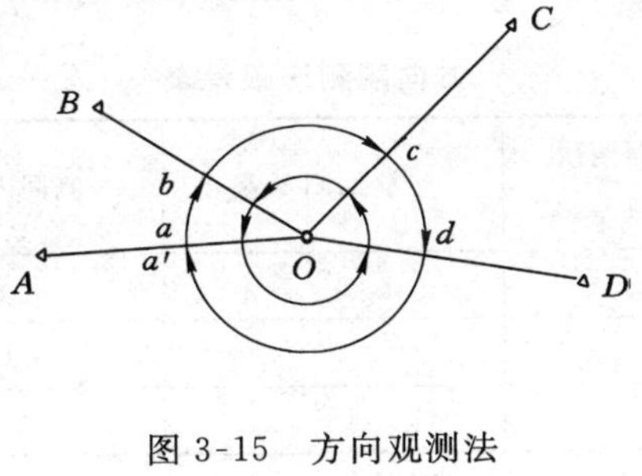

图 3-15 方向观测法

(2) 顺时针方向转动照准部，依次瞄准 B、C、D 各点，分别读取读数 b(37°44′15″)，c(110°29′04″)，d(150°14′51″)，同样记入表 3-2 的第 4 栏。

(3) 为了校核，仍顺时针转动照准部，再次瞄准目标 A，读取读数 a'(0°02′18″)，此次观测称归零。读数记入第 4 栏。a 与 a' 之差的绝对值称上半测回归零差，归零差不超过表 3-3 的规定，则进行下半测回观测；如归零差超限，此半测回应重测。上述操作称上半测回。

(4) 纵转望远镜成盘右位置。逆时针方向依次瞄准 A、D、C、B、A 各点，并将读数记入表 3-2 的第 5 栏，称下半测回。

表 3-2 **方向观测法观测手簿**

测站	测回数	目标	读数 盘左	读数 盘右	2c=左−(右±180°)	平均读数=$\frac{1}{2}$[左+(右±180°)]	归零后的方向值	各测回归零方向值的平均值	略图及角值
			° ′ ″	° ′ ″	° ′ ″	° ′ ″	° ′ ″	° ′ ″	
1	2	3	4	5	6	7	8	9	10
O	1					(0 02 10)			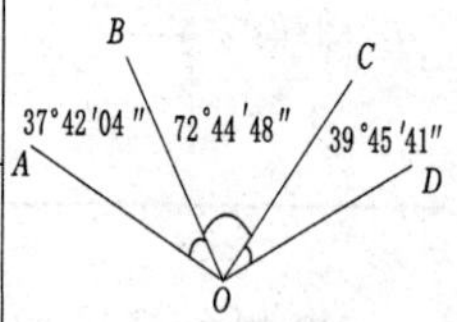
		A	0 02 12	180 02 00	+12	0 02 06	0 00 00	0 00 00	
		B	37 44 15	217 44 05	+10	37 44 10	37 42 00	37 42 04	
		C	110 29 04	290 28 52	+12	110 28 58	110 26 48	110 26 52	
		D	150 14 51	330 14 43	+8	150 14 47	150 12 37	150 12 33	
		A	0 02 18	180 02 08	+10	0 02 13			
	2					(90 03 24)			
		A	90 03 30	270 03 22	+8	90 03 26	0 00 00		
		B	127 45 34	307 45 28	+6	127 45 31	37 42 07		
		C	200 30 24	20 30 18	+6	200 30 21	110 26 57		
		D	240 15 57	60 15 49	+8	240 15 53	150 12 29		
		A	90 03 25	270 03 18	+7	90 03 22			

如需观测几个测回，则各测回仍按 180°/n 变动水平度盘起始读数位置。现就表 3-2 说明全圆方向法的计算步骤。

(1) 计算两倍照准差($2c$)值，即 $2c$=盘左读数−(盘右读数±180°)。

上式中，盘右读数大于 180°时取“−”号，盘右读数小于 180°时取“+”号。按各方向计算并填入第 6 栏。方向观测法的技术要求见表 3-3 中的规定。超过限差时，应在原度盘位置上重测。

表 3-3 **方向观测法限差表**

经纬仪型号	光学测微器两次重合读数差	半测回归零差	一测回内 $2c$ 较差	同一方向各测回间较差
DJ_1	1″	6″	9″	6″
DJ_2	3″	8″	13″	9″
DJ_6		18″		24″

(2) 计算各方向的平均读数：

$$平均读数=[盘左读数+(盘右读数+180°)]/2$$

计算的结果称为方向值，填入第 7 栏。起始方向有两个平均值，应将此两数值再次平均，所得的值作为起始方向的方向值，填入第 7 栏上方，并括以括号，如本例中的(0°02′10″)及(90°03′24″)。

(3) 计算归零后的方向值：将各方向的平均读数减去起始方向的平均读数(括号内)，即得各方向的归零方向值。填入第 8 栏。起始方向的归零值为零。

(4) 计算各测回归零后方向值的平均值：取各测回同一方向归零后的方向值的平均值

作为该方向的最后结果，填入第 9 栏。在取平均值之前，应计算同一方向归零后的方向值各测回之间的互差是否超限，如果超限，则应重测。

(5) 计算各目标间水平角值：将第 9 栏中相邻两方向值相减即可求得水平角，注于第 10 栏略图的相应位置。

第四节 竖直角观测

一、竖直角测量的用途

如前所述，竖直角多用于将倾斜距离（简称为斜距）化成水平距离或测算两点间的高差。

(一) 将斜距化成水平距离时竖角的应用

测绘工作中，常需要的是直线的水平距离，而实际上大多是测量沿倾斜地面的斜距，所以存在斜距和水平距离的换算关系。如图 3-16 所示，若知道地面倾斜角度(简称倾角)α 和斜距 S'，则可将斜距 S'化算成水平距离，其公式为：

$$S = S'\cos\alpha \tag{3-1}$$

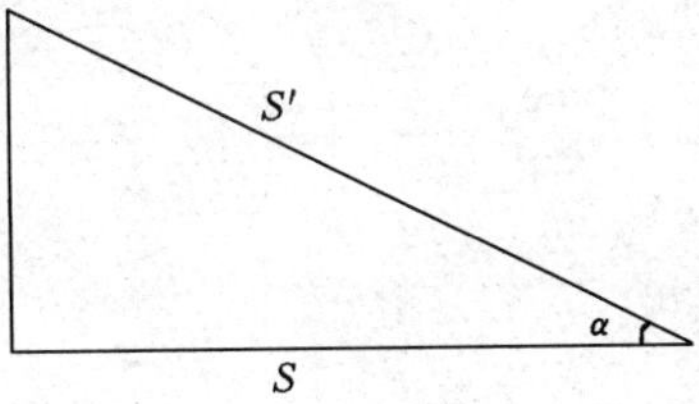

图 3-16 倾角 α

(二) 在测定两点间高差中的应用(三角高程测量)

测定两点间高差，除用水准测量方法，也可用三角高程测量方法。如图 3-17 所示，若测定 A、B 两点间的倾角 α_{AB} 和斜距 S'_{AB}，便可求得两点间的高差 h_{AB}，其公式为：

$$h_{AB} = S_{AB} \cdot \tan\alpha_{AB} + i_A - v_B \tag{3-2}$$

式中，S_{AB} 为 A、B 两点间水平距离，由斜距化算而得到；i_A 为仪器高度；v_B 为十字丝横丝切到瞄准目标上的高度。若知道 A 点高程 H_A，便可求得 B 点高程，如下式：

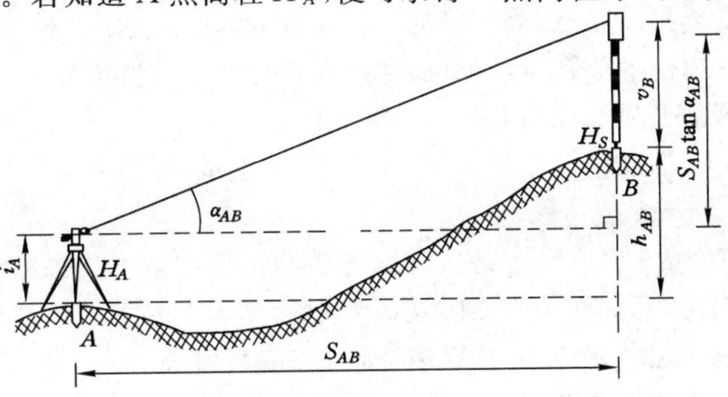

图 3-17 三角高程测量

$$H_B = H_A + h_{AB} \tag{3-3}$$

二、竖直度盘

光学经纬仪的竖盘装置包括竖直度盘和竖盘读数指标。竖盘固定在横轴的一端，随望远镜一起在竖直面内转动，而读数指标是不动的。读数指标架上固定着一支水准管，称指标水准管。指标水准管气泡居中时，指标就处于铅垂（正确）位置，并指示竖盘铅垂方向刻划的读数。望远镜视准轴水平时竖盘铅垂方向的刻划为90°的整倍数，称为始读数。如图3-18所示，视准轴指向照准目标时的竖直角，就是气泡居中时的指标读数与该仪器的始读数（已知）之差。

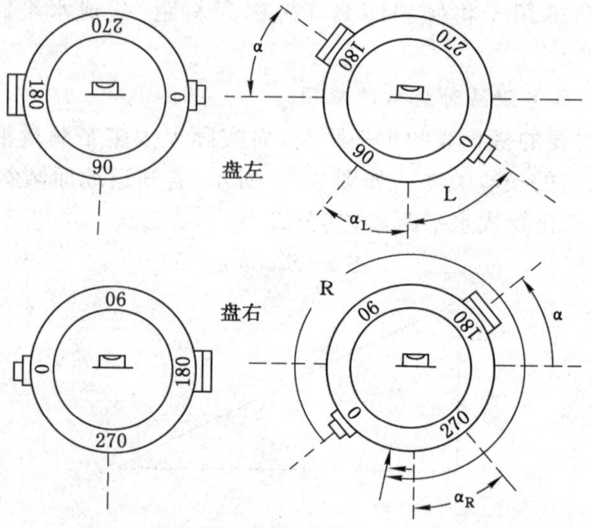

图3-18　竖盘情况

我国目前生产的经纬仪多采用竖盘自动安平补偿装置，省略了手工操作，避免了可能发生的误差，提高了观测速度。

三、竖直角的观测和计算

竖直角观测和计算的方法如下：

（1）仪器安置于测站点上，盘左瞄准目标点M，使十字丝中丝精确地切于目标顶端。

（2）转动竖盘指标水准管微动螺旋，使竖盘指标水准管气泡居中。读取竖盘读数L（如81°18′42″），记入竖直角观测手簿（表3-4）第4栏。

（3）盘右，再瞄准M点并调节竖盘指标水准管气泡居中，读取竖盘读数R（如278°41′30″），记入表3-4第4栏。

（4）计算竖直角α。竖直角α是始读数与观测目标的读数之差。减数与被减数应按竖盘注记的形式来确定。为此，在观测之前，将望远镜大致放平，此时与竖盘读数最接近的90°的整数倍即为始读数。然后将望远镜上仰，若读数增大，则竖直角等于目标读数减去始读数；若读数减小，则竖直角等于始读数减去目标读数。

图3-18中所刻划形式的竖盘，计算公式如下：

盘左：

$$\alpha = 90° - L = \alpha_L \tag{3-4}$$

盘右：

$$\alpha = R - 270° = \alpha_R \tag{3-5}$$

由于存在测量误差，实测值 α_L 常不等于 α_R，取一测回竖角为：

$$\alpha = \frac{1}{2}(\alpha_R + \alpha_L) \tag{3-6}$$

计算结果分别填入表 3-4 的第 5、第 7 栏中。由表 3-4 中的数据可知，目标 M 高程大于测站仪器视线高程，其竖直角值为正，即仰角；而目标 N 高程小于测站仪器视线高程，其竖直角值为负，即俯角。

表 3-4　　竖直角观测手簿

测站	目标	竖盘位置	竖盘读数	半测回竖直角	指标差	一测回竖直角
1	2	3	4	5	6	7
0	M	左	81°18′42″	+8°41′18″	+6″	+8°41′24″
		右	278°41′30″	+8°41′30″		
	N	左	124°03′30″	−34°03′30″	+12″	−34°03′18″
		右	235°56′54″	−34°03′06″		

四、竖直度盘的指标差

上述竖直角的计算，是认为指标处于正确位置上，此时盘左始读数为 90°，盘右始读数为 270°。事实上，此条件常不满足，指标不恰好指于 90°或 270°，往往与正确位置相差一个小角度 x，x 称为竖盘指标差。如图 3-19 所示，盘左时始读数为 $90°+x$，则正确的竖直角应为：

$$\alpha = (90 + x) - L \tag{3-7}$$

同样，盘右时正确的竖直角应为：

$$\alpha = R - (270 + x) \tag{3-8}$$

将式(3-7)和式(3-8)代入式(3-4)和式(3-5)，得：

$$\alpha = \alpha_L + x \tag{3-9}$$

$$\alpha = \alpha_R - x \tag{3-10}$$

此时，α_L、α_R 已不是正确的竖直角。

将式(3-9)、式(3-10)两式相加并除以 2，得：

$$\alpha = \frac{1}{2}(\alpha_L + \alpha_R) \tag{3-11}$$

与式(3-6)完全相同。可见在竖直角观测中，用正倒镜观测取其均值可以消除竖盘指标差的影响，提高成果质量。将式(3-9)和式(3-10)两式相减，可得：

$$x = \frac{1}{2}(\alpha_R - \alpha_L) \tag{3-12}$$

对图 3-19 中所示的竖盘，将式(3-4)和式(3-5)代入式(3-12)，即得：

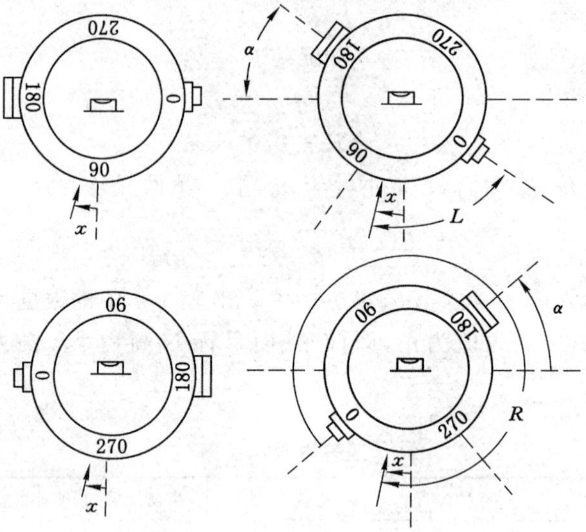

图 3-19 竖盘指标差

$$x=\frac{1}{2}(R+L-360°) \tag{3-13}$$

指标差 x 可用来检查观测质量。一站上观测不同目标时，指标差的变动范围，对经纬仪来说不应超过 25″。另外，在精度要求不高或不便纵转望远镜时，可先测定 x 值后，只做正镜观测，求得 α，并按式(3-9)计算竖直角。

五、竖盘指标自动补偿装置

观测竖直角时，为使指标处于正确位置，每次读数都要将竖盘指标水准管的气泡调节居中，这很不方便。所以有些经纬仪在竖盘中安装补偿器，用以取代水准管，使仪器在竖直光盘的倾斜范围内能读得相应于指标水准管气泡居中时的读数，称竖盘指标自动归零。这种补偿装置的原理与水准仪中的自动安平补偿原理基本相同。

竖盘指标自动补偿装置的构造有多种，图 3-20 所示是其中的一种。它在指标 A 和竖盘间悬吊透镜，当视线水平时，指标 A 处于铅垂位置，通过透镜 O 读出正确读数，如 90°。当仪器稍有倾斜时，因无水准管指示，指标处于不正确位置 A' 处，但悬吊的透镜因重力作用而由 O 到 O' 处。此时，指标 A' 通过透镜 O' 的边缘部分折射，仍能读出 90°的读数，从而达到竖盘指标自动归零的目的。竖盘指标自动归零的补偿范围一般为 2′。

与光学经纬仪一样，电子经纬仪也有垂直度盘指标差，现将 DT_5 电子经纬仪消除指标差的方法叙述如下。

(1) 将 DT_5 的电源开关置于 OFF 位置(关机)。

(2) 将内部开关 4 置于 ON 位置，仔细整平仪器，然后将电源开关置于 ON 位置(开机)，在垂直角显示部位出现提示符“:”，如图 3-21 所示。

(3) 盘左位置用横丝精确瞄准一个清晰目标(例如觇牌)，按置零键，在垂直角显示部位出现提示符“2”。

(4) 盘右位置精确瞄准同一目标，再按置零键。

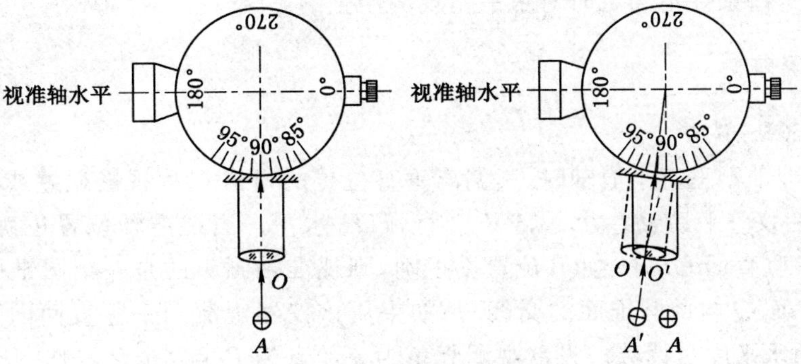

图 3-20 竖盘指标自动补偿原理

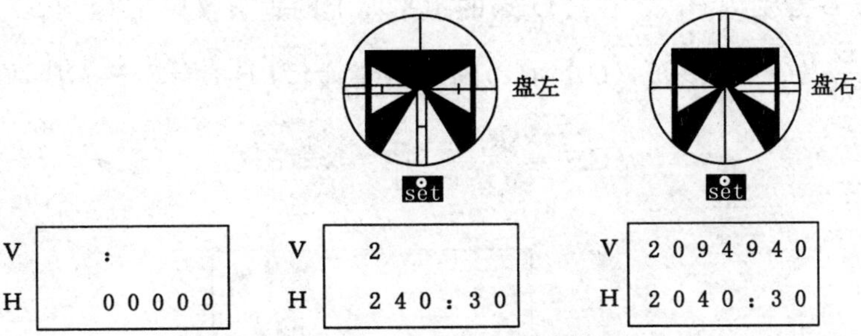

图 3-21 用盘左盘右读数对竖直度盘定标

第五节 水平角测量误差

据经纬仪测角原理,经纬仪的主要轴线应满足:视准轴 $C—C$ 垂直于横轴 $H—H$;横轴 $H—H$ 垂直于竖轴 $V—V$;竖轴 $V—V$ 垂直于水准轴 $L—L$,见图 3-22。满足了这些条件,用水准管即可将仪器置平,使竖轴处于垂直状态,望远镜俯仰时视准轴就能扫出竖直面,从而测出正确的水平角——两竖直面间的两面角(图 3-1)。

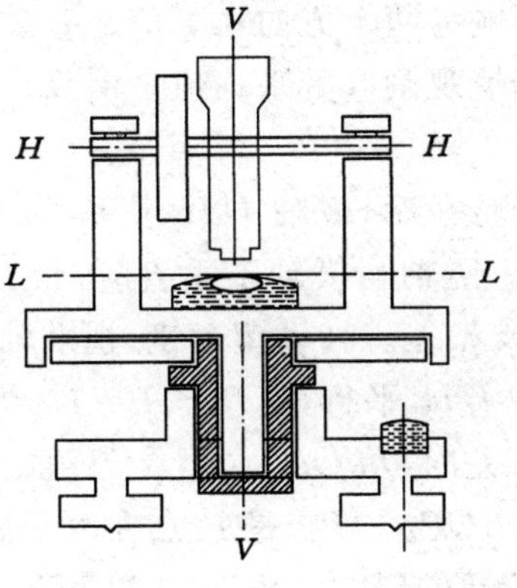

图 3-22 三轴关系

下面讨论这些条件不满足时对水平角观测产生的影响。

一、仪器误差

(一) 视准(轴)误差

望远镜视准轴不垂直于横轴时，其偏离垂直位置的角值 C 称视准误差或照准差。如图 3-23 所示，经纬仪整平后，LL 水平，VV 竖直，HH 水平。当视准轴位置正确时，旋转望远镜，它将画出一竖直面 OPB。如其位置不正确，则视准轴画出的是一个圆锥面(过 P_1 的一条曲线，即为平面 Q 与此圆锥面的交线)。如果用该仪器观测同一竖直面内不同竖角的目标，将有不同的水平度盘读数。设欲观测竖角为 α 的点为 P 点，过 P 点作一竖直面 Q 平行于横轴 HH，当无视准差时，望远镜抬起 α 角刚好瞄准 P 点；当存在视准误差时，望远镜瞄到的是 P_1 点，$\angle P_1OP=C$。要瞄准 P 点，必定要转动照准部，使水平度盘读数改变数值(c) $=\angle B_1OB$(B_1、B 分别为 P_1、P 在过 O 点的水平面上的垂直投影)。由于 C 及(c)都很小，所以有$(C)''=\frac{B_1B}{OB}\rho''$，$C''=\frac{P_1P}{OP}\rho''$，$(C)''$为$(c)$的近似值，因为 $B_1B=P_1P$，$OB=OP\cos\alpha$，所以：

$$(C)''=\frac{P_1P\times\rho''}{OP\cos\alpha}=C''/\cos\alpha \tag{3-14}$$

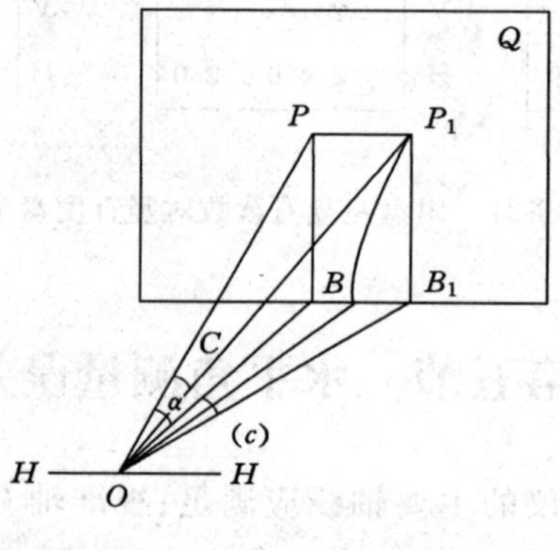

图 3-23 视准轴误差

此值随竖直角而改变。当 $\alpha=0$ 时，$(C)''=C''$。水平角是由两个水平方向读数之差计算得到的，故视准差对水平角的影响为两个方向$(C)''$值之差。由于正倒镜时$(C)''$的符号相反，所以视准误差的影响可用正、倒镜观测取其平均值来消除。

(二) 横轴(倾斜)误差

当横轴与竖轴垂直时，仪器整平后，横轴 HH 水平，转动望远镜，视准轴可以划出一个竖直面 $OP'P_1$，如图 3-24 所示。竖轴与横轴不垂直时，仪器整平后，则横轴 $H'H'$不水平，而有一偏离值 i，称横轴误差或支架差。转动望远镜，视准轴画出的是一个倾斜平面 OP_1P。OP_1 是水平线，Q 是竖直面且与 HH 平行，$\angle P'P_1P=i$。当无支架差时，望远镜从 OP_1 位置抬起 α 角将瞄准 P'点；有支架差时，从 OP_1 位置抬起望远镜则瞄准的是 P 点。要瞄准 P' 点，需要转过一个角度$(i)''=\angle P_1OP_M$。P_M 是 P 点在水平面上的垂直投影，此(i)角即为支架差 i 对观测方向的水平度盘读数的影响。由图 3-24 可知：

$$i'' = \frac{P'P}{P_1P'} \cdot \rho'' = \frac{P_1P_M}{P_1P} \cdot \rho''$$

$$(i)'' = \frac{P_1P_M}{OP_1} \cdot \rho'' = \frac{P'P_1}{OP_1} \cdot \frac{P_1P_M}{P_1P} \cdot \rho'' = \frac{P'P_1}{OP_1} \cdot i''$$

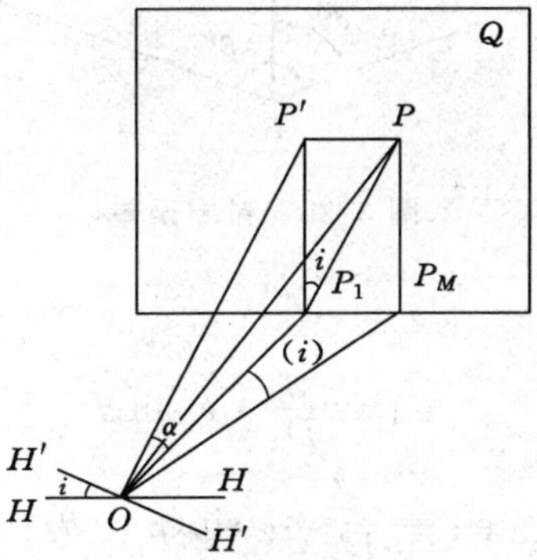

图 3-24 横轴(倾斜)误差

因为，$\frac{P'P_1}{OP_1} = \tan\alpha$，则

$$(i)'' = i''\tan\alpha \tag{3-15}$$

视线水平时，$\alpha=0$，$(i)=0$ 不受影响。横轴误差对水平角的影响，为两个方向的(i)值之差。由于正、倒镜时(i)的符号相反，所以此误差的影响可在正、倒镜观测取平均值时消除。

(三) 竖轴(倾斜)误差

观测水平角时，仪器竖轴不处于铅垂直方向，而偏离一个δ角度，称竖轴误差。竖轴不垂直于照准部水准管轴，或安置仪器时没有严格整平，照准部水准管气泡未居中，都会产生竖轴误差。竖轴误差主要是影响横轴水平，其对水平角影响也可用式(3-15)分析，但其i''值是随横轴的位置而变化的，其范围为$0''\sim\delta''$(δ''是竖轴倾斜以秒表示的角值)。但是，由于竖轴倾斜方向正、倒镜相同，所以竖轴误差不能用正、倒镜观测取平均值的办法消除。因而观测前应检校仪器，观测时应严格保持照准部水准管气泡居中，偏离量不得超过一格。

(四) 其他误差

对于精度较高的角度观测，还要注意另外一些仪器本身不完善给测角带来的影响。如水平度盘、基座脚螺旋在仪器旋转时的带动误差；度盘刻画的周期误差；照准部偏心差以及照准部微螺旋隙动差、光学测微器的隙动差等。为了减弱和消除这些误差的影响，测量规范对精密测角应使用的仪器和操作方法都有详细的规定和要求。

二、对中误差与觇标误差

观测水平角时，对中不准确，使得仪器中心与测站点的标志中心不在同一铅垂线上即是对中误差，也称测站偏心。如图 3-25 所示，B 为测站点，A、C 为目标点，BB'为仪器中心在水平面上的投影位置。BB'为对中误差，其长度以 e 表示，称偏心距。由图 3-25 可知，观测

角值 β' 与正确角值 β 存在下式关系：$\beta=\beta'+(\varepsilon_1+\varepsilon_2)$。

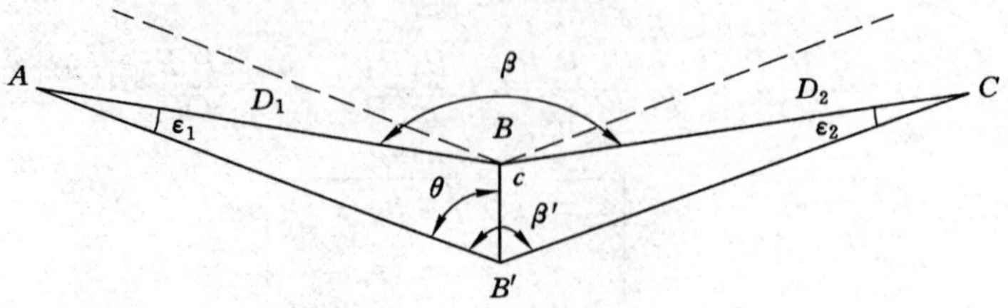

图 3-25 对中误差

因 ε_1、ε_2 很小，可写成：

$$\varepsilon''_1=\frac{\rho''}{D_1}\cdot e\sin\theta$$

$$\varepsilon''_2=\frac{\rho''}{D_2}\cdot e\sin(\beta'-\theta)$$

对中误差对水平角的影响为：

$$\varepsilon''=\varepsilon''_1+\varepsilon''_2=\rho''\cdot e\left[\frac{\sin\theta}{D_1}+\frac{\sin(\beta'-\theta)}{D_2}\right] \tag{3-16}$$

当 $\beta=180°$，$\theta=90°$ 时，ε 角值最大，有：

$$\varepsilon''=\rho''\cdot e(\frac{1}{D_1}+\frac{1}{D_2})$$

由上式可知，边越短，其 ε 值越大。这项误差不能靠观测方法消除，所以对中应当仔细，尤其是对于短边更是如此。

当照准的目标与其地面标志中心不在一条铅垂线上时，两点位置的差异称觇标误差或照准点偏心。其影响类似于对中误差，边长越短，偏心距越大，影响也越大，此处不再推导其具体公式。需要指出的是：当以花杆、测钎等作观测目标时，必须竖直地立于点的中心，必要时可以悬吊垂球。观测时，应瞄准其底部，以减小误差，边越短越要注意。

三、观测误差

（一）瞄准误差

人眼分辨两个点的最小视角约为 60″，通常以此作为眼睛的鉴别角。当使用放大倍率为 υ 的望远镜瞄准目标时，鉴别能力可提高 V 倍，这时该仪器的瞄准误差为：

$$m_\upsilon=\pm 60''/V \tag{3-17}$$

对于 J_6 经纬仪，一般 $V=26$，则，$m_\upsilon=\pm 2.3''$。

瞄准误差无法消除，只有从照准目标的形状、大小、颜色、亮度及照准方法上改进，并仔细瞄准以减小其影响。

（二）读数误差

用分微尺测微器读数，可估读到最小格值的十分之一，以此作为读数误差 m_0：

$$m_0=\pm 0.1t \tag{3-18}$$

式中，t 为分微尺最小格值。设 $t=1'$，则读数误差 $m_0=\pm 0.1'$。

四、外界条件的影响

观测是在野外进行的，外界条件对观测质量有直接影响。如在地面热辐射以及地形、地貌的综合影响下，大气密度变化引起空气的垂直或水平方向对流，造成目标的垂直方向跳动或水平方向抖动；大气透明度差影响目标的清晰度；大气的局部折光(旁折光)造成视线弯曲；光线照射目标形成的明暗面与目标背景造成相位差；日晒以及温度的变化造成水准气泡偏移、视准轴发生变化以及脚架扭转；等等。

测量时应该避开不利条件的影响，特别是在精度要求较高的观测时，应选取有利的观测条件，同时采取相应的方法和措施，以保证采集到合格的观测数据。

第六节　经纬仪的检验与校正

经纬仪的检验、校正项目很多，本书重点介绍几项主要轴线间几何关系的检校，即照准部水准管轴垂直于仪器竖轴($LL \perp VV$)、横轴垂直于视准轴($HH \perp CC$)、横轴垂直于竖轴($HH \perp VV$)、十字丝竖丝垂直横轴的检校。另外，由于经纬仪要观测竖角，竖盘指标差的检验和校正也在此一并介绍。

一、照准部水准管轴垂直于仪器竖轴的检校

(一) 检验

将仪器大致整平，转动照准部使水准管平行于一对脚螺旋的连线，调节脚螺旋使水准管气泡居中。转动照准部 180°，此时如气泡仍然居中则说明条件满足，如果偏离量超过一格，应进行校正。

(二) 校正

如图 3-26(a)所示，水准管轴水平，但竖轴倾斜，设其与铅垂直线的夹角为 α。将照准部旋转 180°，如图 3-26(b)所示，竖轴位置不变，但气泡不再居中，水准管轴与水平面的交角为 2α，通过气泡中心偏离水准管零点的格数表现出来。校正时，先用拨针拨动水准管校正螺丝，使气泡退回偏离量的一半(等于 α)，如图 3-26(c)所示，此时几何关系即得到满足。再用脚螺旋调节水准管气泡居中，如图 3-26(d)所示，这时水准管轴水平，竖轴竖直。

此项检验校正需要反复进行，直到不论照准部转至任何位置，气泡中心偏离零点均不超过一格为止。

二、十字丝竖丝垂直于仪器横轴的检校

(一) 检验

如图 3-27 所示，用十字丝交点精确照准远处清晰目标点 A，旋紧水平制动螺旋与望远镜制动螺旋，慢慢转动望远镜微动螺旋。如点 A 不离开竖丝，则条件满足[图 3-27(a)]，否则需要校正[图 3-27(b)]。

(二) 校正

旋下目镜分划板护盖，松开 4 个压环螺丝(图 3-28)，慢慢转动十字丝分划板座，然后进行检验。待条件满足后再拧紧压环螺丝，旋上护盖。

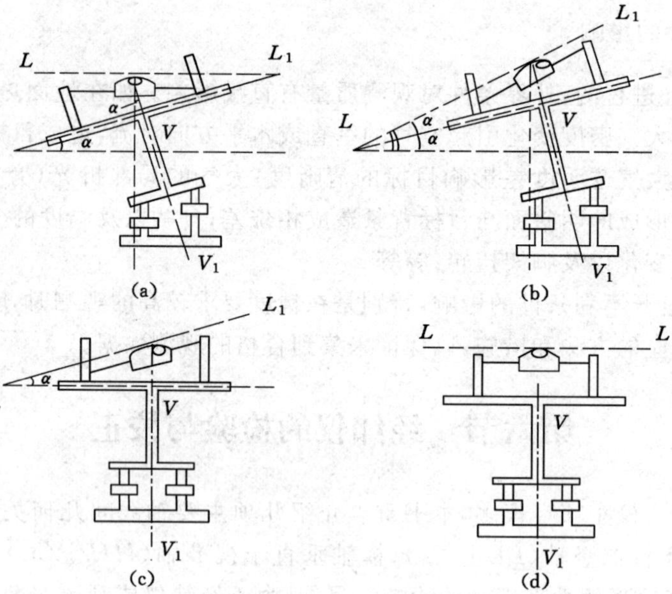

图 3-26 水准管轴垂直于仪器竖轴的检校

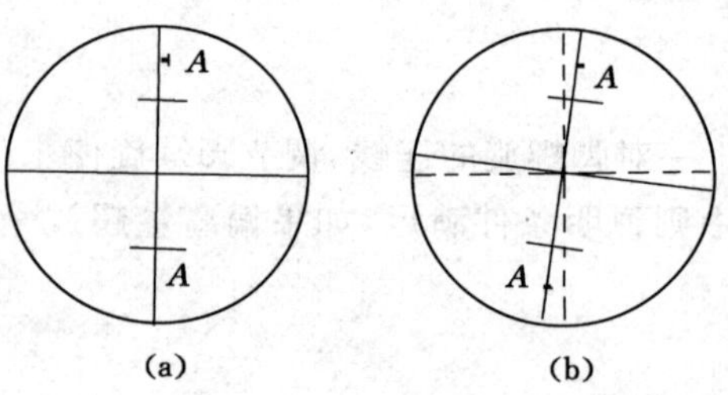

图 3-27 十字丝板位置的检验

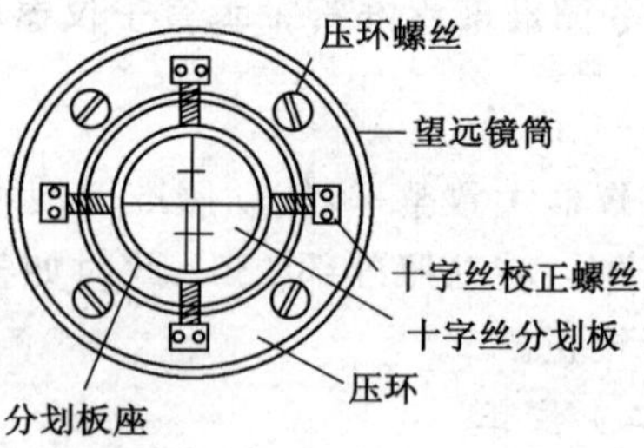

图 3-28 十字丝板位置的校正

三、视准轴垂直于横轴的检校

(一) 检验

检验 J_6 级经纬仪常用四分之一法。

选择一平坦场地，如图 3-29 所示，A、B 两点相距 60～100 m，安置仪器于中点 O，在 A 点立一标志，在 B 点竖置一根刻有毫米分划的小尺，使尺子与 OB 垂直。标志、小尺应与仪器同高。盘左瞄准 A 点，纵转望远镜在 B 点尺上读数 B_1[图 3-29(a)]。盘右再瞄 A 点，纵转望远镜，又在小尺上读数 B_2[图 3-29(b)]。若 B_1 与 B_2 重合，则条件满足。如不重合，由图 3-29(b)可见，$\angle B_1OB_2=4C[a=0,C=(C)]$，由此算得：

$$C''=\frac{\overline{B_1B_2}}{4D}\cdot\rho'' \tag{3-19}$$

式中，D 为 O 点至小尺的水平距离。若 $C''>60''$，则必须校正。

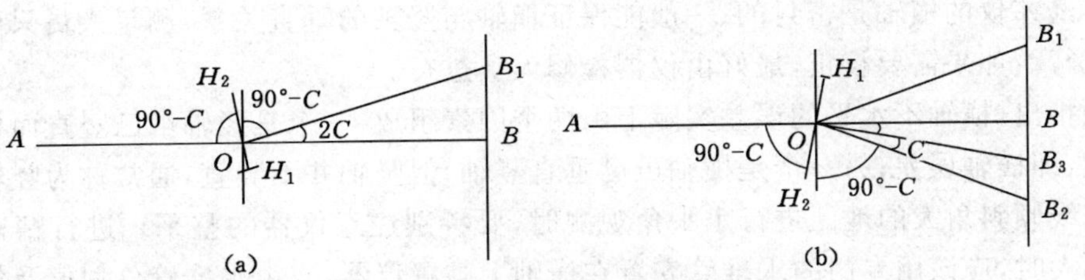

图 3-29 视准轴垂直于横轴的检校

（二）校正

在尺上定出一点 B_3，使 $\overline{B_2B_3}=\frac{1}{4}\overline{B_1B_2}$ 并与横轴垂直。用拨针拨动图 3-28 中的左右两个十字丝校正螺丝，一松一紧，左右移动十字丝分划板，直至十字丝交点与 B_3 影像重合。这项检校也需反复进行。

四、横轴与竖轴垂直的检校

（一）检验

在距一目标约 50 m 处安置仪器，如图 3-30 所示。盘左瞄准高处一点 P，然后将望远镜放平，用十字丝交点在墙上定出点 P_1。盘右再瞄准 P 点，再放平望远镜，在墙上又定出点 P_2（P_1、P_2 应在同一水平线上，且与横轴平行），则 i 角可依下式计算

$$i''=\frac{\overline{P_1P_2}}{2}\cdot\frac{\rho''}{D}\cot\alpha \tag{3-20}$$

式中，α 为 P 点之竖直角；D 为仪器至 P 点的水平距离。

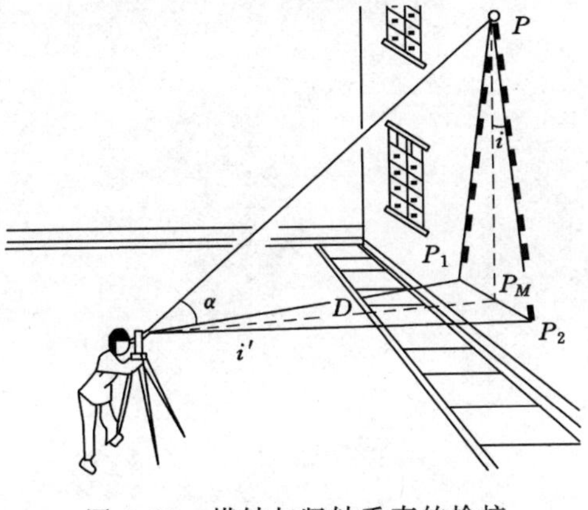

图 3-30 横轴与竖轴垂直的检校

由图 3-30 可知：$(i)=\overline{P_1P_2}/D$，代入式(3-15)可得：

$$(i)''=i''\tan\alpha,\ i''=(i)''\cot a=\frac{\overline{P_1P_2}}{2}\cdot\frac{\rho''}{D}\cdot\cot\alpha$$

（二）校正

瞄准 P_1P_2 的中点 P_M，固定照准部，向上转动望远镜，此时十字丝交点将不对准 P 点。抬高或降低横轴的一端，使十字丝的交点对准 P 点。此项检验校正也要反复进行，直至条件满足为止。

光学经纬仪的横轴是密封的,一般能保证横轴与竖轴的垂直关系,测量人员只要进行此项检验就行。如果需要校正,最好由仪器检修人员进行。

必须指出,横轴不水平的误差实际上由两个因素组成:一个是竖轴虽已竖直而横轴不垂直于竖轴,即横轴误差;另一个是横轴虽已垂直竖轴,但竖轴并不竖直,通常称为竖轴倾斜误差。在视线倾斜角大的地区进行水平角观测时,要特别注意仪器的整平。进行精密测角而竖角特别大时,应该用专门的水准管安置在横轴上整置仪器,或由水准管分划值及气泡的位置求得横轴的倾斜角,以便引入水平方向的改正值。

第四章
距离测量与全站仪

第一节　距离测量概述

距离是重要的测量元素，距离测量是最重要的基本测量工作之一。目前在地形测量、工程测量中应用较多的有：视距测量，其精度为1/200～1/300；钢尺量距，其精度为1/2 000～1/10 000；电磁波测距，其精度可达数万分之一。电磁波测距精度甚高，又便于自动化操作，它和电子经纬仪的结合产生了既能测角又能测距的电子全站仪。

目前，电子全站仪已经发展到能够进行数据处理并带有PC卡能够进行功能二次开发的智能型全站仪。随着全站仪价格的逐步降低，它将在地形测量、工程测量领域中对传统的测距方法甚至测绘作业模式形成强力的冲击。本章分别讲述视距测量、钢尺量距和电磁波测距。

第二节　视距测量

视距测量是一种光学间接测距方法，它利用测量仪器的望远镜内十字丝平面上的视距丝及刻有厘米分划的视距标尺(与普通水准尺通用)，根据光学原理，同时测定两点间的水平距离和高差。其测定距离的相对精度一般为1/200～1/300，低于直接量距精度。视距测量曾广泛用于地形测量中。

一、视准轴水平时视距原理

在经纬仪或水准仪的十字丝平面内，与横丝平行且上、下等间距的两根短丝称为视距丝。由于上、下视距丝的间距固定，因此从这两根视距丝引出去的视线在竖直面内的夹角 φ 也是一个固定的角度，如图4-1所示。

在 A 点安置仪器，并使视准轴水平，在 B 点竖立标尺，则视准轴与标尺垂直。下丝在标尺上的读数为 a，上丝在标尺上的读数为 b(设望远镜为倒像)。上、下丝读数之差称为视距间隔 l，即

$$l = a - b \tag{4-1}$$

由于 φ 角是固定的，因此视距间隔 l 和立尺点离开测站的水平距离 D 成正比，即

$$D = Cl \tag{4-2}$$

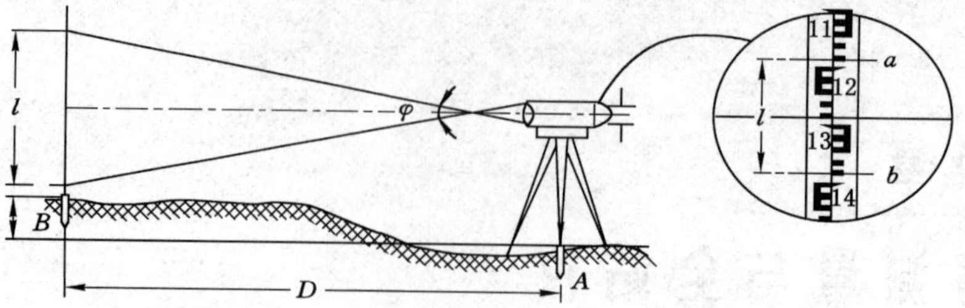

图 4-1 视准轴水平时的视距测量

式(4-2)中的比例系数 C 称为视距常数，可以由上、下两根视距丝的间距来决定。在仪器制造时，使 $C=100$。因此，当视准轴水平时，计算水平距离的公式为

$$D=100l=100(a-b) \tag{4-3}$$

二、视准轴倾斜时视距原理

由于地面的高低起伏，测量时，要使经纬仪的视准轴倾斜一个垂直角 α，这样才能在标尺上进行视距读数，如图 4-2 所示。此时，视准轴倾斜时就不与标尺相垂直，而相交成 $90°\pm\alpha$ 的角度。设想将标尺以中丝读数 v 为中心，转动一个 α 角，使标尺仍与视准轴相垂直，如图 4-2 左上角所示。此时，上、下视距丝在标尺上的读数为 a'、b'，视距间隔 $l'=a'-b'$，则倾斜距离为：

$$S=Cl'=C(a'-b')$$

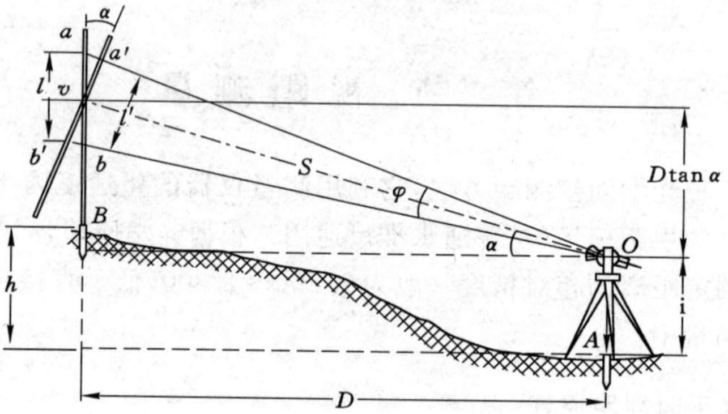

图 4-2 视准轴倾斜时的视距测量

倾斜距离化为水平距离为

$$D=S\cos\alpha=Cl'\cos\alpha \tag{4-4}$$

在实际测量时，标尺总是直立的(不可能将标尺转到与经纬仪的倾斜视准轴垂直的位置)，可以读得下丝和上丝的视距读数分别为 a、b，视距间隔 $l=a-b$。为了能利用式(4-4)，必须找出 l 与 l' 的关系。由于 φ 角很小(约 $34'$)，图 4-2 中的 $\angle aa'v$ 和 $\angle bb'v$ 可以近似地认为是直角，则 $\frac{l'}{2}=\frac{l}{2}\cos\alpha$。

即

$$l' = l\cos a \tag{4-5}$$

将式(4-5)代入式(4-4)，得到视准轴倾斜的计算水平距离的公式

$$D = Cl\cos^2 a = 100(a-b)\cos^2 a \tag{4-6}$$

计算出两点间的水平距离后，可以根据垂直角 a 并量得仪器高 i 及中丝读数 v 按下式计算两点间的高差：

$$h = D\tan a + i - v \tag{4-7}$$

对于仰角，a 为正，$D\tan a$ 也为正值；对于俯角，a 为负，$D\tan a$ 也为负值。

第三节　普通钢尺量距

一、量距的工具

钢尺(图 4-3)是钢制的带尺，常见的钢尺宽 10～15 mm，厚 0.2～0.4 mm，长度有 20 m、30 m、50 m 等几种规格，卷放在圆形盒内或金属架上。钢尺的基本分划为厘米，在每米及每分米处有数字注记。一般钢尺在起点处一分米内刻有毫米分划；有的钢尺，整个尺寸内都刻有毫米分划。

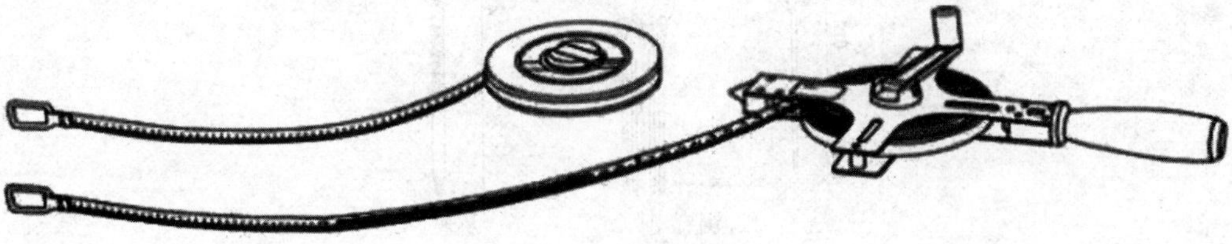

图 4-3　钢尺

由于尺的零点位置的不同，有端点尺和刻线尺的区别。端点尺以尺的最外端作为尺的零点[图 4-4(a)]，当从建筑物墙边开始丈量时使用很方便。刻线尺以尺前端的一刻线作为尺的零点，如图 4-4(b)所示。

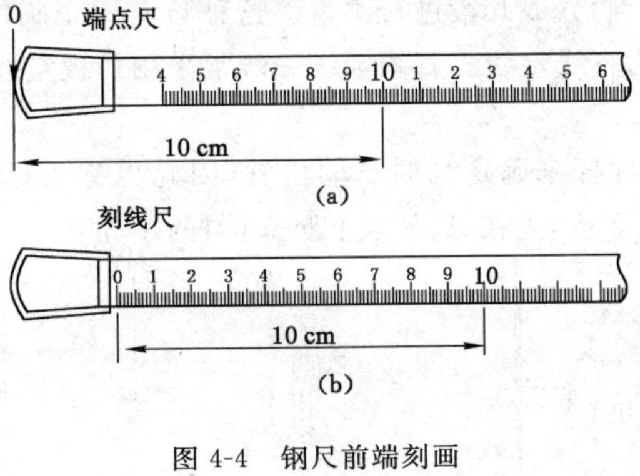

图 4-4　钢尺前端刻画

钢尺由于存在制造误差、使用中的变形以及丈量时温度和拉力不同的影响，实际长度往往不等于名义长度。因此，量距之前必须由测量仪器检定部门对钢尺进行检定，求出它在标

准拉力和标准温度下的实际长度,以便测量人员对丈量结果加以改正。钢尺检定后,应给出尺长随温度变化的函数式,通常称为尺长方程式,其一般形式为

$$l_t = l_0 + \Delta l + \alpha l_0 (t - t_0) \tag{4-8}$$

式中,l_t 为钢尺在温度为 t ℃时的实际长度;l_0 为钢尺名义长度;Δl 为尺长改正数;α 为钢尺的线膨胀系数,一般为 $1.115\times10^{-5}\sim1.25\times10^{-5}$;$t_0$ 为钢尺检定时的温度;t 为钢尺量测量时的温度。

丈量距离的工具,除钢尺外,还有标杆、测钎(图 4-5)和垂球。标杆长 2～3 m,直径 3～4 cm,杆上涂以 20 cm 间隔的红、白漆,以便远处清晰可见,用于标定直线。测钎用粗铁丝制成,用来标示所量尺段的起、终点和计算已量过的整尺段数。测钎一组为 6 根或 11 根。垂球用来投点。此外还有弹簧秤和温度计,用以控制钢尺量距的拉力和测定钢尺的温度。

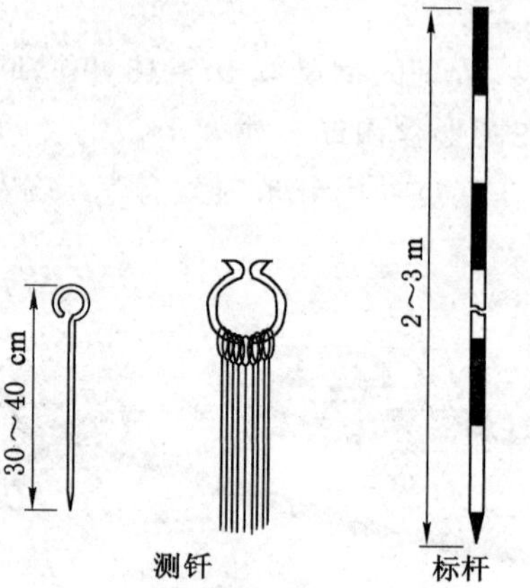

图 4-5 测钎与标杆

二、直线定线

当两个地面点之间的距离较长或地势起伏较大时,为使量距工作方便,可在两点间直线方向上设置若干个临时点,分成几段进行丈量。这种将若干个临时点标定在两点间待测的直线方向上的工作,称为直线定线。直线定线一般常采用目视定线方法或经纬仪定线方法。

(一) 目视定线

目视定线中经常用标杆来确定临时点的位置,因此也称为标杆定线。如图 4-6 所示,A、B 为待测距离的两个端点,先在 A、B 点上竖立标杆,甲立在 A 点后 1～2 m 处,由 A 瞄向

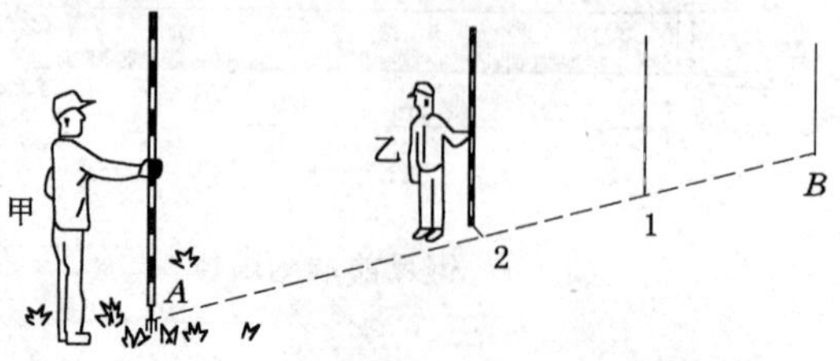

图 4-6 直线定线

B,使视线与标杆边缘相切。甲指挥乙持标杆左右移动,直到 A、2、B 三标杆在一条直线上,然后将标杆竖直地插下。直线定线一般应由远到近,即先定点 1,再定点 2。若要精密丈量直线 AB 的距离,应用经纬仪进行定线。

(二) 经纬仪定线

当丈量距离的精度要求较高,或者同时又观测角度时,可以直接用经纬仪定线。仪器安置在其中一个测站点上,瞄准另一点,然后固定照准部,沿着望远镜视线上用标杆或者测钎标定出各中间临时点,就可以进行丈量了。

三、量距方法

(一) 平坦地区的距离丈量

丈量前,先将待测距离的两个端点 A、B 用木桩(桩上钉一小钉)标示出来,然后在端点的外侧各立一标杆(图 4-7),清除直线上的障碍物后,即可开始丈量。丈量工作一般由两人进行。后尺手持尺的零端位于 A 点,并在 A 点上插一测钎。前尺手持尺的末端并携带一组测钎的其余 5 根(或 10 根),沿 AB 方向前进,行至一尺段处停下。后尺手以手势指挥前尺手将钢尺拉在 AB 直线方向上;后尺手以尺的零点对准 A 点,当两人同时把钢尺拉紧、拉平和拉稳后,前尺手在尺的末端刻线处竖直地插下一测钎,得到点 1,这样便量完了一个尺段。随之后尺手拔起 A 点上的测钎与前尺手共同举尺前进,同法量出第二尺段。如此丈量下去,直至最后不足一整尺段(n 至 B)时,前尺手将尺上某一整数分划线对准 B 点,由后尺手对准 n 点,在尺上读出读数,两数相减,即可求得不足一尺段的余长,设为 q,则 AB 的水平距离可按下式计算

$$D = nl + q \tag{4-9}$$

式中,n 为尺段数;l 为钢尺长度;q 为不足一整尺段的余长。

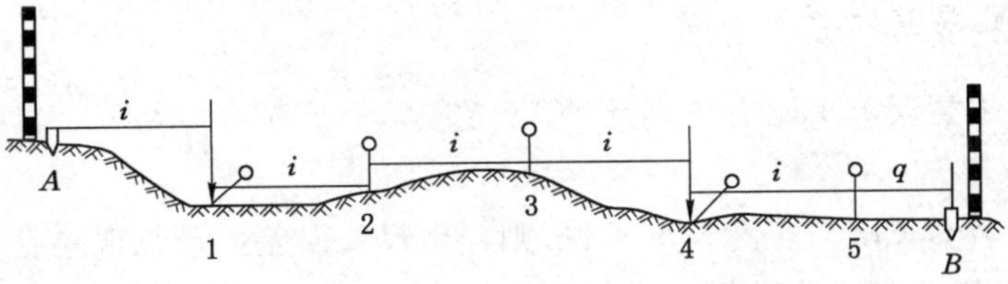

图 4-7　平坦地区距离丈量

为了防止丈量中发生错误及提高量距精度,距离要往、返丈量。上述为往测,返测时要重新进行定线并丈量,最后取往、返测距离的平均值作为丈量结果。量距精度以相对误差表示,通常化为分子为 1 的分式形式。例如某距离 AB,往测时为 185.32 m,返测时为185.38 距离平均值为 185.35 m,故其相对误差为:

$$\frac{|D_{往} - D_{返}|}{D_{平均}} = \frac{|185.32 - 185.38|}{185.35} \approx \frac{1}{3\ 100}$$

在平坦地区,钢尺量距的相对误差一般不应大于$\frac{1}{3\ 000}$;在量距困难地区,其相对误差也不应大于$\frac{1}{1\ 000}$。

（二）倾斜地面的距离丈量

1. 平量法

沿倾斜地面丈量距离，当地势起伏不大时，可将钢尺拉平丈量。如图 4-8 所示，丈量由 A 向 B 进行。甲立于 A 点，指挥乙将尺拉在 AB 方向线上。甲将尺的零端对准 A 点，乙将尺子抬高，并且目估使尺子水平，然后用垂球尖将尺段的末端投于地面上，再插以测钎。若地面倾斜较大，将钢尺抬平有困难时，可将一尺段分成几段来平量。

2. 倾斜法

当倾斜地面的坡度均匀时，如图 4-9 所示，可以沿斜坡丈量出 AB 的斜距 L，测出地面倾斜角 α，然后计算 AB 的水平距离 D。显然

$$D = L\cos\alpha \tag{4-10}$$

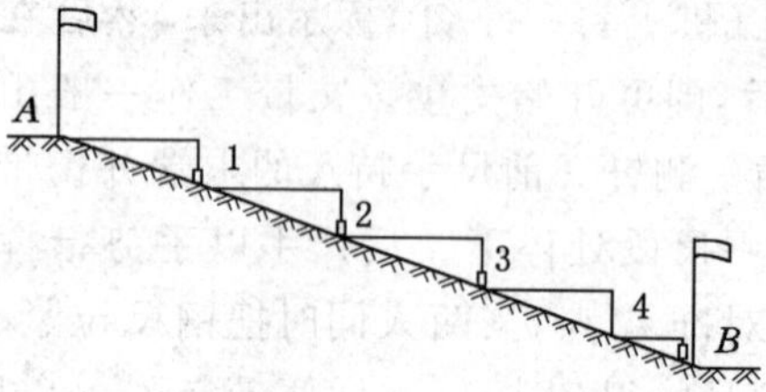

图 4-8 倾斜地面量距

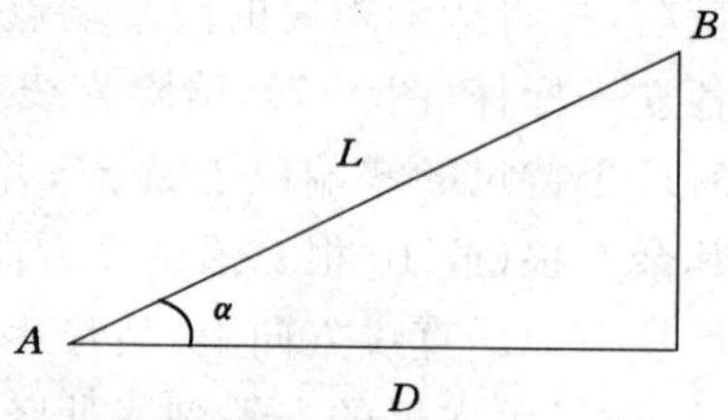

图 4-9 平距的换算

施测中，一般在 A 点设置经纬仪后，使 B 点的觇标高（望远镜中十字丝横丝切到瞄准目标上的高度）与仪器高相等，即 $i_A = v_B$，如图 3-17 所示，则此时观测的竖直角即为地面的倾斜角。当然，如果 A 点和 B 点的高程已知的话，则 AB 间的平距

$$D = \sqrt{L^2 - h_{AB}^2} \tag{4-11}$$

四、钢尺量距误差

钢尺量距的主要误差来源有下列几种。

（一）尺长误差

如果钢尺的名义长度与实际长度不符，则产生尺长误差。尺长误差是积累的，所量距离越长，误差越大。因此新购置的钢尺必须经过检定，以求得尺长改正值。

（二）温度误差

钢尺的长度随温度而变化，当丈量时温度和标准温度不一致时，将产生温度误差。按照钢尺的膨胀系数计算，温度每变化 1 ℃，其影响长度约为 1/80 000。一般量距时，当温度变化小于 10 ℃时，可以不加改正，但精密量距时，必须加温度改正。

（三）垂曲误差

当地面高低不平而按水平钢尺法悬空量距时，若尺子没有处于水平位置或中间下垂而成曲线，将使量得的长度比实际要大。因此，丈量时，必须注意尺子水平，整尺段悬空时，中间应有人托尺子，否则必须进行垂曲改正，以便减小垂曲误差。

（四）定线误差

丈量时若尺子没有准确地放在所量距离的直线方向上，会使所量距离不是直线距离，因而使丈量结果偏大，这种误差称为定线误差。一般丈量时，要求定线偏差不大于 0.1 m，可

以用标杆目测定线。当直线较长或精度要求较高时，应利用仪器定线。

（五）拉力误差

钢尺在丈量时所受拉力应与检定时拉力相同。若拉力变化 70 N，尺长将改变 1/10 000，故在一般丈量中，只要保持拉力均匀即可。而对较精密的丈量工作，则需使用弹簧秤施以标准拉力，否则必须进行拉力改正，以便减小拉力误差。

（六）丈量误差

丈量时，若用测钎在地面上标示尺端点位置时插钎不准，或前、后尺手配合不佳，或余长读数不准，都会引起丈量误差，这种误差对丈量结果的影响可正可负，大小不定。故在丈量中应尽力做到对点准确、配合协调。

第四节　电磁波测距

电磁波测距（简称 EDM）是用电磁波（光波或微波）作为载波传输测距信号以测量两点间距离的一种方法。与传统的量距工具和方法相比，电磁波测距具有精度高、作业快、几乎不受地形限制等优点。

电磁波测距的仪器按其所采用的载波可分为以下几种：

（1）用微波段的无线电波作为载波的微波测距仪；

（2）用激光作为载波的激光测距仪；

（3）用红外光作为载波的红外光测距仪（通称红外测距仪）。

后两者又总称为光电测距仪。微波测距仪和激光测距仪多用于远程测距，测程可达数十千米，一般用于大地测量。红外测距仪用于中、短程测距，一般用于小地区控制测量、地形测量、房地产测量和建筑施工测量。也有轻便的激光测距仪，用于更短距离测量，如室内量距。

一、光电测距仪的基本工作原理

光电测距的基本工作原理是利用已知光速 c，测定它在两点间的传播时间 t，以计算距离。如图 4-10 所示，欲测定 A、B 两点间的距离时，将一台发射和接收光波的测距仪主机放在一端 A 点，另一端点 B 放反射棱镜，则其距离 S 可按下式计算：

$$S = \frac{1}{2}ct \tag{4-12}$$

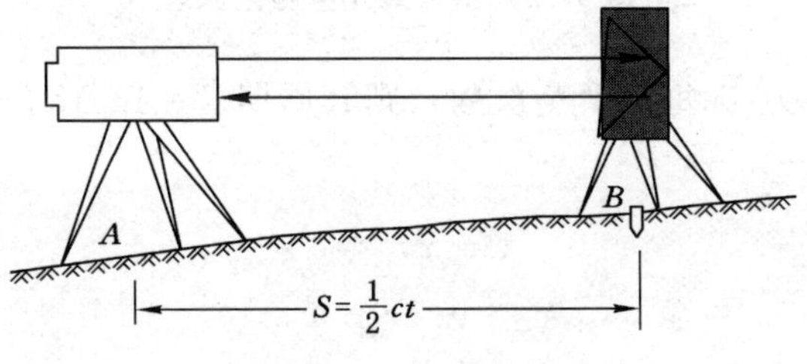

图 4-10　光电测距

A、B 点一般并不同高，光电测距测定的为斜距 S。再通过垂直角观测，将斜距归算为平

距 D 和高差 h。光在真空中的传播速度(光速)为一个重要的物理量,通过近代的科学实验,迄今所知的光速的精确数值为 $c_0 = 299\ 792\ 458 \pm 1.2$ m/s。

光在大气中的传播速度为:

$$c = \frac{c_0}{n}$$

式中,n 为大气折射率,它是光的波长 λ_g、大气温度 t 和大气气压 p 等的函数,即

$$n = f(\lambda_g, t, p) \tag{4-13}$$

红外测距仪采用砷化镓(GaAs)发光二极管发出的红外光作为光源,其波长 $k=0.82\sim0.93$ μm(对于一台具体的红外测距仪,则为一个定值)。由于影响光速的大气折射率随大气的温度、气压而变,因此,在光电测距作业中,必须测定现场的大气温度和气压,对所测距离进行气象改正。光速是接近于 30×10^4 km/s 的已知数,其相对误差甚小,因此,测距的精度决定于测定时间 t 的精度。例如,利用先进的电子脉冲计数,能精确测定到 $\pm10^{-8}$ s,但由此引起的测距误差为 ±1.5 m。为了进一步提高光电测距的精度,必须采用精度更高的间接测时手段——相位法测时,据此测定距离称为相位式测距。

相位式光电测距的原理为:采用周期为 T 的高频电振荡对测距仪的发射光源(红外测距仪采用砷化镓发光二极管)进行连续的振幅调制,使光强随电振荡的频率而周期性地明暗变化(每周相位 φ 的变化为 $0\sim2\pi$),如图 4-11 所示,调制光波(调制信号)在待测距离上往返传播,使在同一瞬时发射光与接收光产生相位移(相位差)$\Delta\varphi$,如图 4-12 所示。根据相位差间接计算出传播时间,从而计算距离。

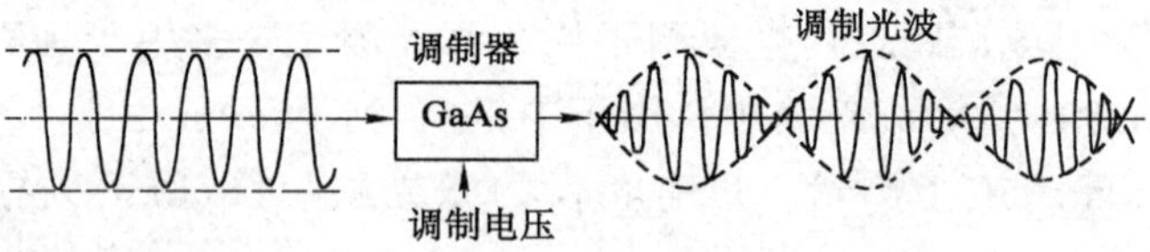

图 4-11 光的调制

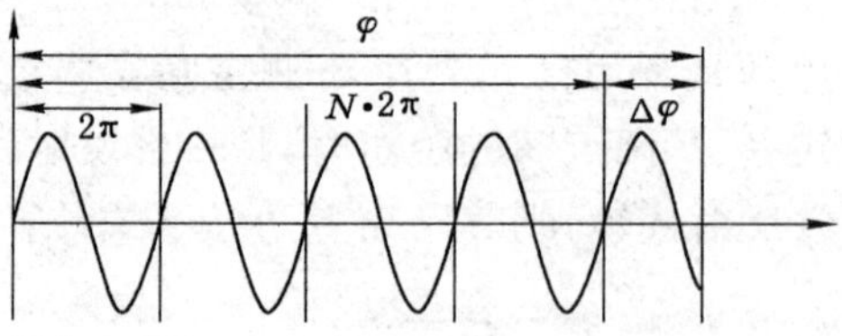

图 4-12 相位式光电测距原理

设调制信号的频率为 f(每秒振荡次数),则其周期 $T=1/f$[每振荡一次的时间(s)],则调制光的波长为

$$\lambda = cT = \frac{c}{f} \tag{4-14}$$

因此

$$c = \lambda f = \frac{\lambda}{T} \tag{4-15}$$

调制光波在往返传播时间内,调制信号的相位变化了 N 个整周(NT)及不足一个整周

的尾数 ΔT，即

$$t = NT + \Delta T \tag{4-16}$$

由于一个周期中相位差的变化为 2π，不足一整周的相位差尾数为 $\Delta\varphi$，因此

$$\Delta T = \frac{\Delta\varphi}{2\pi} \cdot T \tag{4-17}$$

$$t = T(N + \frac{\Delta\varphi}{2\pi}) \tag{4-18}$$

将式(4-15)、式(4-18)代入式(4-12)，得到相位式光电测距的基本公式

$$S = \frac{\lambda}{2}(N + \frac{\Delta\varphi}{2\pi}) \tag{4-19}$$

由此可见，相位式光电测距的原理和钢卷尺量距相仿，相当于用一支长度为 $\lambda/2$ 的“光尺”来丈量距离，N 为“整尺段数”，$\frac{\lambda}{2} \times \frac{\Delta\varphi}{2\pi}$为“余长”。

由于对于某种光源的波长 λ_p，在标准气象状态下(一般取气温 $t=15$ ℃，气压 $p=101.3$ kPa)的光速可以算出，n 可由式(4-13)算得，光的波长是一个常数，利用 $c=\frac{c_0}{n}$求得 c，代入式(4-12)即可算出距离，因此，调制光的光尺长度可以由调制信号的频率 f 来决定。

由此可见，调制频率决定光尺长度。当仪器在使用过程中，由于电子元件老化等原因，实际的调制频率与设计的标准频率有微小不同时，尺长误差会影响所测距离，其影响与距离的长度成正比。经过测距仪的检定，可以得到改正距离用的比例系数，称为测距仪的乘常数 R。必要时，在测距计算时加以改正。

在测距仪的构件中，用相位计按相位比较的方法只能测定往、返调制光波相位差的尾数 $\Delta\varphi$，而无法测定整周数 N，因此，使式(4-19)产生多值解，只有当待测距离小于光尺长度时，才能有确定的数值。另外，用相位计一般也只能测定 4 位有效数字，因而在相位式测距仪中有两种调制频率、两种光尺长度。

如，$f_1=15$ MHz，$\lambda_1/2=10$ m(称为精尺)，可以测定距离尾数的米、分米、厘米、毫米数。$f_2=150$ kHz，$\lambda_2/2=1\ 000$ m(称为粗尺)，可以测定百米、十米、米数。这两种尺子联合使用，可以测定 1 km 以内的距离值。

由于电子信号在仪器内部线路中通过时也需要花一定的时间，这就相当于附加了一段距离，因此，测距仪内部还设置了内光路，即活动的内光路棱镜使发射信号经过光导管，直接在仪器内部回到接收系统。通过相位计比相，可以测定仪器内部线路的长度，称为内光路距离。所要测定的两点间距离应为外光路距离与内光路距离之差。经过计算会显示出两点间实际距离的数值。电子元件的老化和反射棱镜的更换等原因，往往使仪器显示距离与实际距离不一致，而存在一个与所测距离长短无关的常数差，称为测距仪的加常数 C。通过测距仪的检定，可以求得加常数 C，必要时，在测距计算中加以改正。

二、红外测距仪及其使用

(一) 短程红外测距仪

测程在 5 km 以内的测距仪称为短程测距仪，一般都采用红外光源。国内外仪器厂有多种生产型号，表 4-1 所示为其中一部分。

表 4-1　　短程红外测距仪

仪器型号	DI1001	DCH-1	DCH2	DM2000	$RED_{mini}2$
测程/km	1.3	1	3	3	1.5
测距中误差	5 mm±5 ppm				

短程红外测距仪的体型较小，可安装于经纬仪之上，可以同时测定角度和距离。从光电测距本身来讲，也需要利用经纬仪的高倍望远镜来寻找和瞄准目标，并根据经纬仪的竖盘数来计算视线的垂直角，使测得的倾斜距离化算为水平距离和高差。

(二) 测距仪的使用

1. 仪器操作部件

由于各种型号的测距仪的结构不同，其操作部件也有差异，使用时，应按照说明书(操作手册)按部件进行操作。以下介绍 $RED_{mini}2$ 测距仪及其操作部件。图 4-13 所示为 $RED_{mini}2$ 测距仪在经纬仪上的安置情况及其操作部件。测距仪的支架座下有插孔及制紧螺旋，可使测距仪牢固地安装在经纬仪的支架上。测距仪的支架上有垂直制动螺旋和微动螺旋，可以使测距仪在竖直面内俯仰转动。测距仪的发射接收目镜内有十字丝分划板，用以瞄准反射棱镜。

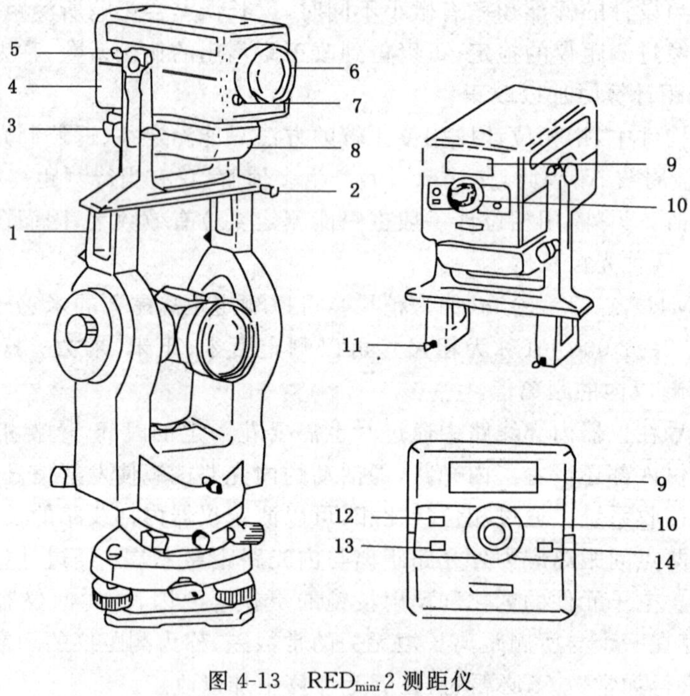

图 4-13　$RED_{mini}2$ 测距仪

1——支架座；2——水平方向调节螺旋；3——垂直微动螺旋；4——测距仪主机；5——垂直制动螺旋；6——发射接收镜物镜；7——数据输入输出插座；8——电池；9——显示窗；10——发射接收镜目镜；11——支架固定螺旋；12——测距模式键；13——电源开关；14——测量键

图 4-14 所示为 $RED_{mini}2$ 测距仪的反射棱镜及照准觇牌，图中觇牌上安装的是单块棱镜，当测程较远时，还可以换装上三块棱镜。

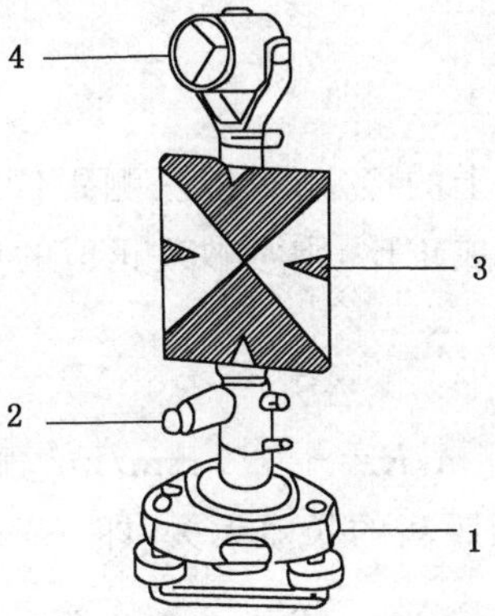

图 4-14 反射棱镜及照准觇牌

1——基座；2——光学对中器目镜；3——照准觇牌；4——反射棱镜

2. 仪器的安置

(1) 在测站点上安置经纬仪，其高度应比单纯测角度时低约 25 cm。

(2) 从仪器箱中取出测距仪主机，将支架座上的插孔对准经纬仪支架上的插栓，放上测距仪主机后，用制紧螺旋固紧。

(3) 将电池盒装入主机底部的电池夹内，按下电源开关键(再按一下为关)，显示窗内显示“8888888”约 2 s，此时为仪器自检。当显示“—30000”时，表示自检结果正常。

(4) 在距离的另一端安置反射棱镜，用基座上的光学对中器对中，整平基座，使觇牌面和棱镜面对准测距仪所在方向。

3. 距离测量

(1) 用经纬仪目镜中的十字丝中心瞄准目标点上的觇牌中心，读竖盘读数，计算垂直角 α。

(2) 将测距仪上、下转动，使目镜的十字丝中心对准棱镜中心，左、右方向。如果不对准棱镜中心，则调整支架上的水平方向调节螺旋，使其对准。

(3) 开机，主机发射的红外光经棱镜反射回来，若仪器收到足够的回光量，则显示窗下方显示“＊”。若“＊”不显示，或显示暗淡，或忽隐忽现，则表示未收到回光，或回光不足，应重新瞄准棱镜。

(4) 显示窗显现“＊”后，按测量键，发生短促音响，表示正在进行测量，显示测量记号“⊿”，并不断闪烁。测量结束时，又发生短促音响，显示测得斜距。

(5) 初次测距显示后，继续进行距离测量和斜距数值显示，直至再次按测量键，即停止测量。

(6) 如果要进行跟踪测距，则在按下电源开关键后，再按测距模式键。每 0.3 s 显示一次斜距值(最小显示单位为厘米)，再次按测距模式键，则停止跟踪测量。

(7) 当测距精度要求较高时(例如相对精度为 1∶10 000 以上)，则测距同时应测定气温和气压，以便进行气象改正。

三、光电测距成果整理

(一)测距仪常数改正

将测距仪在若干条标准长度上的检定，可以获测距仪的乘常数 R 和加常数 C。距离的乘常数改正值与所测距离的长度成正比，乘常数改正值的单位取"mm/km"。距离的乘常数改正值为

$$\Delta S_R = RS' \tag{4-20}$$

例如，测得斜距 $S'=816.350$ m，$R=+6.3$ mm/km，则 $\Delta S_R=6.3\times 0.816=+5$ mm。

距离的加常数改正值 ΔS_C 与距离的长短无关，即

$$\Delta S_C = C \tag{4-21}$$

(二)气象改正

影响光速的大气折射率一般为光的波长 λ_0、气温 t 和气压 p 的函数。对于某一型号的测距仪，采用一定的光源，为一定值。因此，根据距离测量时测定的气温及气压，可以计算距离的气象改正值。距离的气象改正与距离的长度成正比。因此，仪器的气象改正参数 A 也相当于一个乘常数，其单位取"mm/km"，在仪器说明书中给出 A 的计算式。例如，$\text{RED}_{mini}2$ 测距仪以 $t=15$ ℃，$p=101.3$ kPa 为标准状态。此时，$A=0$，在一般大气状态下，则有

$$A = 278.96 - \frac{2.904p}{1+0.003\,661t} \tag{4-22}$$

由于 1 kPa=7.5 mmHg，因此，如果汞柱高为气压 p 的单位，则

$$A = (278.96 - \frac{0.387\,2p}{1+0.003\,661t})\text{mm/km} \tag{4-23}$$

距离的气象改正值为

$$\Delta S_A = AS' \tag{4-24}$$

例如，观测时，$t=30$ ℃，$p=98.67$ kPa，则 $A=+21$ mm/km，对于斜距 $S'=816.350$ m，则 $\Delta S_A=+21$ mm/km$\times 0.816$ km$=+17$ mm。

(三)改正后的斜距和平距、高差计算

斜距观测值 S' 经过乘常数改正、加常数改正和气象改正后，得到改正后的斜距：

$$S = S' + \Delta S_R + \Delta S_C + \Delta S_A \tag{4-25}$$

例如，上述的斜距观测值 S'，经各项改正后，得到改正后的斜距：

$$S = 816.350\text{ m} + 0.005\text{ m} - 0.008\text{ m} + 0.017\text{ m} = 816.364\text{ m}$$

两点间的平距 D 及两点间测距仪和棱镜的高差 h' 是斜距在水平和垂直方向的分量，经纬仪测定斜距方向的垂直角为 α，因此

$$D = S \cdot \cos\alpha \tag{4-26}$$

$$h' = S \cdot \sin\alpha \tag{4-27}$$

四、光电测距的精度分析

(一)光电测距的误差来源

1. 调制频率误差

由式(4-14)和式(4-19)可得

$$S=\frac{c}{2f}(N+\frac{\Delta\varphi}{2\pi}) \tag{4-28}$$

对上式中的距离 S 及仪器的调制频率 f 进行微分，可得

$$\frac{dS}{S}=-\frac{df}{f} \tag{4-29}$$

上式说明频率的相对误差使测定的距离产生相同的相对误差，因而距离误差的大小与距离的长度成正比。由于仪器使用中电子元件的老化会使原来设计的标准频率发生变化，因此，通过测距仪检定、测定乘常数 R，对距离进行改正，主要就是为了消除或减小仪器的调制频率误差。测距时，是否需要进行这项改正，视测距所需要的精度及乘常数的大小而定。

2. 气象参数误差

测距时测定的气象参数为大气温度 t 及气压 p。根据式(4-22)和式(4-23)，可以计算出：测定气温时 1 ℃的误差或测定气压时 0.4 kPa 或 3 mmHg 的误差，对于 1 km 的距离，将产生 1 mm 的误差。因此，气象参数的测定并进行改正只有在参数与标准状态相差很大时才有必要进行。大气温度不容易测得很准确，因此，在精密测距时，成为不容忽视的误差来源。

3. 仪器对中误差

光电测距是测定测距仪中心至棱镜中心的距离，因此，仪器和棱镜的对中误差大，则对测距的影响也大。对中误差的大小与距离的长短无关，因此，对于短距离的情况，尤其应注意仪器及棱镜的对中精度，一般要求用光学对中器对中，使此项误差不大于 2 mm。

4. 测相误差

从相位式测距的原理及其基本公式(4-19)中可知，不论距离长短，均从测定参考信号和测距信号的相位差中间接推算出距离，而测定相位差是有一定的误差的。测相误差包括自动数字测相系统的误差和测距信号在大气传输中的信噪比误差等(信噪比为接收到的测距信号强度与大气中杂散光的强度之比)。前者决定于测距仪的性能和精度，后者决定于测距时的自然环境，例如空气的透明程度、干扰因素的多少、视线离地面及障碍物的远近等。

测相误差对测距的影响与距离的长短基本无关。

(二) 光电测距的精度

根据以上对光电测距误差来源的分析知道，有一部分误差(例如测相误差等)对测距的影响与距离的长短无关，称为常误差(固定误差)，表示为 a，而另一部分误差(例如气象参数测定误差等)对测距的影响与斜距的长度 S 成正比，称为比例误差，其比例系数为 b。因此，光电测距的中误差(又称为测距仪的标称精度)m_s，以下式表示：

$$m_s=\pm(a+b\cdot S) \tag{4-30}$$

式(4-30)中，比例系数 b 一般以百万分率表示，即 b 的单位为 mm/km。例如，表 4-1 中所列举的各种测距仪的测距中误差为 ±(5 mm+5 ppm)，即相当于上式中 a=5 mm，b=5 mm/km，此时，S 的单位为 km。

(三) 光电测距使用的注意事项

(1) 光电测距仪属于贵重仪器，在运输、携带、装卸、操作过程中必须十分注意。在运输和携带中，要防振、防潮；在装卸和操作中，要连接牢固，电源插接正确，严格按操作程序使用仪器；在搬站时，仪器必须装箱。

(2) 在有阳光的天气，必须撑伞保护仪器；在通电作业时，严防阳光及其他强光直射接收物镜，避免损坏接收系统中的光敏二极管。

(3) 设置测站时，要避免强电磁场的干扰。例如，不宜在变压器、高压线附近设站。

(4) 气象条件对光电测距有较大的影响。在强烈的阳光下而视线又靠近地面时，往往使望远镜中成像晃动剧烈，此时应停止观测。此外，高温下(35 ℃以上)的连续作业对仪器也有损害。

第五节　电子全站仪的使用

一、概述

电子全站仪(速测仪)是集自动测角、测距、测高于一体，实现对测量数据的自动获取、显示、存储、传输、识别、处理计算的三维测量系统。电子全站仪现已广泛应用于控制测量、工程放样、安装测量、形变监测、地形测绘和地籍测量等领域，成为实现测量工程内外业一体化、自动化、智能化的关键硬件系统。

电子全站仪由电子经纬仪、电磁波测距仪、微处理器、电源装置和反射棱镜等组成。按仪器结构，分为整体式和组合式两种。整体式全站仪是由电子经纬仪和电磁波测距仪安装在一起，共用一个望远镜的全站型仪器；组合式全站仪是在电子经纬仪的结合器上安装电磁波测距仪，再通过标准接口与电子手簿连接的全站型仪器。

二、TC2000 电子全站仪简介

TC2000 系列电子全站仪产品型号及性能见表 4-2。

表 4-2　　TC2000 系列电子全站仪

内装仪器		型号与性能	
电子经纬仪		T2000，T2000S，T2002	
电磁波测距仪		DI4，DI4L，DI5，DK5S，DI1000	
测距仪性能	最大测程	4 km	5 km
	精度	3 mm±2 ppm	2 mm±2 ppm

图 4-15 所示为 TC2000 电子全站仪。TC2000 电子全站仪的测距性能相当于 DI4L、D15 等电磁波测距仪的水平，测角的性能有如下特点。

(1) 测角时对径获得的观测值从大量分布在整个圆周上的各个观测成果中得到。这种方法以测角时度盘高速旋转为特征，消除了度盘的刻画误差和偏心差的影响。观测值最小读数为 0.1″，一测回观测中误差为±0.5″，水平方向、天顶距同时测量的时间为 0.9 min。

(2) 具有硅油液体水平自动补偿器，机内电子系统可检测、校正“三轴误差”，并能对观测值进行改正。

(3) 备有数据存储、传输的接口，便于与外部设备连接，进行更有效的数据处理和自动化测图。

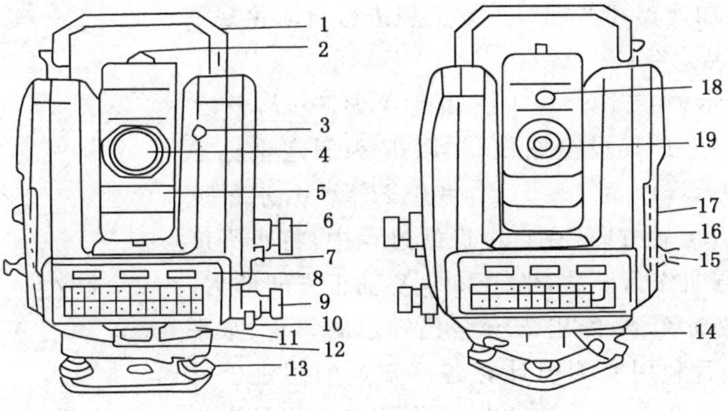

图 4-15 TC2000 电子全站仪

1——提手;2——粗瞄准星;3——十字丝照明调节;4——望远镜物镜;5——测距仪;6——垂直微动螺旋;7——垂直制动;8——键盘;9——水平微动螺旋;10——水平制动;11——水平方向安置盘;12——安置盘读数窗;13——脚螺旋;14——电源与数据接口;15——光学对中器目镜;16——内装电源;17——内装电源锁卡;18——测距信号;19——望远镜目镜

TC2000 电子全站仪的键盘上方为显示窗,一区显示键入或输出的项目,二区和三区显示由一区指定的键入或输出数据。键盘下方有 18 个键,分为单功能、双功能和多功能三种类型,分别执行相应的指令。单功能键有五个,包括开机(ON),关机(OFF),记录数据及参数到存储器中(REC),测角、测距并记录数据及参数(ALL),输入数据或执行某种功能的回车键(RUN)。双功能键有一个,是执行暂停或消除功能的(STOP/CE)。多功能键有 12 个,分为白色、绿色和橙色三个色区。白色,表示测量准备与启动功能,如按"HZ"键启动仪器进行水平方向测量,按"REP"和"HZ"组合键,启动仪器进行水平方向重复测量。绿色,表示显示项目选择功能。这组功能键以"DSP"键和其他绿色键组合,实现规定的六种相应功能;橙色,表示命令安置功能。TC2000 命令安置功能包括三种,均以"SET"键打头与其他橙色键及回车键组合,实现规定的单参数、双参数命令和初始值设置功能。具体操作可查阅 TC2000 电子全站仪操作手册。

三、应用全站仪进行数字化测量

(一) 实时交会测量

使用电子全站仪按极坐标法测定目标点的三维坐标,需要在目标点上安放反射棱镜,但是有时环境条件不允许在观测目标上安置反射棱镜,这种情况下可利用电子全站仪进行实际测定。

把两台全站仪与电子计算机连接,把观测的水平方向值和竖直角值直接输入计算机。先在待测点附近放置一把长度已知的尺子(如因瓦水准尺),交会这尺子的两个端点,即可反求出两测站间的距离。在目标点上可以利用细小的特征点(如螺旋中心)作为照准目标,也可粘贴标志,或用激光器投点在物体上确定照准目标。若经常使用这套系统,测站可以固定不变,则应建造观测墩;若测站不允许固定,应事先在被测方设置一些固定标志,并精确测量标志的三维坐标。使用时按自由设站法测量测站点坐标,再对目标物进行交会测量。由于观测系统直接与计算机连接,目标点坐标可随时读取。这种方法可应用于大型部件组装、精密工程测量、高能加速器和大坝等重要工程进行自动化观测。

(二) 自由设站定位

如图 4-16 所示，在有两个以上已知点 $A, B, \cdots, I, \cdots, N$ 的范围内，任选一点 P 架设全站仪，先以 P 为假定坐标原点。仪器视线高为零，即 $X'_P=0, Y'_P=0, H'_P=0$，水平度盘零读数方向为 X'_P 轴方向(在自由设站过程中，将水平度盘的刻度为零的方向作为设站，坐标系的 X 轴正方向即 X_P 轴方向)；在假定坐标系下，测出 P 至各已知点的斜距、水平方向及竖直角，然后利用实测值计算各已知点的假定坐标 $(X'_i, Y'_i, Z'_i)(i=1,2,3,\cdots,n)$；再把这些已知点的假定坐标与已知的坐标进行最小二乘拟合，求得假定坐标系与已知坐标系的换算参数，假定坐标系原点 P 在已知坐标系中的坐标 X_P, Y_P, H_P，假定坐标系 X' 轴在已知坐标系中的方位角 α_0 以及仪器的视线高 H_P。根据两坐标系的换算参数，采用极坐标法观测目标点 M，就可以计算出 M 点在已知坐标系中的三维坐标。

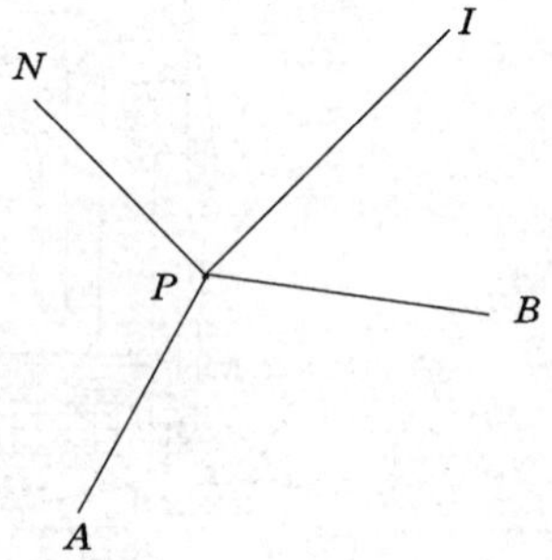

图 4-16 自由设站定位

第五章
测量误差的基本知识

第一节　测量误差

一、测量误差产生的原因

测量工作的实践表明，对于某一客观存在的量，如地面某两点之间的距离或高差、某三点之间构成的水平角等，尽管采用了合格的测量仪器和合理的观测方法，测量人员的工作态度也是认真负责的，但是多次重复测量的结果总是有差异，这说明观测值中存在测量误差，或者说，测量误差是不可避免的。产生测量误差的原因，概括起来有以下三个方面。

（一）仪器的原因

测量工作是需要用测量仪器进行的，而每一种测量仪器都有一定的误差，因此，使测量结果受到一定的影响。例如，用 J_6 级经纬仪，它的水平度盘分划误差可能达到 $3''$，由此使所测的水平角产生误差。另外，仪器结构的不完善，如水准仪的视准轴不平行于水准管轴，也会使观测的高差产生误差。

（二）人的原因

由于观测者的感觉器官的鉴别能力存在局限性，所以，对于仪器的对中、整平、瞄准、读数等操作都会产生误差。例如，在厘米分划的水准尺上，由观测者估读毫米数，则 1 mm 以下的估读误差是完全有可能产生的。另外，观测者技术熟练程度也会给观测成果带来不同程度的影响。

（三）外界环境的影响

测量工作进行时所处的外界环境中的空气温度、风力、日光照射、大气折光、烟雾等客观情况时刻在变化，使测量结果产生误差。例如，温度变化使钢尺产生伸缩，风吹和日光照射使仪器的安置不稳定，大气折光使望远镜的瞄准产生偏差等。

人、仪器和环境是测量工作得以进行的必要条件，但是，这些观测条件都有其本身的局限性和对测量的不利因素。因此，测量成果中的误差是不可避免的。观测条件相同的各次观测称为等精度观测，观测条件不相同的各次观测称为不等精度观测。

二、测量误差的分类与处理原则

测量误差按其产生的原因和对观测结果影响性质，可以分为系统误差和偶然误差。

（一）系统误差

在相同的观测条件下，对某一量进行一系列的观测，如果出现的误差在符号和数值上都相同，或按一定的规律变化，这种误差称为系统误差。例如，用名义长度为 30 m 而实际正确长度为 30.004 m 的钢卷尺量距，每量一尺段就有 0.004 m 的误差，其量距误差的符号不变，且与所量距离的长度成正比。因此，系统误差具有积累性。

系统误差对观测值的影响具有一定的数学或物理上的规律。如果这种规律能够被找到，则系统误差对观测值的影响可加以改正，或者用一定的测量方法加以抵消或削弱。

（二）偶然误差

在相同的观测条件下，对某一量进行一系列的观测，如果误差出现的符号和数值大小都不相同，从表面上看没有任何规律，这种误差称为偶然误差。偶然误差是由人力所不能控制的因素或无法估计的因素（如人眼的分辨能力、仪器的极限精度和气象因素等）共同引起的测量误差，其数值的正负、大小纯属偶然。例如，在厘米分划的水准尺上读数，估读毫米数时，有时估读过大，有时估读过小；大气折光使望远镜中目标成像不稳定，使瞄准目标时有时偏左、有时偏右。因此，多次重复观测，取其平均数，可以抵消掉一些偶然误差。

偶然误差是不可避免的。在相同的观测条件下观测某一量，所出现的大量偶然误差具有统计的规律，或称之为具有概率的规律。关于这方面的内容，以后再进一步分析。

（三）误差处理原则

在测量工作中，除了上述两种误差以外，还可能发生错误，如瞄错目标、读错大数等。错误是一种特别大的误差，是由于观测者的粗心大意所造成的。错误应该可以避免，包含错误的观测应该舍弃，并重新进行观测。为了防止错误的发生和提高观测成果的精度，在测量工作中，一般需要进行多于必要的观测，称为多余观测。例如，一段距离采用往返丈量，如果将往测作为必要观测，则返测就属于多余观测；又如，由三个地面点构成一个平面三角形，在三个点上进行水平角观测，其中两个角度属于必要观测，则第三个角度的观测就属于多余观测。有了多余观测，就可以发现观测值中的错误，以便将其剔除或重测。由于观测值中的偶然误差不可避免，有了多余观测，观测值之间必然产生矛盾（往返差、不符值、闭合差）。根据差值的大小，可以评定测量的精度。差值如果大到一定程度，就认为观测值中有错误（不属于偶然误差），称为误差超限，应予重测（返工）。差值如果不超限，则按偶然误差的规律加以处理，称为闭合差的调整，以求得最可靠的数值。

至于观测值中的系统误差，应该尽可能按其产生的原因和规律加以改正、抵消或削弱。例如，用钢卷尺量距时，按其检定结果，对量得长度进行尺长改正；用经纬仪测角时，采用盘左、盘右观测，以抵消视准轴误差、水平轴误差和垂直度盘指标差；用中间法水准测量，以削弱水准仪的 i 角误差对水准尺读数的影响。但是，在观测值中也有可能存在情况不明的系统误差，无法加以改正或削弱，则观测结果将同时受到偶然误差和系统误差的影响。不同时间的多次观测，有可能削弱部分情况不明的系统误差的影响。

第二节 偶然误差的特性

测量误差理论主要讨论在具有偶然误差的一系列观测值中如何求得最可靠的结果和评定观测成果的精度。为此，需要对偶然误差的性质进一步讨论。

设某一量的真值为 X，对此量进行 n 次观测，得到的观测值为 $l_1, l_2, \cdots, l_n$，在每次观测中产生的偶然误差(又称真误差)为 $\Delta_1, \Delta_2, \cdots, \Delta_n$，则定义

$$\Delta_i = X - l_i \quad (i = 1, 2, \cdots, n) \tag{5-1}$$

从单个偶然误差来看，其符号的正负和数值的大小没有任何规律。但是，如果观测的次数很多，观察其大量的偶然误差，就能发现隐藏在偶然性下内在的必然规律。进行统计的数量越大，规律也越明显。下面，结合某观测实例，用统计方法进行分析。

在某一测区，在相同的观测条件下共观测了 358 个三角形的全部内角。由于每个三角形内角之和的真值(180°)为已知，因此，可以按式(5-1)计算每个三角形内角之和的偶然误差 Δ_i(三角形闭合差)，将它们分为负误差、正误差和误差绝对值，按绝对值由小到大排列次序，以误差区间 $d\Delta = 3''$ 进行误差个数 k 的统计，并计算其相对个数 $k/n(n=358)$，k/n 称为误差出现的频率。偶然误差的统计见表 5-1。

表 5-1　　偶然误差的统计

误差区间	负误差		正误差		误差绝对值	
$d\Delta/('')$	k	k/n	k	k/n	k	k/n
0～3	45	0.126	46	0.128	91	0.254
3～6	40	0.112	41	0.115	81	0.226
6～9	33	0.092	33	0.092	66	0.184
9～12	23	0.064	21	0.059	44	0.123
12～15	17	0.047	16	0.045	33	0.092
15～18	13	0.036	13	0.036	26	0.073
18～21	6	0.017	5	0.014	11	0.031
21～24	4	0.011	2	0.006	6	0.017
24 以上	0	0	0	0	0	0
$\sum x$	181	0.505	177	0.495	358	1.000

为了直观地表示偶然误差的正负和大小的分布情况，可以按表 5-1 的数据作图(图 5-1)。图中，横坐标表示误差的正负和大小，纵坐标表示误差出现于各区间的频率(k/n)除以区间($d\Delta$)，每一区间按纵坐标做成矩形小条，则每一小条的面积代表误差出现于该区间的频率，而各小条的面积总和等于 1。该图在统计学上称为频率直方图。

从表 5-1 的统计中，可以归纳出偶然误差的特性如下：

(1) 在一定观测条件下的有限次观测中，偶然误差的绝对值不会超过一定的限值；

(2) 绝对值较小的误差出现的频率大，绝对值较大的误差出现的频率小；

(3) 绝对值相等的正、负误差具有大致相等的频率；

(4) 当观测次数无限增大时，偶然误差的理论平均值趋近于零，即偶然误差具有抵偿性。

用公式表示为：

$$f(x) = \lim_{x \to \infty} \frac{\Delta_1 + \Delta_2 + \cdots + \Delta_n}{n} = \lim_{x \to \infty} \frac{[\Delta]}{n} \tag{5-2}$$

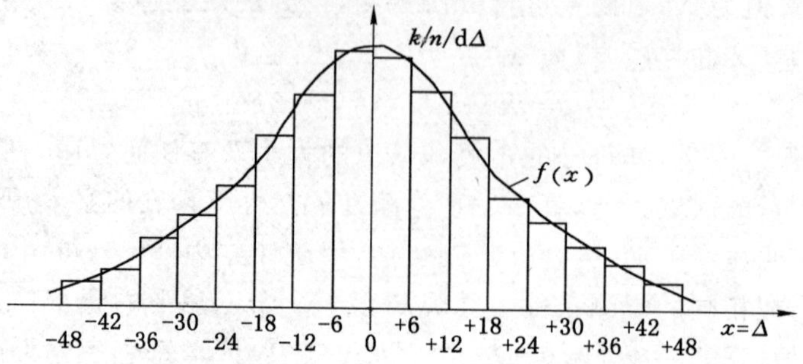

图 5-1　频率直方图

式中，[ ]表示取括号中数值的代数和。

以上根据 358 个三角形角度观测值的闭合差做出的误差出现频率直方图的基本图形，表现为中间高、两边低并向横轴逐渐逼近的对称性，并不是一种特例，而是统计偶然误差时出现的普遍规律，并且可以用数学公式来表示。

若误差的个数无限增大($n\to\infty$)，同时又无限缩小误差的区间 dΔ，则图 5-1 中各小长条的顶边的折线就逐渐成为一条光滑的曲线，该曲线在概率论中称为正态分布曲线。它完整地表示了偶然误差出现的概率 P，即当 $n\to\infty$ 时，上述误差区间内误差出现的频率趋于稳定，称为误差出现的概率。

正态分布曲线的数学方程式为

$$y=f(\Delta)=\frac{1}{\sqrt{2\pi}\sigma}e^{-\frac{\Delta^2}{2\sigma^2}} \tag{5-3}$$

式中，π 为圆周率，取为 3.141 6；e 为自然对数的底，取为 2.718 3；σ 为标准差，标准差的平方是方差。方差为偶然误差平方的理论平均值：

$$\sigma^2=\lim_{n\to\infty}\frac{\Delta_1^2+\Delta_2^2+\cdots+\Delta_n^2}{n}=\lim_{n\to\infty}\frac{[\Delta^2]}{n} \tag{5-4}$$

标准差为

$$\sigma=\pm\lim_{n\to\infty}\sqrt{\frac{[\Delta^2]}{n}}=\pm\lim_{n\to\infty}\sqrt{\frac{[\Delta\Delta]}{n}} \tag{5-5}$$

由上式可知，标准差的大小决定于在一定条件下偶然误差出现的绝对值的大小。由于在计算标准差时取各个偶然误差的平方和，因此，当出现有较大绝对值的偶然误差时，在标准差的数值中会得到明显的反应。

式(5-3)称为正态分布的密度函数，以偶然误差 Δ 为自变量，以标准差为密度函数的唯一参数，也是曲线拐点的横坐标值。

第三节　衡量精度的标准

一、中误差

为了统一衡量在一定观测条件下观测结果的精度，取标准差作为依据是比较合适的。

但是，在实际测量工作中，不可能对某一量进行无穷多次观测，因此，定义按有限几次观测的偶然误差得到的标准差为"中误差"m，即

$$m=\pm\sqrt{\frac{\Delta_1^2+\Delta_2^2+\cdots+\Delta_n^2}{n}}=\pm\sqrt{\frac{[\Delta\Delta]}{n}} \tag{5-6}$$

例如，对10个三角形的内角进行了两组观测，根据两组观测值中的偶然误差（三角形的角度闭合差——真误差），分别计算其中误差，列于表5-2中。

表 5-2　　按观测值的真误差计算中误差

次序	第一组观测			第二组观测		
	观测值 1	真误差 Δ/(″)	Δ^2	观测值 2	真误差 Δ(″)	Δ^2
1	180°00′03″	−3	9	180°00′00″	0	0
2	180°00′02″	−2	4	179°59′59″	+1	1
3	179°59′58″	+2	4	180°00′07″	−7	49
4	179°59′56″	+4	16	180°00′02″	−2	4
5	180°00′01″	−1	1	180°00′01″	−1	1
6	180°00′00″	0	0	179°59′59″	+1	1
7	180°00′04″	−4	16	179°59′52″	+8	64
8	179°59′57″	+3	9	180°00′00″	0	0
9	179°59′58″	+2	4	179°59′57″	+3	9
10	180°00′03″	−3	9	180°00′01″	−1	1
$\sum\|x\|$		24	72		24	130
中误差	$m_1=\pm\sqrt{\frac{\sum\Delta^2}{10}}=\pm2.7''$			$m_2=\pm\sqrt{\frac{\sum\Delta^2}{10}}=\pm3.6''$		

由此可见，第二组观测值的中误差 m_2 大于第一组观测值的中误差 m_1。虽然这两组观测的误差绝对值之和是相等的，可是在这第二组观测值中出现了较大的误差（$-7''$，$+8''$），因此计算出来的中误差就较大，或者相对来说其精度较低。

在一组观测值中，如果标准差已经确定，就可以画出它所对应的偶然误差的正态分布曲线。式(5-3)中，当 $\Delta=0$ 时，$f(\Delta)$ 有最大值。如果以中误差代替标准差，则其最大值为 $\frac{1}{\sqrt{2\pi}m}$。

因此，当 m 较小时，曲线在纵轴方向的顶峰较高，在纵轴两侧迅速逼近横轴，表示小误差出现的频率较大，误差分布比较集中；当 m 较大时，曲线的顶峰较低，曲线形状平缓，表示误差分布比较离散。以上两种情况的正态分布曲线如图5-2所示。

用公式(5-6)计算中误差，需要知道观测值的真误差 Δ，而在通常情况下，观测量的真值 X 往往不易知道，所以真误差 Δ 也求不出，这时，就只有采用观测值的算术平均值 L，来计算观测值的最或然误差 v，通常叫改正数。即

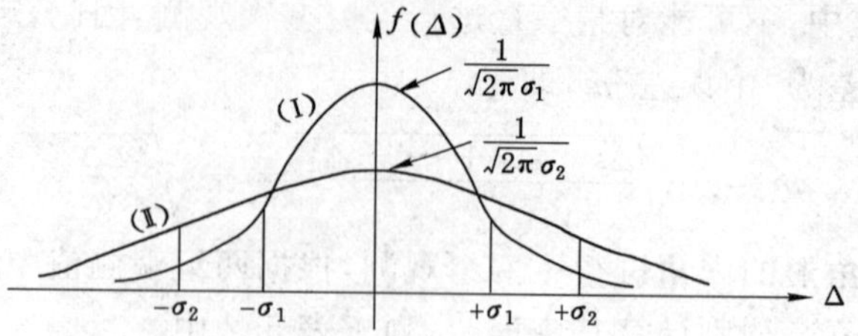

图 5-2　不同中误差的正态分布曲线

$$\left.\begin{aligned} v_1 &= L - l_1 \\ v_2 &= L - l_2 \\ &\cdots \\ v_n &= L - l_n \end{aligned}\right\} \tag{5-7}$$

若该量真值 X 已知,则其真误差为

$$\left.\begin{aligned} \Delta_1 &= X - l_1 \\ \Delta_2 &= X - l_2 \\ &\cdots \\ \Delta_n &= X - l_n \end{aligned}\right\}$$

将以上两组误差公式对应相减,消去观测值,即得

$$\left.\begin{aligned} \Delta_1 - v_1 &= X - L \\ \Delta_2 - v_2 &= X - L \\ &\cdots \\ \Delta_n - v_n &= X - L \end{aligned}\right\}$$

移项后,则

$$\left.\begin{aligned} \Delta_1 &= X - L + v_1 \\ \Delta_2 &= X - L + v_2 \\ &\cdots \\ \Delta_n &= X - L + v_n \end{aligned}\right\} \tag{5-8}$$

取和

$$[\Delta] = n(X - L) + [v] \tag{5-9}$$

将式(5-9)两边分别平方,得

$$[\Delta\Delta] = n(X - L)^2 + 2[v](X - L) + [vv] \tag{5-10}$$

将式(5-7)改正数 v 取和,得

$$[v] = nL - [l]$$

因 $L = \frac{[l]}{n}$,代入上式,得

$$[v] = n \cdot \frac{[l]}{n} - [l] = 0 \tag{5-11}$$

于是,式(5-9)为

$$[\Delta] = n(X - L) \tag{5-12}$$

式(5-10)为

$$[\Delta\Delta]=[vv]+n(X-L)^2 \tag{5-13}$$

将式(5-12)代入式(5-13),得

$$[\Delta\Delta]=[vv]+n\frac{[\Delta]^2}{n^2}$$

展开后为

$$[\Delta\Delta]=[vv]+\frac{\Delta_1^2+\Delta_2^2+\cdots+\Delta_n^2}{n}+\frac{2}{n}(\Delta_1\cdot\Delta_2+\Delta_1\cdot\Delta_3+\cdots+\Delta_1\cdot\Delta_n+\cdots+\Delta_{n-1}\cdot\Delta_n)$$

由于 $\Delta_1,\Delta_2,\cdots,\Delta_n$ 是偶然误差,故 $\Delta_1\cdot\Delta_2,\Delta_1\cdot\Delta_3,\cdots,\Delta_{n-1}\cdot\Delta_n$ 也具有偶然误差的性质。根据偶然误差第四特性,上式右边第三项为零。故上式为

$$[\Delta\Delta]=[vv]+\frac{[\Delta\Delta]}{n}$$

移项,整理后得

$$\frac{[\Delta\Delta]}{n}=\frac{[vv]}{n-1}$$

由中误差定义可得以改正数表示的中误差为

$$m=\pm\sqrt{\frac{[vv]}{n-1}} \tag{5-14}$$

例如:对某段长度丈量六次,其结果如表 5-3 所列,现按改正数计算其观测值的中误差。

$$L=\frac{[l]}{n}=\frac{248.13+248.08+248.20+247.93+248.17+248.04}{6}=248.10\ \text{m}$$

$$m=\pm\sqrt{\frac{(-0.03)^2+(0.02)^2+(-0.10)^2+(0.17)^2+(-0.07)^2+(0.06)^2}{6-1}}=\pm0.083\ \text{m}$$

表 5-3　　某段距离丈量结果

次序	观测值/m	平均值	改正数/m
1	248.13	248.10 m	−0.03
2	248.08		+0.02
3	248.20		−0.10
4	247.93		+0.17
5	248.17		−0.07
6	248.04		+0.06

二、相对误差

在某些测量工作中,对观测值的精度仅用中误差来衡量还不能正确反映观测的质量。例如,用钢卷尺丈量 200 m 和 40 m 两段距离,量距的中误差都是±2 cm,但不能认为两者的精度是相同的,因为量距的误差与其长度有关。为此,用观测值的中误差与观测值之比的形式,称为相对中误差,描述观测的质量。上述例子中,前者的相对中误差为 0.02/200＝1/10 000,而后者则为 0.02/40＝1/2 000,前者的量距精度高于后者。

三、极限误差

由频率直方图(图 5-1)可知,图中各矩形小条的面积代表误差出现在该区间中的频率,当统计误差的个数无限增加,误差区间无限减小时,频率逐渐趋于稳定而成为概率,直方图的顶边即形成正态分布曲线。因此,根据正态分布曲线,可以表示出误差出现的微小区间 $d\Delta$ 的概率:

$$P(\Delta) = f(\Delta) \cdot d\Delta = \frac{1}{\sqrt{2\pi}m} e^{-\frac{\Delta^2}{2m^2}} d\Delta \tag{5-15}$$

根据上式的积分,可以得到偶然误差在任意大小区间中出现的概率。设以 k 倍中误差作为区间,则在此区间中误差出现的概率为

$$P(|\Delta| < km) = \int_{-km}^{+km} \frac{1}{\sqrt{2\pi}m} e^{-\frac{\Delta^2}{2m^2}} d\Delta \tag{5-16}$$

分别以 $k=1, k=2, k=3$ 代入上式,可得到偶然误差的绝对值不大于中误差、2 倍中误差和 3 倍中误差的概率

$$P(|\Delta| \leqslant m) = 0.683 = 68.3\%$$
$$P(|\Delta| \leqslant 2m) = 0.954 = 95.4\%$$
$$P(|\Delta| \leqslant 3m) = 0.997 = 99.7\%$$

由此可见,偶然误差的绝对值大于 2 倍中误差的约占误差总数的 5%,而大于 3 倍中误差的仅占误差总数的 0.3%。一般,测量次数有限,3 倍中误差应该很少遇到,因此,一般以 2 倍中误差作为允许的误差极限,称为允许误差,或称为限差,即

$$\Delta_{允} = 2m \tag{5-17}$$

第四节 误差传播定律及应用

在实际测绘工作中,某些量的大小并非是直接测量的,而是通过观测值按照一定的函数关系求得的。我们称研究观测值中误差与函数中误差关系的定律为误差传播定律。

设有独立观测值 $x_1, x_2, \cdots, x_n$,其中误差分别为 $m_{x_1}, m_{x_2}, \cdots, m_{x_n}$,今有 n 个独立观测值的函数 $Z=f(x_1, x_2, \cdots, x_n)$,如何确定函数的中误差 m_z 呢?

对函数 $Z=f(x_1, \cdots, x_n)$ 求全微分得:

$$dZ = \frac{\partial f}{\partial x_1} dx_1 + \frac{\partial f}{\partial x_2} dx_2 + \cdots + \frac{\partial f}{\partial x_n} dx_n \tag{5-18}$$

因真误差 Δx_i、ΔZ 均很小,故可代替式(5-18)中的微分 dx_i 及 dZ,从而有真误差关系:

$$\Delta Z = \frac{\partial f}{\partial x_1} \Delta x_1 + \frac{\partial f}{\partial x_2} \Delta x_2 + \cdots + \frac{\partial f}{\partial x_n} \Delta x_n$$

注意,$\frac{\partial f}{\partial x_1}$ 可以用 x_i 的观测值代入求得,因而是一常数,故上式实际是一线性表达式。

对函数 Z 进行 N 组观测后,将上式平方求和,再取均值,得:

$$\frac{[\Delta Z^2]}{N} = \left(\frac{\partial f}{\partial x_1}\right)^2 \frac{[\Delta x_1^2]}{N} + \left(\frac{\partial f}{\partial x_2}\right)^2 \frac{[\Delta x_2^2]}{N} + \cdots + \left(\frac{\partial f}{\partial x_n}\right)^2 \frac{[\Delta x_n^2]}{N} +$$

$$\frac{2}{N}\left(\frac{\partial f}{\partial x_1}\frac{\partial f}{\partial x_2}[\Delta x_1\Delta x_2]+\frac{\partial f}{\partial x_2}\frac{\partial f}{\partial x_3}[\Delta x_2\Delta x_3]+\cdots+\frac{\partial f}{\partial x_{n-1}}\frac{\partial f}{\partial x_n}[\Delta x_{n-1}\Delta x_n]\right)$$

不难证明，独立观测值 x_i、x_j 的偶然误差 Δx_i、Δx_j 之乘积 $\Delta x_i\Delta x_j$ 也必然表现为偶然误差，依大量偶然误差的抵偿性则有：

$$\lim_{\substack{N\to\infty\\ i\neq j}}\left(\frac{\partial f}{\partial x_i}\right)\left(\frac{\partial f}{\partial x_j}\right)\frac{[\Delta x_i\Delta x_j]}{N}=0$$

依中误差定义式(5-6)得：

$$m_Z^2=\left(\frac{\partial f}{\partial x_1}\right)^2 m_{x_1}^2+\left(\frac{\partial f}{\partial x_2}\right)^2 m_{x_2}^2+\cdots+\left(\frac{\partial f}{\partial x_n}\right)^2 m_{x_n}^2 \tag{5-19}$$

据式(5-19)，可导出线性函数表达式的中误差传播关系式，见表 5-4。

表 5-4　　线性函数表达式的中误差传播关系式

函数	函数表达式	误差传播定律
倍数	$Z=kx$	$m_Z^2=k^2m_x^2$
和差	$Z=\pm x_1\pm x_2\pm\cdots\pm x_n$	$m_Z^2=m_{x_1}^2+m_{x_2}^2+\cdots+m_{x_n}^2$
线性	$Z=\pm k_1x_1\pm k_1x_2\pm\cdots\pm k_1x_n$	$m_Z^2=k_1^2m_{x_1}^2+k_2^2m_{x_2}^2+\cdots+k_n^2m_{x_n}^2$
均值	$Z=\frac{[x]}{n}=\frac{1}{n}x_1+\frac{1}{n}x_2+\cdots+\frac{1}{n}x_n$	$m_Z^2=\frac{m_x^2}{n}$（x_i 为等精度观测）

[例 5-1]　在 1∶1 000 的地形图上量得两点之间距离为 $d=237.5$ mm，已知丈量中误差为 $m_d=\pm 0.2$ mm，那么该两点的地面水平距离 D 及中误差 M_d 为多少？

解：

$$D=1\,000\times d=237.5\ \text{m}$$
$$M_d=1\,000m_d=\pm 200\ \text{mm}$$

[例 5-2]　假设对某一平面三角形的两内角 α、β 分别进行了观测，其测角中误差分别 $m_\alpha=\pm 3''$，$m_\beta=\pm 4''$，$\gamma=180-(\alpha+\beta)$，第三角 γ 中误差为多少？

解：
$$m_\gamma=\sqrt{m_\alpha^2+m_\beta^2}=\pm 5''$$

[例 5-3]　今用测距仪对某段距离进行了 16 次同精度的观测，如果每次测距中误差 $m_s=\pm 4$ mm，那么这段距离算数平均值的中误差 m_{s_0} 为多少？

解：
$$s_0=[s]/n$$
$$m_{s_0}=m_s/\sqrt{n}=\pm 4/\sqrt{16}=\pm 1\ \text{mm}$$

[例 5-4]　设 D、α 分别为距离、方位角的独立观测值，其中误差分别为 m_D、m_α（以"秒"为单位），那么由 m_D、m_α 引起的纵横坐标增量 ΔX、ΔY 及待定点 P 的位置中误差 $m_{\Delta X}$、$m_{\Delta Y}$、m_P 分别为多少？

解：

$$\Delta X=D\cos\alpha$$
$$\Delta Y=D\sin\alpha$$
$$\frac{\partial\Delta X}{\partial D}=\cos\alpha\qquad \frac{\partial\Delta X}{\partial\alpha}=-D\sin\alpha=-\Delta Y$$

$$\frac{\partial \Delta Y}{\partial D} = \sin\alpha \quad \frac{\partial \Delta Y}{\partial \alpha} = D\cos\alpha = \Delta X$$

由式(5-19)得：

$$m_{\Delta X}^2 = \cos^2\alpha m_D^2 + (-\Delta Y)^2 \left(\frac{m''_\alpha}{\rho''}\right)^2$$

$$m_{\Delta Y}^2 = \sin^2\alpha m_D^2 + (\Delta X)^2 \left(\frac{m''_\alpha}{\rho''}\right)^2$$

$$m_P^2 = m_{\Delta X}^2 + m_{\Delta Y}^2 = m_D^2 + D^2 \left(\frac{m''_\alpha}{\rho''}\right)^2$$

式中，$\rho''=206\ 265''$。

［**例 5-5**］ 视距测量中，设有独立观测值倾角 δ、尺间隔 l，其中误差分别为 m_δ(以“秒”为单位)、m_l，设视距乘常数 $k=100$，无误差，则视距高差主值 h、平距 D 的中误差为多少？

解：

$$h=\frac{1}{2}kl\sin 2\delta$$

$$D = kl\cos^2\delta$$

$$\frac{\partial h}{\partial l} = \frac{1}{2}kl\sin 2\delta = h/l$$

$$\frac{\partial h}{\partial \delta} = kl\cos 2\delta$$

$$\frac{\partial D}{\partial l} = k\cos^2\delta = D/l$$

$$\frac{\partial D}{\partial \delta} = -kl\sin 2\delta = -2h$$

由式(5-19)得：

$$m_h^2 = (h/l)^2 \cdot m_l^2 + (kl\cos 2\delta)^2\ (m''_\delta/\rho'')^2$$

$$m_D^2 = (D/l)^2 \cdot m_l^2 + 4h^2\ (m''_\delta/\rho'')^2$$

［**例 5-6**］ 水准测量中，已知每站高差测量的中误差为 m_h，设每站高差均等精度观测，试导出每千米高差中误差与 S km 高程中误差的关系式。

解：

$$H = H_0 + h_1 + h_2 + \cdots + h_n \tag{5-20}$$

依题意得：$m_{h_1} = m_{h_2} = \cdots = m_{h_n} = m_h$，由式(5-19)得($H_0$为无误差的起始高程)

$$m_H = \sqrt{n}m_h \tag{5-21}$$

设每站水准路线长度为 s，n 站水准路线共观测 S km，则 $n=S/s$，将 n 代入式(5-21)得：

$$m_H = \frac{m_h}{\sqrt{s}}\sqrt{S} \tag{5-22}$$

显然，若 $S=l$ km，则 $m_H=m_h/\sqrt{s}$，故称 $m_h/\sqrt{s}$ 为每千米高差中误差，定义 $m_{h0}=m_h/\sqrt{S}$，

$$m_H = m_{h_0}\sqrt{S} \tag{5-23}$$

式(5-23)即为所求关系式。如已知 $m_h=\pm 4$ mm，$s=250$ m$=0.250$ km，则 $m_{h0}=m_h/\sqrt{s}=\pm 8$ mm；观测 $S=4$ km 时，终点高程的中误差为 $m_H=m_{h0}\sqrt{S}=\pm 16$ mm。

第六章

控制测量

第一节　概　　述

一、控制测量的作用和布网原则

在大地上进行的各种测绘和测设工作，都需要一定数量的点位(坐标)已知、埋设稳固的固定点作为展开测量工作的基准点。这些坐标(或高程)已知的、埋设稳固的基准点，测量上称为控制点。建立这些控制点的工作称为控制测量。控制测量的作用可以归纳为以下几点：

(1) 控制测量是各项测量工作的基础。如在测图时，由控制测量提供测站点；又如在放样道路曲线时，由控制点提供标准方向测设曲线偏角。

(2) 控制测量具有控制全局的作用。如统一坐标系统的控制网在测绘地形图时，控制测量保证各图幅之间的正确拼接；在大型设备安装时，可使各部件之间准确地安装到设计要求的相对位置。

(3) 限制测量误差的传递和积累。任何测量都不可避免地带有误差，如水准测量、导线测量等，每站都会产生误差。这些误差会一站站地传递下去并累积起来，使后面点的点位误差变得越来越大。控制测量使我们工程的待测点附近都有了控制点，而无须通过遥远的路线去引测坐标。

控制测量是通过建立控制网精确测定控制点坐标的。用以确定点的平面位置 X、Y 的控制网为平面控制网。传统的平面控制网以三角网、导线网应用最多，此外还有三边网、边角网等。当代多用卫星定位测量方法。确定点的高程位置 H 的控制网称为高程控制网。高程控制网以水准网为主，在布设水准网困难地区也可使用三角高程测量的方法传递高程。

为了在建网和使用过程中最大限度地节约人力、物力资源和时间，满足不同地区经济建设对控制网精度、密度的不同需求，同时满足我国国家控制网对全国定位起到全局的、整体的、统一的基准作用，我国国家控制网的建设遵循着如下建网原则：① 先整体、后局部，分级布网、逐级控制；② 要有足够的精度；③ 要有足够的密度；④ 要有统一的规格。国家有关部门专门制定了各种测量规范，作为测绘工作的法规性文件，以保证上述原则的贯彻和实施。

二、国家控制网

（一）国家平面控制网

国家平面控制网分为一、二、三、四等四个等级。早期一等控制以三角锁为主，在全国范围内按经纬度布设成锁网状，如图 6-1 所示。二等平面控制在一等锁环内布设成全面网，如图 6-2 所示。三、四等平面控制分别是上一级网的加密，如图 6-3、图 6-4 所示。一等锁在全国范围内统一完成，以下各级网的加密或改造根据使用的主次缓急逐级分期进行。

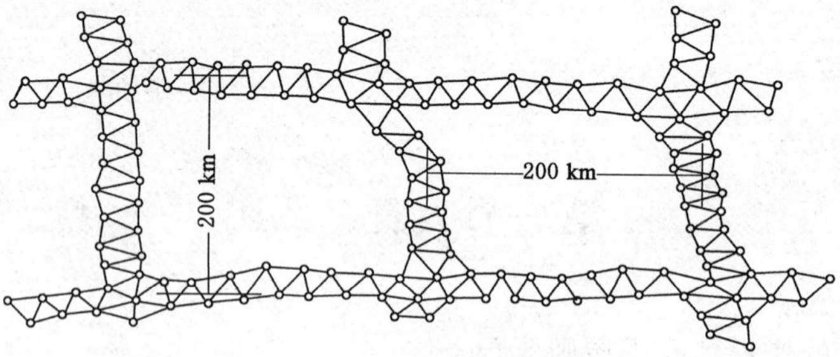

图 6-1　国家一等控制网(锁)

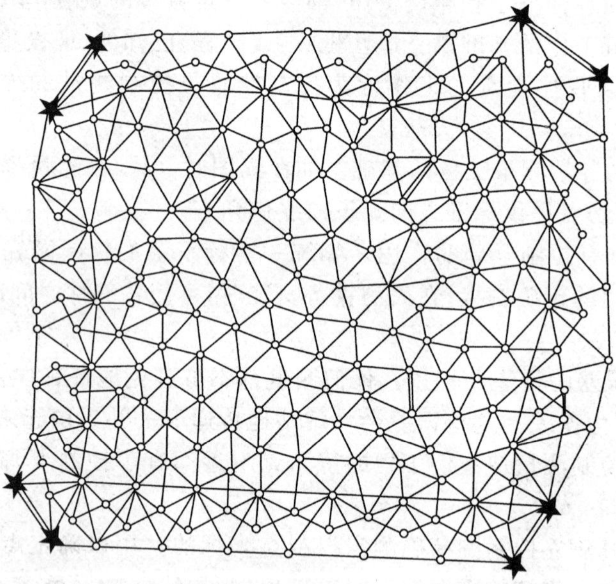

图 6-2　国家二等控制(全面)网

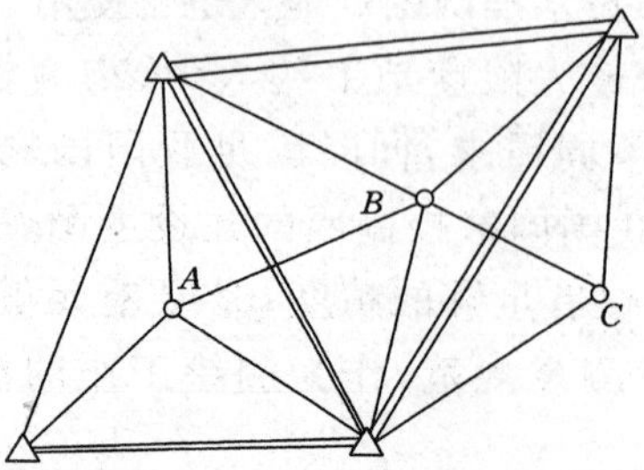

图 6-3　国家三、四等插点控制网

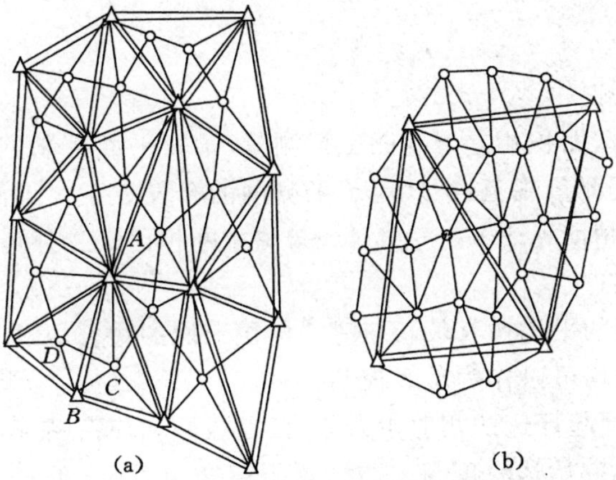

图 6-4 国家三、四等加密控制网

国家平面控制网的布设规格及其精度见表 6-1。

表 6-1 **国家平面控制网的布设规格及精度**

等级	边长		图形强度限制				测角中误差	三角形最大闭合差	起算元素精度		最弱边边长相对中误差 $\pm\frac{m_S}{S}$
	边长范围/km	平均边长/km	单三角形任意角	中点多边形任意角	大地四边形任意角	个别最小角			起算边边长相对中误差 $\frac{m_b}{b}$	天文观测	
一	15～45	平原 20，山区 25	40°	30°	30°		±0.7″	2.5″	1∶350 000	$m_\alpha\leqslant\pm0.5''$ $m_\gamma\leqslant\pm0.5''$ $m_\varphi\leqslant\pm0.5''$	1∶150 000
二	10～18	13	30°	30°		25°	±1.0″	3.5″	1∶350 000	与一等相同	1∶150 000
三		8	30°	30°		25°	±1.8″	7.0″			1∶80 000
四	2～6		30°	30°		25°	±2.5″	9.0″			1∶40 000

（二）国家高程控制网

国家高程控制网是按照国家水准测量规范建立的，也称为国家水准网。国家水准网布设成一、二、三、四等四个等级。其布设采用由高级到低级，从整体到局部，逐渐控制，逐级加密的原则。布设规格及精度见表 6-2。

表 6-2 **我国各级水准网布设规格及精度**

等级		环线周长/km	附合路线长/km	M_Δ/mm	M_ω/nm
一等	平原、丘陵	1 000～1 500	—	≤±0.5	≤±1.0
	山地	2 000	—		
二等		500～750	—	≤±1.0	≤±2.0
三等		300	200	≤±3.0	≤±6.0
四等		—	80	≤±5.0	≤±10.0

三、工程控制网

（一）工程平面控制

对于种类繁多、测区面积相差悬殊的工程测量，国家平面控制网的等级、密度等往往显得不适应。因此，《工程测量规范》中规定了工测网的布设方案。工测网的布设原则与国家网相同，其布设规格和精度见表 6-3、表 6-4。与国家网相比，工测网具有如下特点：

(1) 工测网等级多；

(2) 各等级控制网的平均边长较相应等级的国家网的边长短，即点的密度大；

(3) 各等级控制网均可以作为首级控制；

(4) 三、四等三角网起算边的相对中误差，按首级网和加密网分别对待。

这样，独立建网时，起始边精度与电磁波测距精度相适应；在上一级网的基础上加密建网时，可以利用上一级网的最弱边作为起始边。

表 6-3　　三角测量的主要技术要求

等级		平均边长/km	测角中误差/(″)	起始边边长相对中误差	最弱边边长相对中误差	测回数			三角形最大闭合差/(″)
						DJ_1	DJ_2	DJ_6	
二等		9	1	≤1/250 000	≤1/120 000	12	—		3.5
三等	首级	4.5	1.8	≤1/150 000	≤1/70 000	6	9	—	7
	加密			≤1/120 000					
四等	首级	2	2.5	≤1/100 000	≤1/40 000	4	6	—	9
	加密			≤1/70 000					
一级小三角		1	5	≤1/40 000	≤1/20 000	—	2	4	15
二级小三角		0.5	10	≤1/20 000	≤1/10 000	—	1	2	30

表 6-4　　导线测量的主要技术要求

等级	导线长度/km	平均边长/km	测角中误差/(″)	测距中误差/mm	测距相对中误差	测回数			方位角闭合差/(″)	相对闭合差
						DJ_1	DJ_2	DJ_6		
三等	14	3	1.8	20	≤1/150 000	6	10	—	$3.6\sqrt{n}$	≤1/55 000
四等	9	1.5	2.5	18	≤1/80 000	4	6	—	$5\sqrt{n}$	≤1/35 000
一级	4	0.5	5	15	≤1/30 000	—	2	4	10	≤1/15 000
二级	2.4	0.25	8	15	≤1/14 000	—	1	3	$16\sqrt{n}$	≤1/10 000
三级	1.2	0.1	12	15	≤1/7 000	—	1	2	$24\sqrt{n}$	≤1/5 000

（二）工程高程控制

较小区域或工程的高程控制，根据《工程测量规范》分为二、三、四、五等四个等级水准。它是大比例尺测图以及各种工程测量的高程控制，其主要技术要求见表 6-5。水准点间的距离，一般地区应为 1～3 km，工厂区应不小于 1 km。一个测区至少设立三个水准点。在山区无法进行水准测量时，也可以在一定数量水联点（水准联测点）的控制下，布设三角高程路线或三角高程网进行高程控制测量。

表 6-5 水准测量的主要技术要求

等级	每千米高差全中误差/mm	路线长度/km	水准仪的型号	水准尺	观测次数		往返较差、附合或环线闭合差	
					与已知点联测	附合或环线	平地/mm	山地/mm
二等	2	—	DS_1	因瓦	往返各一次	往返各一次	$4\sqrt{L}$	—
三等	6	≤50	DS_1	因瓦	往返各一次	往一次	$12\sqrt{L}$	$4\sqrt{n}$
			DS_3	双面		往返各一次		
四等	10	≤16	DS_3	双面	往返各一次	往一次	$20\sqrt{L}$	$6\sqrt{n}$
五等	15	—	DS_3	双面	往返各一次	往一次	$30\sqrt{L}$	—

四、图根控制网

直接以测图为目的而建立的控制网，称为图根控制网。图根控制网的控制点称为图根点。图根控制网应尽可能与国家网、工程网相连接，形成统一的坐标系统。个别地区连接有困难时，也可以建立独立的图根控制网。图根点的密度和精度主要根据测图比例尺和测图方法确定。表 6-6 是对平坦开阔地区、平板仪测图图根点密度所做的规定。对山地或通视困难，地貌、地物复杂地区，图根点密度可适当增大。图根控制网测量的主要技术要求见表 6-7、表 6-8。

表 6-6 图根点密度的规定

测图比例尺	1∶500	1∶1 000	1∶2 000	1∶5 000
图根点个数/km²	150	50	15	5
每幅图图根点个数	9～10	12	15	20

表 6-7 图根三角测量的主要技术要求

边长/m	测角中误差/(″)	三角形个数	DJ_6 测回数	三角形最大闭合差/(″)	方位角闭合差/(″)
≤1.7 测图最大视距	20	≤1.3	1	60	$40\sqrt{n}$

表 6-8 图根导线测量的主要技术要求

导线长度/m	相对闭合差	边长/m	测角中误差/(″)		DJ_6 测回数	方位角闭合差/(″)	
			一般	首级控制		一般	首级控制
≤1 000	≤1/2 000	≤1.5 测图最大视距	30	20	1	$60\sqrt{n}$	$40\sqrt{n}$

第二节 导线测量

一、概述

将测区内相邻控制点连成直线而构成的折线，称为导线。这些控制点，称为导线点。导线测量就是依次测定各导线边的长度和各转折角值，根据起始点坐标和起始边的坐标方位角，推算各边的坐标方位角，从而求出各导线点的坐标。用经纬仪测量转折角，用钢尺测定边长的导线，称为经纬仪导线；若用光电测距仪测定导线边长，则成为电磁波测距导线。

导线测量是建立小区域平面控制网常用的一种方法。特别是地物分布较复杂的建筑区、视线障碍较多的隐蔽区和带状地区，多采用导线测量的方法。根据测区的不同情况和要求，导线可布设成下列三种形式。

(一) 闭合导线

起讫于同一已知点的导线，称为闭合导线。如图 6-5 所示，导线从已知高级控制点 A 和已知方向 AB 出发，经过点 1、点 2、点 3、点 4、点 5、点 6、点 7，最后仍回到起始点 A，形成一闭合多边形。它本身存在着严密的几何条件，具有检核作用。

(二) 附合导线

布设在两已知点间的导线，称为附合导线。如图 6-6 所示，导线从一高级控制点 A 和已知方向 BA 出发，经过点 1、点 2、点 3、点 4，最后附合到另一已知高级控制点 C 和已知方向 CD。此种布设形式，具有检核观测成果的作用。

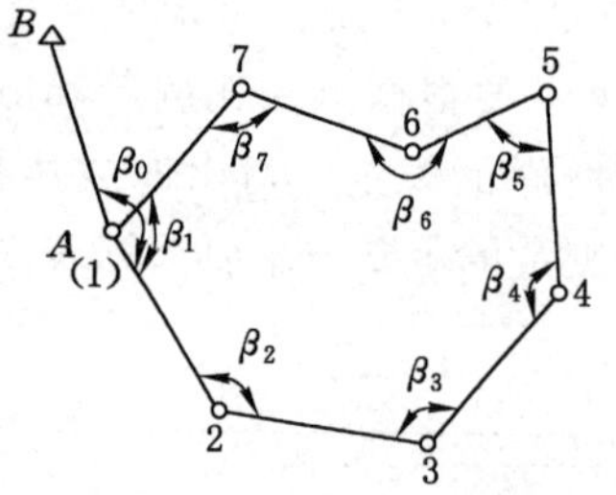

图 6-5 闭合导线

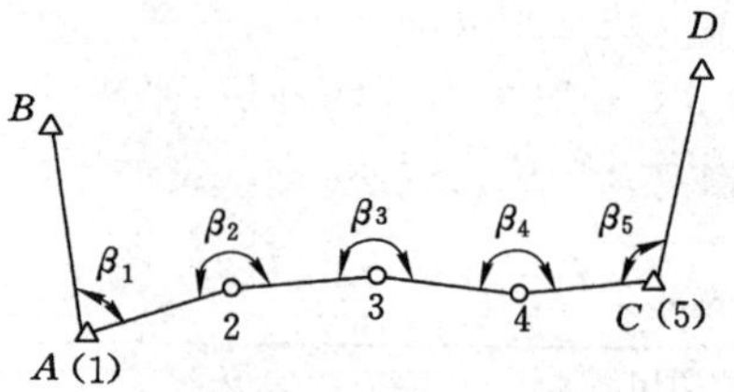

图 6-6 附合导线

(三) 支导线

由一已知点和已知边的方向出发，既不附和到另一已知点，又不回到原起始点的导线，称为支导线。因支导线缺乏检核条件，故其边数一般不超过 4 条。

二、导线测量的外业工作

导线测量的外业工作包括踏勘、选点及建立标志，量边，测角和联测，分述如下。

(一) 踏勘、选点及建立标志

选点前应调查收集测区已有地形图和高一级的控制点的成果资料，把控制点展绘在地形图上，然后在地形图上拟定导线的布设方案，最后到野外去踏勘，实地核对、修改、落实点位和建立标志。如果测区没有地形图资料，则需详细踏勘现场，根据已知控制点的分布、测区地形条件及测图和施工需要等具体情况，合理地选定导线点的位置。实地选点时，应注意下列几点：

(1) 相邻点间通视良好，地势较平坦，便于测角和量距。

(2) 点位应选在土质坚实处，便于保存标志和安置仪器。

(3) 视野开阔，便于施测碎部。

(4) 导线各边的长度应大致相等。

(5) 导线点应有足够的密度，分布较均匀，便于控制整个测区。

导线点选定后，要在每一点位上打一个木桩，其周围浇灌一圈混凝土(图 6-7)，桩顶钉一小钉，作为临时性标志。若导线点需要保存的时间较长，就要埋设混凝土桩(图 6-8)或石桩，刻“十桩顶”字，作为永久性标志。导线点应统一编号。

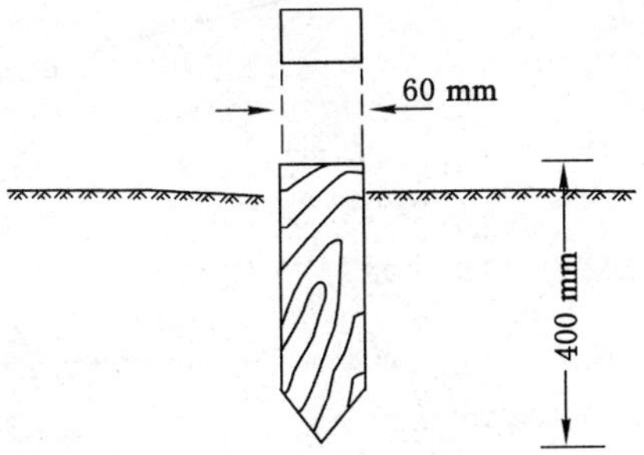

图 6-7　导线点标示

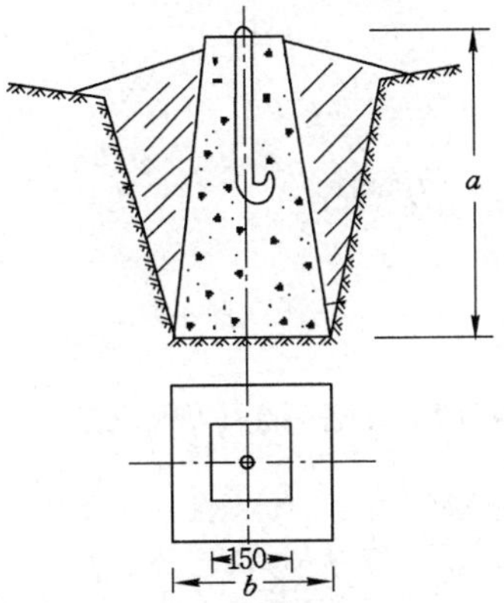

图 6-8　永久导线点

为了便于寻找，应量出导线点与附近固定而明显的地物点的距离，绘制草图，注明尺寸，称为点之记，如图 6-9 所示。

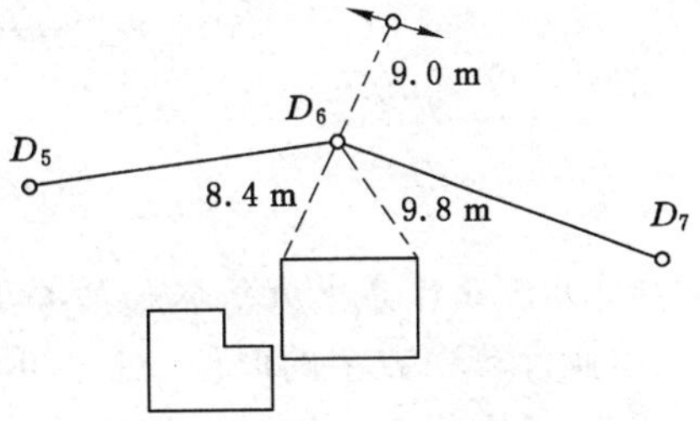

图 6-9　点之记

(二) 量边

导线边长可用光电测距仪测定，测量时要同时观测竖直角，供倾斜改正之用。若用钢尺丈量，钢尺必须经过检定。对于图根导线，用一般方法往返丈量或同一方向丈量两次；当尺长改正数大于 1/10 000时，应加尺长改正；量距时平均尺温与检定时温度相差±10 ℃时，应进行温度改正；尺面倾斜大于 1.5%时，应进行倾斜改正；取其往返丈量的平均值作为成果，并要求其相对误差不大于 1/3 000。

(三) 测角

用测回法施测导线左角(位于导线前进方向左侧的角)或右角(位于导线前进方向右侧的角)。在附和导线中，一般量测导线左角；在闭合导线中均测内角。若闭合导线按反时针方向编号，则其左角就是内角。测角时，为了便于瞄准，可在已埋设的标志上用三根杆子吊一个大铅锤(图 6-10)，或用测钎、觇牌作为照准标志。

(四) 联测

如图 6-11 所示导线与高级控制点连接。必须观测连接角 β_A、β_1，连接边 D_{A1}，作为传递坐标方位角和坐标之用。如果附近无高级控制点，则应用罗盘仪施测导线起始边的磁方位角，并假定起始点的坐标作为起算数据。

三、导线测量的内业计算

导线测量内业计算的目的就是计算各导线点的坐标。计算之前，应全面检查导线测量外业记录，确定数据是否齐全，有无记错、算错，成果是否符合精度要求，起算数据是否准确。

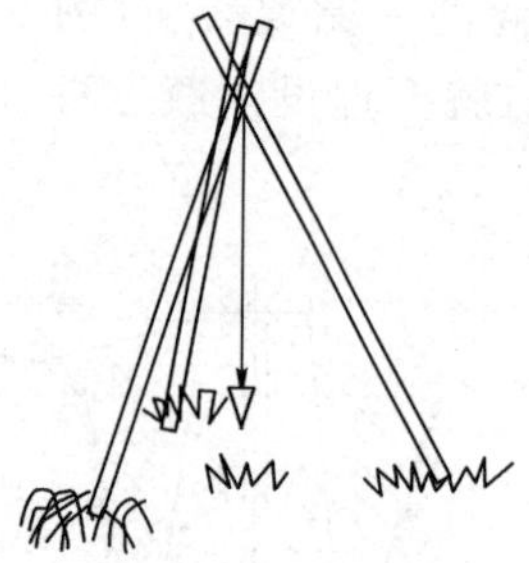

图 6-10　照准标志

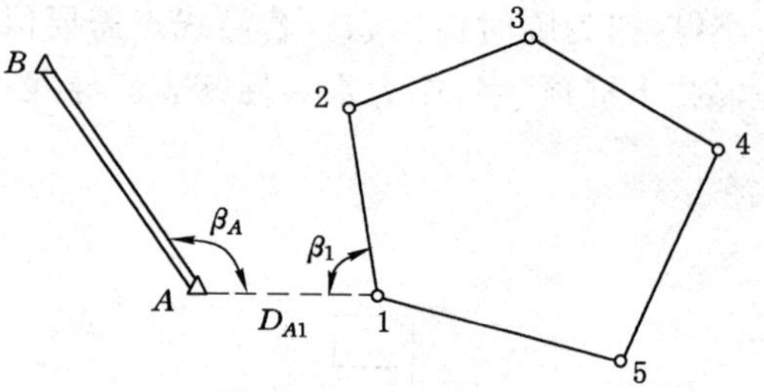

图 6-11　导线联测

然后绘制导线略图，把各项数据注于图上相应位置，如图 6-12 所示。

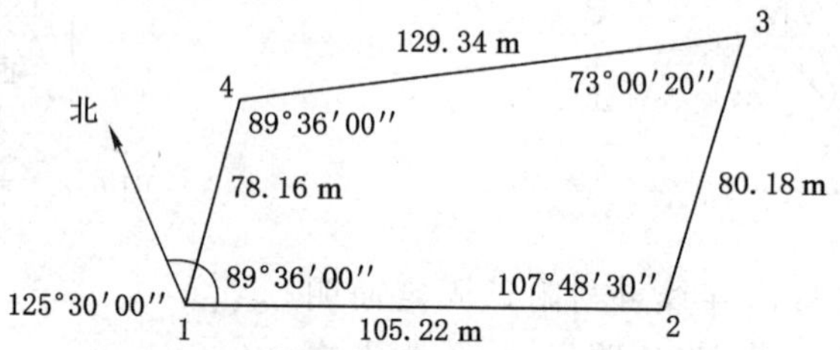

图 6-12　导线测量的内业计算

（一）内业计算中数字取位的要求

内业计算中数字的取位，对于四等以下的小三角及导线，角值取至秒，边长及坐标取至毫米。对于图根三角锁及图根导线，角值取至秒，边长和坐标取至厘米。

（二）闭合导线的坐标计算

现以图 6-12 中的实测数据为例，说明闭合导线坐标计算的步骤。

1. 准备工作

将校核过的外业观测数据及起算数据填入闭合导线坐标计算表（表 6-9）中，起算数据用下划线标明。

2. 角度闭合差的计算与调整

n 边形闭合导线内角和的理论值为

$$\sum \beta_{理} = (n-2) \cdot 180° \tag{6-1}$$

观测角不可避免地含有误差，致使实测的内角之和 $\sum \beta_{测}$ 不等于理论值，而产生角度闭合差 f_β，为

$$f_\beta = \sum \beta_{测} - \sum \beta_{理} \tag{6-2}$$

各级导线角度闭合差的容许值 $f_{\beta_{容}}$，见表 6-4 及表 6-8。f_β 超过 $f_{\beta_{容}}$，则说明所测角度不符合要求，应重新检测角度。若 f_β 不超过 $f_{\beta_{容}}$，可将闭合差反符号平均分配到各观测角中，改正后之内角和应为$(n-2) \cdot 180°$，本例应为 360°，以做计算校核。

表 6-9 **闭合导线坐标计算表**

点号	观测角左角 /(° ′ ″)	改正数 /(″)	改正角 /(° ′ ″)	坐标方位角 /(° ′ ″)	距离 /m	坐标增量 Δx/m	坐标增量 Δy/m	改正后的坐标增量 $\Delta \hat{x}$/m	改正后的坐标增量 $\Delta \hat{y}$/m	坐标值 $\hat{x}$/m	坐标值 $\hat{y}$/m	点号
1	2	3	4	5	6	7	8	9	10	11	12	13
1										506.32	215.65	1
				125 30 00	105.22	−2 −61.10	+2 +85.66	−61.12	+85.68			
2	107 48 30	+13	107 48 43							445.20	301.33	2
				53 18 43	80.18	−2 +47.90	+2 +64.30	+47.88	+64.32			
3	73 00 20	+12	73 00 32							493.08	365.65	3
				306 19 15	129.34	−3 +76.61	+2 −104.21	+76.58	−104.19			
4	89 33 50	+12	89 34 02							569.66	261.46	4
				215 53 17	78.16	−2 −63.32	+1 −45.82	−63.34	−45.81			
1	89 36 30	+13	89 36 43							506.32	215.65	1
				125 30 00								
2												
总和	359 59 10	+50	360		392.90	+0.09	−0.07	0.00	0.00			
辅助计算	$\sum \beta_{测} = 359°59'10''$ $\sum \beta_{理} = 360°$ $f\beta = \sum \beta_{理} - \sum \beta_{测} = 50''$ $f\beta_{容} = \pm 60''\sqrt{n} = \pm 120''$			$f_x = \sum \Delta x_{测} = 0.09$ m 导线全长闭合差 $f = \sqrt{f_x^2 + f_y^2} = 0.11$ m 导线相对闭合差 $K = \dfrac{1}{\sum D / f_D} \approx \dfrac{1}{3\,500}$ 容许相对闭合差 $K_{容} = 1/2\,000$			$f_y = \sum \Delta y_{测} = -0.07$ m					

3. 用改正后的导线左角或右角推算各边的坐标方位角

根据起始边的已知坐标方位角及改正角按下列公式推算其他各导线边的坐标方位角。

$$\alpha_{前} = \alpha_{后} + 180° + \beta_{左}(\text{适用于测左角}) \tag{6-3}$$

$$\alpha_{前} = \alpha_{后} + 180° - \beta_{右}(\text{适用于测右角}) \tag{6-4}$$

本例观测左角，按式(6-3)推算出导线各边的坐标方位角，列入表 6-9 的第 5 栏。在推算过程中必须注意：

(1) 如果算出的 $\alpha_{前}$ 大于 360°，则应减去 360°。

(2) 用式(6-4)计算时，如果$(\alpha_{后} + 180°) < \beta_{右}$，则应加 360°再减 $\beta_{右}$。

(3) 闭合导线各边坐标方位角的推算，最后推算出起始边坐标方位角，它应与原有的已知坐标方位角值相等，否则应重新检查计算。

4. 坐标增量的计算及闭合差的调整

(1) 坐标增量的计算

如图 6-13 所示，设点的坐标 x_1、y_1 和 1—2 边的坐标方位角 α_{12} 均为已知，边长 D_{12} 也已测得，则点 2 的坐标为

$$\left.\begin{aligned} x_2 &= x_1 + \Delta x_{12} \\ y_2 &= y_1 + \Delta y_{12} \end{aligned}\right\}$$

式中，Δx_{12}、Δy_{12}称为坐标增量，也就是直线两端点的坐标值之差。上式说明，欲求待定点的坐标，必须先求出坐标增量。根据图 6-13 中的几何关系，可写出坐标增量的计算公式

$$\left.\begin{aligned}\Delta x_{12} &= D_{12}\cos\alpha_{12}\\ \Delta y_{12} &= D_{12}\sin\alpha_{12}\end{aligned}\right\} \tag{6-5}$$

式(6-5)中 Δx 及 Δy 的正负号，由 $\cos\alpha$ 及 $\sin\alpha$ 的正负号决定。本例按式(6-5)所算得的坐标增量，填入表 6-9 的第 7、8 两栏中。

(2) 坐标增量闭合差的计算与调整

从图 6-14 中可以看出，闭合导线纵横坐标增量代数和的理论值应为零，即

$$\left.\begin{aligned}\sum\Delta x_{理} &= 0\\ \sum\Delta y_{理} &= 0\end{aligned}\right\} \tag{6-6}$$

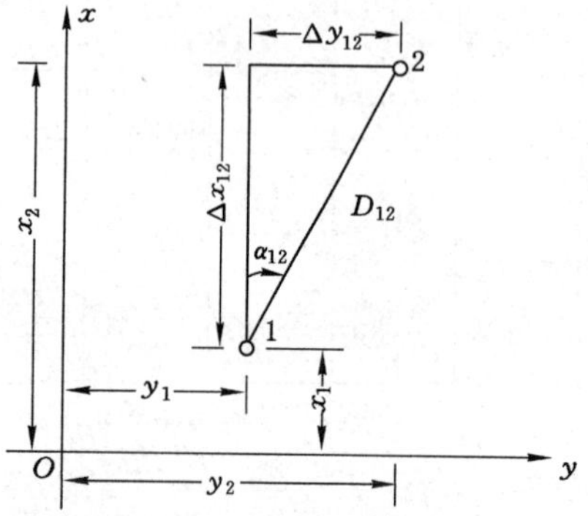

图 6-13 坐标增量计算(1)

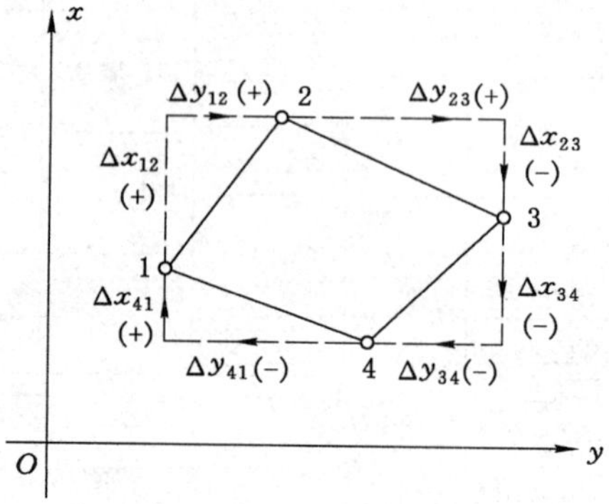

图 6-14 坐标增量计算(2)

实际上，由于存在量边的误差和角度闭合差调整后的残余误差，往往 $\sum\Delta x_{测}$、$\sum\Delta y_{测}$ 不等于零，而产生纵坐标增量闭合差 f_x 与横坐标增量闭合差 f_y，即

$$\left.\begin{aligned}f_x &= \sum\Delta x_{测}\\ f_y &= \sum\Delta y_{测}\end{aligned}\right\} \tag{6-7}$$

从图 6-15 中明显看出，由于 f_x、f_y 的存在，导线不能闭合。1—1′之长度 f_D 称为导线全长闭合差，并用下式计算

$$f_D = \sqrt{f_x^2 + f_y^2} \tag{6-8}$$

仅从 f_D 值的大小还不能显示导线测量的精度，应当将 f_D 与导线全长 $\sum D$ 相比，以分子为 1 的分数来表示导线全长相对闭合差，即

$$K = \frac{f_D}{\sum D} = \frac{1}{\dfrac{\sum D}{f_D}} \tag{6-9}$$

以导线全长相对闭合差 K 来衡量导线测量的精度，K 的分母越大，精度越高。不同等级的导线全长相对闭合差的容许值 $K_{容}$已列入表 6-4 和表 6-8。若 $K>K_{容}$，则说明成果不合格，首先应检查内业计算有无错误，然后检查外业观测成果，必要时重测；若 $K\leqslant K_{容}$，则说明符合精度要求，可以进行调整，即将 f_x、f_y 反其符号按边长成正比分配到各边的纵、横

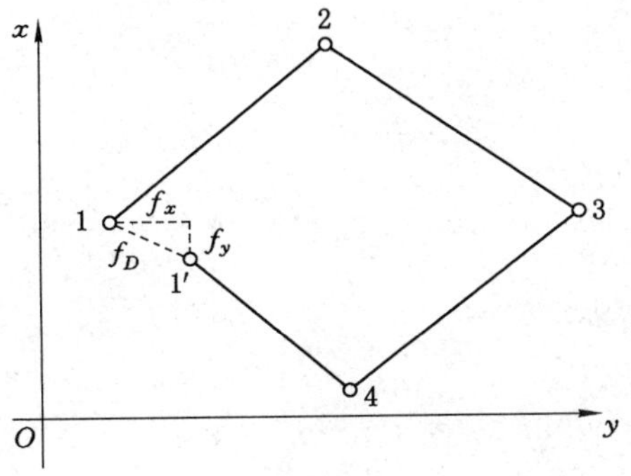

图 6-15 坐标闭合差

坐标增量中去。以 V_{x_i}、V_{y_i} 分别表示第 i 边的纵、横坐标增量改正数，即

$$\left.\begin{aligned} V_{x_i} &= \frac{f_x}{\sum D}\cdot D_i \\ V_{y_i} &= \frac{f_y}{\sum D}\cdot D_i \end{aligned}\right\} \tag{6-10}$$

纵、横坐标增量改正数之和应满足下式

$$\left.\begin{aligned} \sum V_x &= -f_x \\ \sum V_y &= -f_y \end{aligned}\right\} \tag{6-11}$$

算出的各增量改正数(取位到 cm)填入表 6-9 中的 7、8 两栏增量计算值的右上方(如 −2、+2 等)。各边增量值加改正数，即得各边的改正后增量。改正后纵、横坐标增量之代数和应分别为零，以此计算校核。

5. 计算各导线点的坐标

根据起点 1 的已知坐标(本例为假定值：$x_l=506.32$ m，$y_l=215.65$ m)及改正后增量，用下式依次推算 2、3、4 各点的坐标

$$\left.\begin{aligned} x_{前} &= x_{后} + \Delta x_{改} \\ y_{前} &= y_{后} + \Delta y_{改} \end{aligned}\right\} \tag{6-12}$$

最后还应推算起点 1 的坐标，其值应与原有的数值相等，以作校核。这里顺便指出，上面所介绍的根据已知点的坐标、已知边长和已知坐标方位角计算待定点坐标的方法，称为坐标正算。如果已知两点的平面直角坐标，反算其坐标方位角和边长，则称为坐标反算(见本书第一章第四节)。

(三) 附合导线的坐标计算

附合导线的坐标计算步骤与闭合导线相同，仅由于两者形式不同，而使得角度闭合差与坐标增量闭合差的计算稍有区别。下面着重介绍其不同点。

1. 角度闭合差的计算

设有附合导线如图 6-16 所示，用式(6-4)根据起始边已知坐标方位角 α_{BA} 及观测的右角(包括连接角 β_A 和 β_C)可以算出终边 CD 的坐标方位角 α'_{CD}。

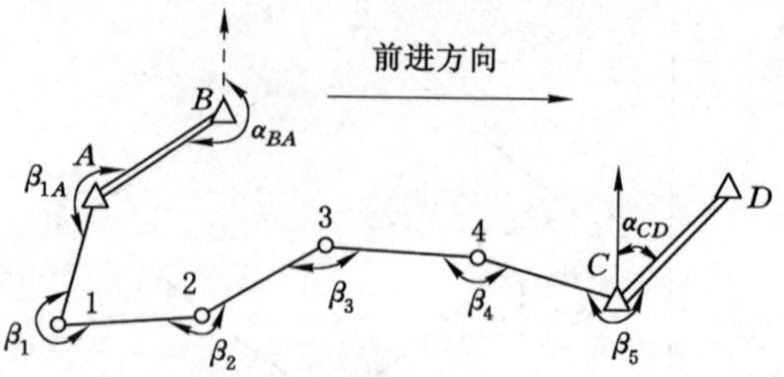

图 6-16 附合导线

$$\alpha_{A1}=\alpha_{BA}+180°-\beta_A$$
$$\alpha_{12}=\alpha_{A1}+180°-\beta_1$$
$$\alpha_{23}=\alpha_{12}+180°-\beta_2$$
$$\alpha_{34}=\alpha_{23}+180°-\beta_3$$
$$\alpha_{4C}=\alpha_{34}+180°-\beta_4$$
$$\alpha'_{CD}=\alpha_{4C}+180°-\beta_5$$
$$\alpha'_{CD}=\alpha_{BA}+6\times180°-\sum\beta_{测}$$

写成一般公式，为：

$$\alpha'_{终}=\alpha_{始}+n\cdot180°-\sum\beta_{测} \tag{6-13}$$

若观测左角，则按下式计算 $\alpha'_{终}$：

$$\alpha'_{终}=\alpha_{始}+n\cdot180°+\sum\beta_{测} \tag{6-14}$$

角度闭合差 f_β 用下式计算：

$$f_\beta=\alpha'_{终}-\alpha_{终} \tag{6-15}$$

关于角度闭合差 f_β 的调整，当用左角计算 $\alpha'_{终}$ 时，改正数与 f_β 反号；当用右角计算 $\alpha'_{终}$ 时，改正数与 f_β 同号。

2. 坐标增量闭合差的计算

按附合导线的要求，各边坐标增量代数和的理论值应等于终、始两点的已知坐标之差，即：

$$\left.\begin{aligned}\sum\Delta x_{理}&=x_{终}-x_{始}\\\sum\Delta y_{理}&=y_{终}-y_{始}\end{aligned}\right\} \tag{6-16}$$

按式(6-5)计算 $\Delta x_{测}$ 和 $\Delta y_{测}$，则纵、横坐标增量闭合差按下式计算：

$$\left.\begin{aligned}f_x&=\sum\Delta x_{测}-(x_{终}-x_{始})\\f_y&=\sum\Delta y_{测}-(y_{终}-y_{始})\end{aligned}\right\} \tag{6-17}$$

附合导线的导线全长闭合差、全长相对闭合差和容许相对闭合差的计算，以及坐标闭合差的调整，与闭合导线相同。

第三节 交会法测定点位

平面控制网是同时测定一系列点的平面坐标网，但在测量中往往会遇到只需要确定一个或两个点的平面坐标，如增设个别图根点，这时可以根据已有控制点，采用交会法确定点的平面坐标。

一、前方交会法

所谓前方交会法，就是在两个已知控制点上观测角度通过计算求得待定点的坐标值。在图 6-17 中，A、B 为已知控制点，P 为待定点。为了确定 P 点的坐标，我们在已知控制点上安置经纬仪，测出 α 和 β 角，则 P 点坐标计算方法如下。

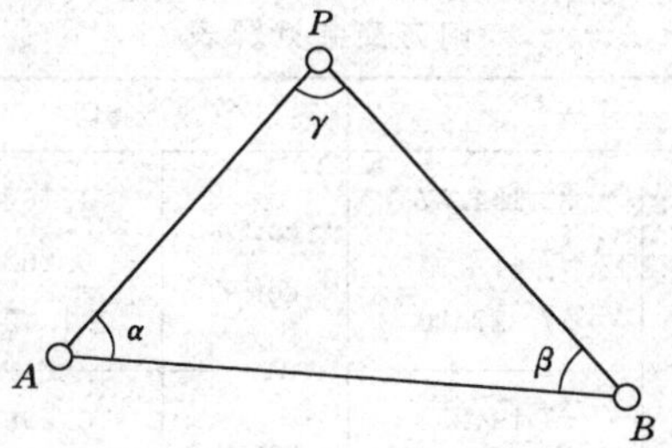

图 6-17 前方交会

根据坐标反算法，求得 AB 的坐标方位角及其长度。

$$\alpha_{AB} = \arctan \frac{y_B - y_A}{x_B - x_A}$$

$$D_{AB} = \sqrt{(y_B - y_A)^2 + (x_B - x_A)^2}$$

由图 6-17 可以看出，AP 和 BP 的坐标方位角为：

$$\alpha_{AP} = \alpha_{AB} - \alpha$$

$$\alpha_{BP} = \alpha_{AB} + 180^\circ + \beta = \alpha_{BA} + \beta$$

在$\triangle ABP$ 中，用正弦公式可求得 AP 和 BP 的长度，即：

$$D_{AP} = \frac{D_{AB} \sin \beta}{\sin(\alpha + \beta)}$$

$$D_{BP} = \frac{D_{AB} \sin \alpha}{\sin(\alpha + \beta)}$$

所以，运用极坐标计算公式求得 P 点坐标。当然可以从不同的点分别计算，即：

$$\left.\begin{aligned} x'_P &= x_A + D_{AP} \cos \alpha_{AP} \\ y'_P &= y_A + D_{AP} \sin \alpha_{AP} \end{aligned}\right\} \tag{6-18}$$

同理可得：

$$\left.\begin{aligned} x''_P &= x_B + D_{BP} \cos \alpha_{BP} \\ y''_P &= y_B + D_{BP} \sin \alpha_{BP} \end{aligned}\right\} \tag{6-19}$$

如果计算无误，应该是 $x'_P = x''_P$，$y'_P = y''_P$，以此作为检核。为了适合计算机计算，也可以用余切公式计算 P 点的坐标：

$$
\left.\begin{aligned}
x_P &= \frac{x_A\cot\beta + x_B\cot\alpha - y_A + y_B}{\cot\alpha + \cot\beta} \\
y_P &= \frac{y_A\cot\beta + y_B\cot\alpha - x_A + x_B}{\cot\alpha + \cot\beta}
\end{aligned}\right\} \tag{6-20}
$$

为了防止角度测错，需提高交会精度，前方交会一般应在三个已知控制点上安置经纬仪测角，如图6-18所示。在两个三角形中测得 α_1 和 β_1 以及 α_2 和 β_2，通过两个三角形分别计算待定点 P 的坐标。若两组坐标差在允许范围内，可取其平均值作为待定点 P 的坐标值。图 6-18 为一实测交会图形，现根据测得的交会角，采用余切公式进行计算，见表 6-10。

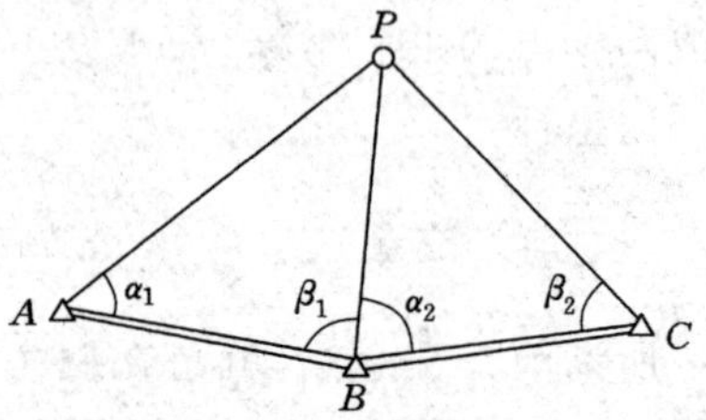

图 6-18 三点前方交会

表 6-10 前方交会计算表

点名	α_β 观测值	X		余切		y	
P	40°41′45″	x_P	37 194.57	$\cot\alpha_1$	1.162 641	y_P	16 226.42
A	75°19′02″	x_A	37 477.54	$\cot\beta_1$	0.262 024	y_A	16 307.24
B		x_B	37 327.20		Σ 1.424 665	y_B	16 078.90
P	59°11′35″	x_P	37 194.54	$\cot\alpha_2$	0.596 284	y_P	16 226.42
B	69°06′23″	x_B	37 477.20	$\cot\beta_2$	0.381 735	y_B	16 078.90
C		x_C	37 163.69		Σ 0.978 019	y_C	16 046.65
		x_P	37 194.56			y_P	16 226.42

二、侧方交会法

侧方交会是在一个已知控制点和待定点上安置经纬仪测角来计算待定坐标的一种方法。在图 6-19 中，A、B 为已知点，P 为待定点，α(或 β)和 γ 为实测角。那么由图 6-19 可以看出：

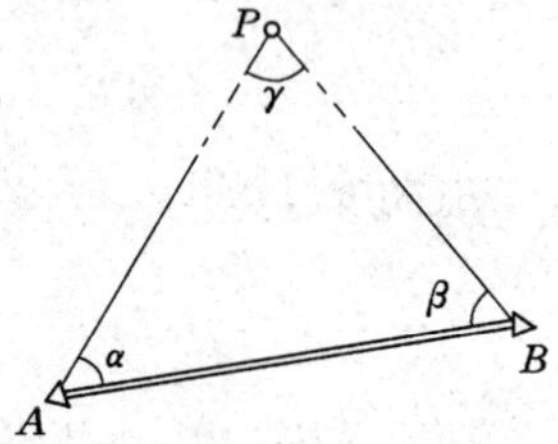

图 6-19 侧方交会

$$\beta = 180° - (\alpha + \gamma)$$

或

$$\alpha = 180° - (\beta + \gamma)$$

如果观测了 α(或 β)和 γ，又算出了 β(或 α)，则可按前方交会计算待定点 P 的坐标。

三、距离交会法(边长交会)

距离交会法，就是在两已知点上分别测定到待定点的距离，进而求待定点的坐标。下面根据图 6-20 介绍其计算方法。

(1) 根据已知 A、B 点坐标，反算 AB 边的边长及其坐标方位角，即：

$$D_{AB} = \sqrt{(y_B - y_A)^2 + (x_B - x_A)^2}$$

$$\alpha_{AB} = \arctan\frac{y_B - y_A}{x_B - x_A}$$

(2) 根据测得的 D_{AP}、D_{BP} 和计算出的 D_{AB}，运用余弦公式，即可求得 α、β：

$$\alpha = \arccos \frac{D_{AB}^2 + D_{AP}^2 - D_{BP}^2}{2D_{AP}D_{AB}}$$

而

$$\beta = \arccos \frac{D_{AB}^2 + D_{BP}^2 - D_{AP}^2}{2D_{BP}D_{AB}}$$

(3) 按式(6-32)计算 P 点的坐标。

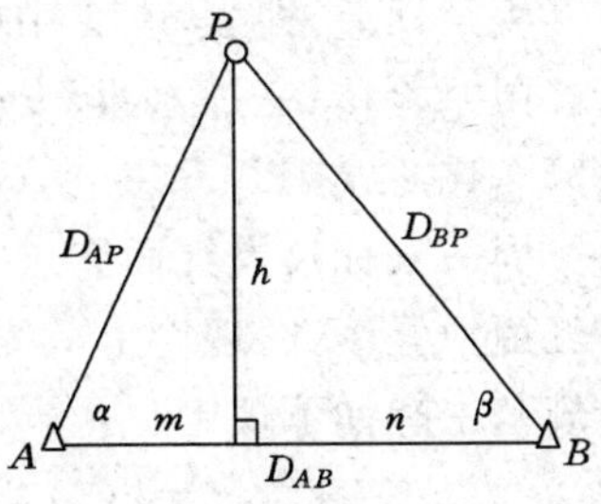

图 6-20 边长交会

为了检核与防止粗差，可采用三边或四边进行交会。

第四节 高程控制测量

高程控制测量主要采用水准测量方法。小区域高程控制测量，根据情况可采用三、四等水准测量和三角高程测量。本节仅对三、四等水准测量和三角高程测量予以介绍。

一、三、四等水准测量

在本章第一节中曾经提到三、四等水准测量是国家高程控制网的一种加密方法，一般在小区域建立首级高程控制网也采用三、四等水准测量。三、四等水准点可以埋设标石，也可以用平面控制点标志代替，即平面控制点和高程控制点共用。三、四等水准测量应从二等水准点上进行引测。有关三、四等水准测量的技术要求见表 6-5。

三、四等水准测量的观测方法、计算和检核说明如下。

(一) 双面标尺法

双面标尺在第二章已进行了介绍。在此强调两点：一是两根标尺的两面零点差不相同，一般是一根为 4687，另一根为 4787；二是两根标尺应成对同时使用。

1. 一个测站上的观测顺序、记录

三等水准测量中一个测站上的观测顺序如下。

第一步：观测后标尺黑面，读上、下、中三丝的读数并记录在表 6-11 中的(1)、(2)、(3)位置；

第二步：观测前标尺的黑面，读上、下、中三丝的读数并记录在表 6-11 中的(4)、(5)、(6)位置；

第三步：观测前标尺的红面，只读中丝的读数并记录在表 6-11 中(7)位置；

第四步：观测后标尺的红面，也只读中丝的读数并记录在表 6-11 中的(8)位置。

上述四步共八个读数。为便于记忆，可把观测顺序归纳为：后—前—前—后。四等水准测量，由于精度较低，因此可以采用后—后—前—前的顺序。

2. 一个测站上的计算与检核

(1) 视距计算与检核

后视距离，即表 6-11 中(9)＝[(1)－(2)]×100。

前视距离，即表 6-11 中(10)＝[(4)－(5)] ×100。

前后视距差，即表 6-11 中(11)＝(9)－(10)。

视距累差，即表 6-11 中(12)本站＝上一站的(12)＋本站(11)。

限差检核：三等水准(9)或(10)≤75 m，(11)≤3 m，(12)≤6 m；四等水准的(9)或(10)≤100 m，(11) ≤5 m，(12)≤10 m。

同一根标尺黑红面零点差检核计算：黑面中丝读数，加黑红面零点差 K(±100 mm)，减去红面中丝读数，理论上应为零。但由于误差的影响，一般不为零，根据误差理论，在水准测量规范中有如下规定：

$$\left\{\begin{aligned}(14) &= (3) + k - (8) \\ (13) &= (6) + k - (7)\end{aligned}\right\} \leqslant \pm 2\ \text{mm(三等)，或} \leqslant \pm 3\ \text{mm(四等)}$$

(2) 高差计算与检核

黑面高差为(15)＝(3)－(6)。

红面高差为(16)＝(8)－(7)。

检核：(17)＝(15)－[(16)±0.100]＝(14)－(13)≤3 mm(三等)或≤5 mm(四等)。

±0.100 为两根标尺零点之差。当检核符合要求后，取黑、红高差的平均值作为该站的高差，即：

$$(18) = \frac{1}{2}\{(15) + [(16) \pm 0.100]\}$$

3. 测段计算与检核

两水准点之间为测段，测段计算与检核的内容包括测段总长度、总高差和视距累差。

总长度计算：

$$D = \sum[(9) + (10)]$$

总高差计算与检核：

$$\frac{1}{2}\left\{\sum[(3)+(8)] - \sum[(6)+(7)]\right\} = \frac{1}{2}\sum[(15)+(16)]$$

或 $h = \frac{1}{2}\left\{\sum[(3)+(8)] - \sum[(6)+(7)]\right\} = \frac{1}{2}\sum[(15)+(16)] = \sum(18) \pm 0.100$

上面两个公式，前者适用于测段总站数为偶数，后者适用于测站总数为奇数。

视距累差检核：最后一站的视距累差等于 $\sum(9) - \sum(10)$。

4. 线路成果检核与计算

三、四等水准测量成果的检核限差见表 6-11，计算方法与步骤同第二章第四节水准测量的检校。

(二) 两次仪器高法

两次仪器高法多用于四等及四等以下水准测量。该方法就是在同一测站上，仪器在某一高度测量两点间的高差后，又把仪器的高度变动约 0.1 m，再测定两点间的高差。若两次高差之间不超过 5 mm，则取平均值作为两点间的高差。变动仪器高法中用单面标尺，仪器在第一高度时的观测顺序和读数与双面尺法中黑面观测顺序和读数一样；第二高度时的观测顺序和读数与双面尺法中红面观测和读数一样。由于尺子不存在零点差，所以计算、检核较简单。为便于两种方法的对比，现将变动仪器高法的记录及计算形式列在表 6-12 中。

表 6-11 三、四等水准测量成果的检核限差

测站编号	点号	后尺 上丝 / 下丝 / 后视距 / 视距差/$d_{(m)}$	前尺 上丝 / 下丝 / 前视距 / 累积差/$\Sigma_{d(m)}$	方向及尺号	水准尺读数 黑面	水准尺读数 红面	K+黑−红 /mm	平均高差 /mm
		(1) (2) (9) (11)	(4) (5) (10) (12)	后尺 前尺 后−前	(3) (6) (15)	(8) (7) (16)	(14) (13) (17)	(18)
1	BM2 ～ TP1	1426 0995 43.1 +0.1	0801 0371 43.0 +0.1	后 106 前 107 后−前	1211 0586 +0625	5998 5273 +0725	0 0 0	+0625
2	TP1 ～ TP2	1812 1296 51.6 −0.2	0570 0052 51.8 −0.1	后 107 前 106 后−前	1554 0311 +1243	6241 5097 +1144	0 +1 −1	+1244
3	TP2 ～ TP3	0889 0507 38.2 0.2	1713 1333 38.0 0.1	后 106 前 107 后−前	0698 1523 −0825	5486 6210 −0724	−1 0 −1	−0824
4	TP3 ～ BM_1	1891 1525 36.6 −0.2	0758 0390 36.8 −0.1	后 107 前 106 后−前	1708 0574 +1134	6395 5361 +1034	0 0 0	+1134
检核计算	$\sum(9)=169.5$ $\sum(10)=169.6$ $\sum(9)-\sum(10)=-0.1$ $\sum(9)+\sum(10)=339.1$			$\sum(3)=5.171$ $\sum(6)=2.994$ $\sum(15)=+2.177$ $\sum(15)+\sum(16)=+4.356$		$\sum(8)=24.120$ $\sum(7)=21.941$ $\sum(16)=+2.179$ $2\sum(18)=+4.356$		

表 6-12 变动仪器高法水准测量记录表

天气：　　　日期：　　　年　　　月　　　日　　　　　　　　　　　　　记录者：

测站编号	点号	后尺 上丝 / 下丝 / 后视距 / 视距差	前尺 上丝 / 下丝 / 前视距 / 视距累差	水准尺读数 后视	水准尺读数 前视	高差	平高	备注
1	BM_1	1541	0709	1241		0833	0832	
		0941	0107	1363				
	P_1	60.0	60.2		0408	0831		
		−0.2	−0.2		0532			

二、三角高程测量

在山区当无法采用水准测量作图根高程控制测量时，可采用三角高程测量作为高程控制测量，精度可以满足测图要求。但是，三角高程测量的起始点高程需要用水准测量引测。三角高程测量是根据两点间的水平距离和竖直角度求得两点间的高差，如图6-21所示。假设A、B间水平距离为D，是已知的，在A点上安置经纬仪，在B点上立一测杆，经纬仪测得的竖角度为α，量取仪器高v和仪器高i。

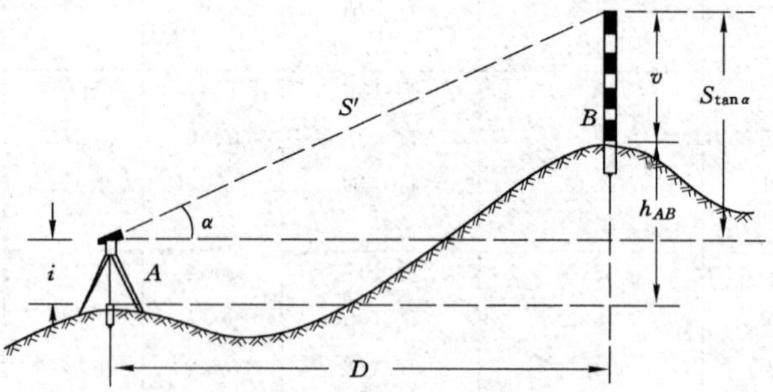

图6-21 三角高程测量

则A、B间的高差为：

$$h_{AB} = D \cdot \tan\alpha + i - v \tag{6-21}$$

如果A点的高程已知，则B点的高程为：

$$H_B = H_A + h_{AB} = H_A + D \cdot \tan\alpha + i - v$$

为了消除地球曲率在大气折光对高差的影响，三角高程测量应进行往、返观测，即所谓对向观测，也就是由A观测B，又由B观测A。往、返所测高差之差不大于限差时，取平均值作为两点间的高差。用三角高程测量作图根高程时，应组成闭合或附和的三角高程路线。路线闭合差允许值为$f_h = \pm 0.1h\sqrt{n}$，其中，h为测图基本等高距，n为路线边数。当$f_h \leqslant f_{容}$时，f_h反符号按边长成正比例分配于各高差中。最后用改正后的高差，由已知高程点开始推算各点高程。表6-13是三角高程测量算例。

表6-13 **三角高程测量算例**

所求点	B		
起算点	A		
观测	往(正)	返(反)	
已知水平距离D/m	341.33	341.33	实测或图解取至厘米
实测竖直角α/(° ′ ″)	+14°06′30″	−13°19′00″	测一个测回，上、下半测回差≤30°
$D \cdot \tan\alpha$/m	85.79	−80.79	
仪器高i/m	1.31	1.43	量至厘米
经纬仪中丝读数/m	−3.80	−4.00	读至厘米
高差h/m	+83.30	−83.36	
平均高差h/m	83.33		
起算点高程/m	279.25		
所求点高程/m	362.58		

三、光电三角高程测量

在三角高程测量时，水平距离是从图上量得或通过间接的方法求得的。现在有了红外测距仪与全站仪，就可以在测定竖直角的同时，直接测得 A、B 点的斜距，在求得平距的同时也就确定了高程。

图 6-22 表示了光电三角高程测量的原理。通常也是采用对向观测（往返观测），竖直角的观测应在盘左、盘右两个盘位进行，观测 2～3 个测回。当采用组合式红外测距仪时，应使测距仪中心与经纬仪水平轴之间的距离等于反光镜中心与照准觇牌中心之间的距离。光电三角高程计算公式为：

$$H_B = H_A + i + p + S'\sin\alpha - r - v \tag{6-22}$$

式中，S' 为用测距仪测得的斜距；α 为竖直角；i 为仪器高；v 为觇牌中心高；r 为大气折光影响系数；p 为地球曲率改正。以上计算通常可由测距仪或全站仪的有关功能自动计算并显示结果。

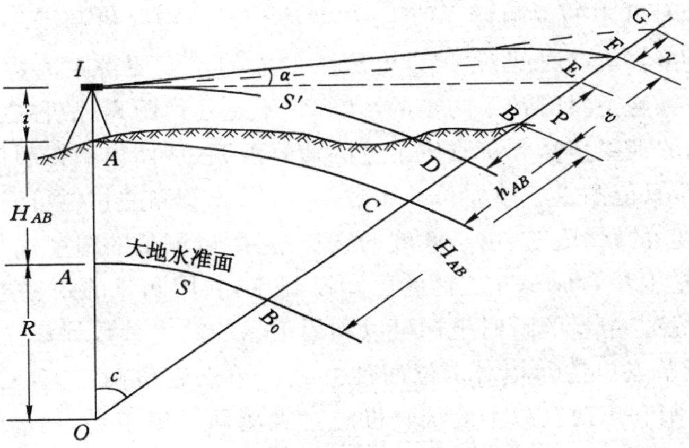

图 6-22　光电测距三角高程

研究表明，如果精心地组织工作，测光电三角高程测量能达到三、四等水准测量的精度要求，这就使光电三角测量扩大了其使用范围。

第五节　GPS 卫星定位测量

GPS 卫星定位系统是应用卫星定时和测距进行导航的全球定位系统的简称。应用 GPS 定位技术进行控制测量，具有精度高、速度快、费用低等优点。目前，GPS 测量方法正在取代三角测量，成为建立平面控制网的一种先进手段。随着 GPS 理论和技术及有关数据处理软件的不断完善，再结合水准测量的部分成果，GPS 定位也将成为建立高程控制网的一种方法。

一、GPS 系统的组成

（一）空间部分：GPS 卫星及其星座

卫星主体呈圆柱形，直径约 1.5 m，质量约 845 kg，两侧各有一块双叶太阳能板。每颗卫星装有 4 台高精度原子钟，发射标准频率以提供精确时间标准。此外，卫星上还设有发动机和动力推进系统。

（二）地面控制部分

由 1 个设在美国科罗拉多的主控站，3 个分别设在大西洋、印度洋和太平洋美国军事基地的注入站和 5 个分设在夏威夷和主控站及注入站的监测站共同组成。监测站在主控站的直接控制下，对 GPS 卫星进行连续跟踪观测，将观测和处理的数据送到主控站。主控站根据这些数据求算出有关卫星的各种参数，再传输给注入站，而注入站再将这些参数注入卫星存储器中，供卫星向用户发送。

（三）用户设备部分：GPS 信号接收机

GPS 接收机的硬件主要包括主机、天线、微处理机及其终端设备、电源等。其主要功能是接收、跟踪、变换和测量 GPS 信号，再经过软件的数据处理，完成导航和定位任务。

二、GPS 定位的基本原理

GPS 测量有两种基本的观测量："伪距"和载波相位。接收机利用相关分析原理测定调制码由卫星传播至接收机的时间，再乘以电磁波传播的速度便得距离。由于所测距离受大气延迟和接收机时钟与卫星时钟不同步的影响，它不是几何距离，故称之为"伪距"。载波相位测量是把接收到的卫星信号和接收机本身的信号混频，从而得到拍频信号，再进行相位差测量，相位测量装置只能测量载波波长的小数部分，因此所测的相位可能看成是波长整数未知（也称整周模糊度）的"伪距"。由于载波的波长短，所以测量的精度比"伪距"高。

GPS 定位时，把卫星看成是"飞行"的已知控制点，利用测量的距离进行空间后方交会，便得到接收机的位置。卫星的瞬时坐标可以利用卫星的轨道参数计算。

GPS 定位包括单点定位和相对定位两种方式。单点定位确定点在地心坐标系中的绝对位置。相对定位则利用两台以上的接收机同时观测同一组卫星，然后计算接收机之间的相对位置。定位测量时，许多误差对同时观测的测站有相同的影响，因此在计算时，大部分误差相互抵消，从而大大提高了相对定位的精度。影响 GPS 定位的精度有两个因素，一个是观测误差，另一个是定位时卫星位置的几何图形，后者称为定位几何因素，用 DOP 表示。设 σ 为定位误差，σ_0 为测量误差，则有：

$$\sigma = \mathrm{DOP} \cdot \sigma_0$$

DOP 取何种形式，取决于 σ 所代表的精度的含义。目前，GPS 单点定位的精度为几十米，而相对定位精度可达 $(1\sim0.01)\times10^{-6}$。

三、GPS 接收机基本类型

目前 GPS 接收机已成为高技术电子设备，但尚未形成统一的分类标准。按接收机工作原理不同，可分为有码接收机和无码接收机两类。有码接收机直接利用 GPS 卫星的信息参数进行定位，而无码接收机不能直接获得导航信息参数，必须利用载波或码率波采集数据而进行定位。按接收机接收的卫星信号频率分类，又可分为单频接收机、双频接收机和多频接收机三类。单频接收机虽然可利用导航信息参数，但数据处理中改正模型不完善，只能接收经调制的 L_1 信号，进行 10 km 之内的相对定位。双频接收机可同时接收 L_1 和 L_2 信号，多频接收机同时接收 $L_1-1.57542\mathrm{GH_2}$、$L_2-1.22760\mathrm{GH_2}$ 和 $L_3-1.38105\mathrm{GH_2}$ 信号，双频及多频技术有效地减弱电离层折射影响，因此其定位精度较高，不受距离限制，并节省时间。

四、GPS 网的布设

我国《全球定位系统(GPS)测量规范》将 GPS 网依其精度分为 A 至 E 共 5 个等级，其精度和密度标准见表 6-14。

表 6-14 不同等级 GPS 网的精度标准

等级	A	B	C	D	E
固定误差/mm	≤5	≤8	≤10	≤10	≤10
比例误差系数	≤0.1	≤1	≤5	≤10	≤10
相邻点最小距离/km	100	15	5	2	1
相邻点最大距离/km	1 000	250	40	15	10
相邻点平均距离/km	300	70	15～10	10～5	5～2

(一) 布网特点

GPS 网与传统的控制网布设之间存在很大区别。

(1) GPS 网大大淡化了“分级布网，逐级控制”的布设原则，不同等级间依赖关系不明显。高级网对低级网只起定位和定向作用，不再发挥整体控制作用。

(2) GPS 网中各控制点是彼此独立直接测定的，因此网中各起算元素、观测元素和推算元素无依赖关系。

(3) GPS 网对点的位置和图形结构没有特别要求，不强求各点间通视。

(4) 各接收机采集的是从卫星发出的各种信息数据，而不是常规方法获得的角度、距离、高差等观测数据，因此点位无须选在制高点，也不用建造觇标。

(二) 布网原则

(1) 新布设的 GPS 网应尽量与已有平面控制网联测，至少要联测 2 个已有控制点。

(2) 应利用已有水准点联测 GPS 点高程。

(3) GPS 网应构成闭合图形，以便进行检核。

(4) 当用常规测量方法进行加密控制时，GPS 网内各点尚需考虑通视问题。

五、GPS 技术的应用

由于 GPS 技术可以在全球的任意地点为任意多个用户提供高精度全天候连续和实时的三维定位、三维测速及时间基准，因此它在测绘和导航方面具有广泛的应用价值。目前，GPS 技术主要应用领域有：地球动力学研究、大地测量、工程测量与工程变形观测、海洋测量、车船精密导航、运动载体的测速及时间传递等。

(一) 在地球动力学方面的应用

地球动力学的基本任务是应用大地测量学、地球物理学、大地构造学和天体测量学等学科方法来研究地球的动力学现象及其机制，主要涉及地球自转和极移、地球重力场变化、潮汐及地壳运动等。其研究目的一是减灾，二是找矿。由于地壳形变、海洋面升降、板块位移等运动过程非常缓慢，例如板块运动速率每年仅为几毫米到几十毫米，海平面年变化量也是

1 mm 左右，这样采用经典的测量方法由于其观测误差较大，效率低，因此无法进行深入研究。而目前 GPS 的测距相对精度可达到 $1\times10^{-8}\sim1\times10^{-9}$，并具有长距离和复测的高采样率，这样就可以检测到微小的数据变化量。

1994 年 1 月 17 日，美国洛杉矶发生地震。在地震前两天，NASA 和 JPL 实验室根据 GPS 大地测量数据变化，及时做出了地震预报，而其他地震仪均未发生异常。尤其在探察矿产资源，监测地球温室效应和洪水、雨涝、干旱、海啸等自然灾害方面，GPS 技术将发挥越来越大的作用。

（二）在大地测量方面的应用

一般情况下，各国采用常规方法分别建立自己的大地控制网，只能在两国边界进行近距离的联测，其工作十分艰巨，且只能局限在大陆范围内。而采用 GPS 技术，建立全球的大地控制网已成为可能。1991 年，国际大地测量协会已经决定在全球范围内建立一个 IGS 观测网，并于 1992 年 6～9 月实施第一期会战联测，分别在七大洲分布了 180 多个测站，其中有 32 个测站为核心跟踪站（亚洲 3 个）。这样，可以进一步精确地确定地球的形状与大小，建立最合理的国际参考椭球。同时，应用 GPS 技术建立、改造或加密各种大地控制网，具有精度高且均匀、布设方便、对点位要求条件低、成本小和效率高等优点。

（三）在工程测量方面的应用

长期以来，在各种工程测量作业中，主要采用测角、测距、测水准为主体的常规地面定位方法。而使用 GPS 技术，则可以一次性地确定点位的三维坐标，优点十分明显。目前，GPS 技术在各种工程控制网布设、石油勘探、公路修建、管线敷设等工程中正得到广泛应用。

（四）在工程变形观测方面的应用

由于自然和人为等原因，建筑物、大坝、桥梁等工程设施建设或资源开采可能会使地表发生位移、升降、倾斜等形变，带来很大的经济和安全损失。采用 GPS 技术进行监测，则可以有效地提供精确数据进行预测预报，以便及时采取措施处理。

（五）在海洋测绘方面的应用

海洋的区域辽阔，矿产资源丰富，因此对海洋的开发成为各国的热门方向，而从全球政治格局和军事战略角度出发，海洋更有其重大意义。在海洋资源勘探方面，主要以海洋重力测量和磁力测量为手段，而这些工作都需以精密的导航和定位为基础，因此 GPS 相对定位技术是一种经济和可靠的方法；在海洋大地测量方面，对于海洋大地水准面的建立、海岛和礁石的定位、海界的精确划定、大陆与海岛联测等工作，GPS 技术均有着无可比拟的优点。

（六）在摄影测量与遥感方面的应用

GPS 技术在摄影测量与遥感方面的应用主要是：航空摄影飞行的导航控制，实现精确定点摄影；高精度动态相机定位，辅助进行空中三角测量；与其他遥感器组合，确定载体的位置、状态和速度。

（七）在导航方面的应用

在车辆、舰船、飞机和航天器运行中，不仅要测得运动载体的实时位置，而且还要测得其速度、时间和方位等参数，进而引导该运动载体准确地驶向预定的后续位置，这项工作称为导航。在历史上，导航技术相继采用天文定位和无线电导航定位，现在则是 GPS 技术得到了广泛的应用。例如，在我国北京、天津等大城市，出租车公司都已采用了 GPS 导航系统；1991 年海湾战争后，美军官兵们一致的结论是“GPS 赢得了战争”。目前，联合国维和部队的车辆全部配备了GPS接收机。

六、GPS高程及其应用

采用GPS技术精确测定高程，需要一定密度且布设均匀的GPS观测点，同时尚需与精密水准测量资料相配合。随着GPS相对定位技术的精度不断提高，采用GPS高程可以代替困难地区三、四等水准测量和跨越障碍的高程测量，并可以建立高精度的三维变形监测网。

第七章 大比例尺地形图的测绘和应用

第一节 地形图的基本知识

一、地形图概念

地球表面物体(地物)、地面起伏(地貌)状况及地面点之间的相互位置关系,可采用两种表示方法:一种是用数据表示;另一种是用绘图的方法表示,即将地面点位的测量成果绘在图上。以地图表示地物和地貌,可以增加对地面点位及其相互位置关系了解的直观性、全面性、似真性、方便性与清晰性。如某一地区内有山地、丘陵、平地、河流、居民地、道路等,在图上可以同时表示出这些地物、地貌的情况及其分布与相互位置关系,使整个地区和局部范围内地面情况都呈现在用图者眼前,便于研究和使用。此外,地图还有便于携带等优点。现代测绘科学可以生产多种数字地图,也可以生产不同比例尺的各种用途的纸质图。地形图就是将地面一系列地物与地貌点的位置,通过综合取舍,把它们垂直投影到一个水平面上,再按比例缩小后绘制在图纸上得一种地图。这种投影称为正形投影,即投影后的角度不变,图纸上的地物、地貌与实地上相应的地物、地貌相比,其形状是相似的。

二、地形图的比例尺

(一) 地形图的比例尺

为方便测图和用图,需将实际地物、地貌按一定比例缩绘在图上,故每张地形图是按比例缩小的图,且同一张图内各处比例一致。地形图比例尺的定义为:图上任意线段长度(d)与实地相应线段的水平长度(D)之比,用分子为 1 的整分数表示,即 $d/D=1/M$,M 称为比例尺分母,M 愈大,比例尺愈小。规定地形图使用的比例尺有如下几种:1∶500,1∶1 000,1∶2 000,1∶5 000,1∶10 000,1∶25 000,1∶50 000。只有在特殊用途时,方可采用任意比例尺。常用比例尺见表 7-1。

表 7-1 常用的比例尺

	小比例尺	中比例尺	大比例尺
国家基本地形图	1∶50 000	1∶25 000,1∶10 000	1∶5 000,1∶2 000,1∶1 000,1∶500
工程地形图	1∶50 000,1∶25 000	1∶10 000,1∶5 000	1∶2 000,1∶1 000,1∶500

（二）比例尺的精度

地形图上所表示的地物、地貌细微部分与实地有所不同，其精确与详尽程度，也受比例尺影响。地形图的传统绘制方法是经过人眼用绘图工具将测量成果绘于图上，测量中有误差，人眼观测和绘图中亦有误差。人眼分辨角值为60″，在明视距离（25 cm内）辨别两条平行线间距为0.1 mm，区别两个点的能力为0.15 mm。通常将0.1 mm称为人眼分辨率。

地形图上0.1 mm所表示的实地水平长度，称为地形图的比例尺精度。由此可见，不同比例尺的地形图其比例尺精度不同。大比例尺地形图上所绘地物、地貌比小比例尺图上的更精确且详尽。地形图比例尺精度数值列于表7-2中。

表7-2　地形图比例尺精度数值

地形图比例尺	1∶500	1∶1 000	1∶2 000	1∶5 000
地形图比例尺精度	5 cm	10 cm	20 cm	50 cm

据上所述，地形图的比例尺精度与量测关系有二：其一，根据地形图比例尺确定实地量测精度。例如在1∶500地形图上测绘地物，量距精度只要达到±5 cm即可。其二，可根据用图要求需表示地物、地貌的详细程度，确定所选用地形图的比例尺。如要求能反映出量距精度为±10 cm的图，应选用1∶1 000地形图。同一测区范围的大比例尺测图比小比例尺测图更费工时。

三、地形图的图幅、图号和图廓

（一）图幅

地图的量词为"幅"，一张地形图称为一幅地形图。图幅指图的幅面大小。图幅形状有梯形和矩形两种，其确定图幅大小方法不同。大比例尺地形图都采用矩形分幅，其中矩形图幅大小有40 cm×40 cm，50 cm×50 cm，50 cm×40 cm等几种，其中，50 cm×50 cm最为常见，最为常见的大比例尺地形图矩形图幅大小及其代表实地面积见表7-3。

表7-3　大比例尺地形图图幅大小及其代表实地面积

比例尺	图幅大小/cm×cm	实地面积/km^2	在1∶5 000图幅内的分幅
1∶5 000	40×40	4	1
1∶2 000	50×50	1	4
1∶2 000	50×40	0.8	5
1∶1 000	50×50	0.25	16
1∶500	50×50	0.062 5	64

（二）图名、图号、接图表

地形图的图名，一般是用本幅图内最大的城镇、村庄、名胜古迹或突出的地物或地貌的名字来表示的，并且注写在图幅上方中央，如图7-1所示。在保管、使用地形图时，为使图纸有序存放和检索，要将地形图进行统一编号，此编号称为地形图图号。图号标注在图幅上方图名之上，如图 7-1 所示。地形图编号方法详见本章第三节。接图表是本幅图与相邻图幅之间位置关系的示意图，供查找相邻图幅之用。接图表位置是在图幅左上方，绘出本幅与相邻四幅图的图名(见图 7-1)。

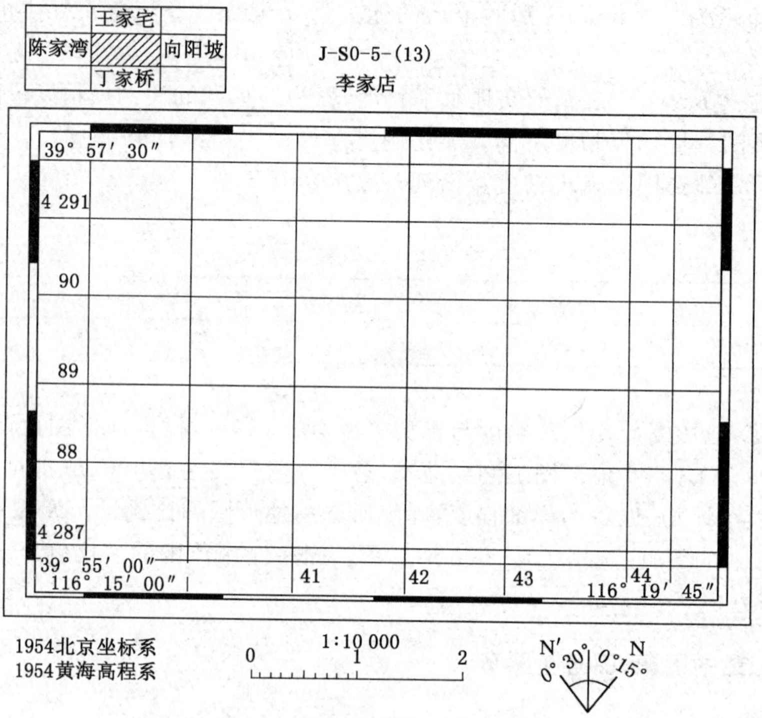

图 7-1 地形图图幅

(三) 图廓

图廓有内、外图廓之分，内图廓线就是测图边界线。内图廓之内绘有 10 cm 间隔互相垂直交叉的短线，称为坐标格网。矩形图幅内图廓线也是千米格网线。梯形分幅图廓线为经纬线。因受子午线收敛角影响，经纬线方向与坐标网格方向不一致。故在 1∶100 000 及其以下比例尺地形图图廓内既有千米格网又有经纬线，大于 1∶50 000 比例尺地形图上则不绘经纬线。其图廓点坐标用查表方法找出。外图廓线是一幅图最外边界线，以粗实线表示。有的地形图(如 1∶10 000，1∶25 000 图)在内外图廓线间尚有一条分图廓线。在外图廓线与内图廓线空白处，与坐标格网线对应地写出坐标值，见图 7-1。

外图廓线外，除了有接图表、图名、图号外，尚应注明测量所使用的平面坐标系、高程坐标系、比例尺、测绘方法、测绘日期及测绘单位和人员等。

第二节 地形图的符号

地球表面的形状是极为复杂的。通常把形态比较固定的物体叫作地物，又按它的成因不同分为人工地物和自然地物。前者如房屋、道路、桥梁等；后者如河流、矿山、森林等。把高低起伏的地面各种形态叫作地貌，例如山峰、河谷、平原等。地物与地貌统称为地形。为了既真实又概括地表示这些地理现象，地形图是以一些特定的符号在图上表示的，这些符号就叫作地形图符号。

一、地物符号

地物符号是表示地面上具有明显轮廓的自然和人工物体的符号。由于实际地物的大小、形状差别很大，因此，按图比例尺缩小后，其图形大小差别也很大，有的能够在图上保持其相似图形，有的则无法显示，部分地物符号表见表7-4。所以地形图上的地物符号根据使用要求和图上的显示能力不同分为下列几种。

（一）比例符号

有些地物的轮廓较大，如房屋、稻田和湖泊等，它们的形状和大小可以按测图比例尺缩小，并用规定的符号绘在图纸上，这种符号称为比例符号。

（二）非比例符号

有些地物，如三角点、水准点、独立树和里程碑等，轮廓较小，无法将其形状和大小按比例绘到图上，则不考虑其实际大小，而采用规定的符号表示，这种符号称为非比例符号。非比例符号不仅其形状和大小不按比例绘出，而且符号的中心位置与该地物实地的中心位置关系，也随各种不同的地物而异。在测图和用图时应注意下列几点。

(1) 规则的几何图形符号(圆形、正方形、三角形等)，以图形几何中心点为实地地物的中心位置。

(2) 底部为直角形的符号(独立树、路标等)，以符号的直角顶点为实地地物的中心位置。

(3) 宽底符号(烟囱、岗亭等)，以符号底部中心为实地地物的中心位置。

(4) 几种图形组合符号(路灯、消防栓等)，以符号下方图形的几何中心为实地地物的中心位置。

(5) 下方无底线的符号(山洞、窑洞等)，以符号下方两端点连线的中心为实地地物的中心位置。

各种符号均按直立方向描绘，即与南图廓垂直。

（三）半比例符号(线形符号)

对于一些带状延伸地物(如道路、通信线、管道、垣栅等)，其长度可按比例尺缩绘，而宽度无法按比例尺表示的符号称为半比例符号。这种符号的中心线，一般表示其实地地物的中心位置，但是城墙和垣栅等，地物中心位置在其符号的底线上。同一地物在不同比例尺图中可能有不同的表示方法。在绘制和使用地形图时，要注意参照不同比例尺的地形图图式。

二、地貌符号

地貌是指地表面的高低起伏状态，它包括山地、丘陵和平原等。在图上表示地貌的方法很多，而测量工作中通常用等高线表示，因为用等高线表示地貌，不仅能表示地面的起伏形态，并且还能表示出地面的坡度和地面点的高程。

表 7-4　　　　地形图符号

编号	符号名称	图例
1	单幢房屋 a.一般房屋 b.有地下室的房屋 c.突出房屋 d.简易房屋 混、钢——房屋结构 1、3、28——房屋层数 -2——地下房屋层数	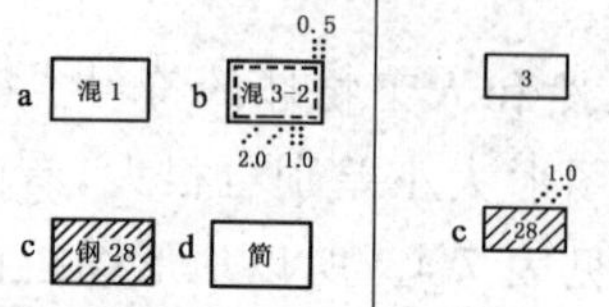
2	窑　洞 a.地面上的 a1.依比例尺的 a2.不依比例尺的 a3.房屋式的窑洞 b.地面下的 b1.依比例尺的 b2.不依比例尺的	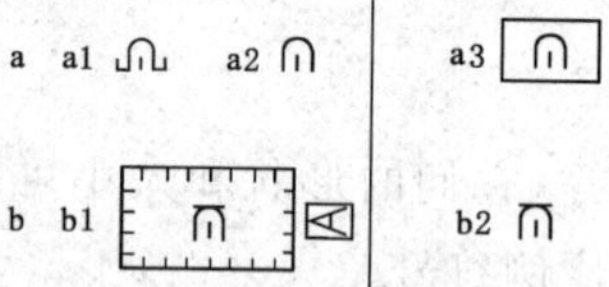
3	台　阶	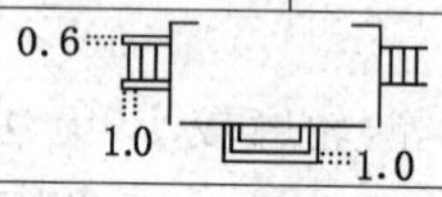
4	花圃、花坛	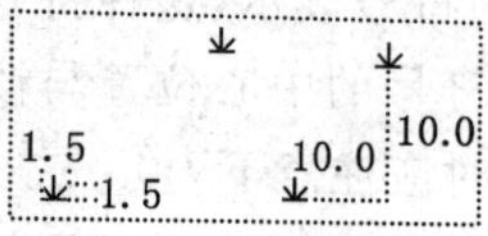
5	草　地 （天然草地）	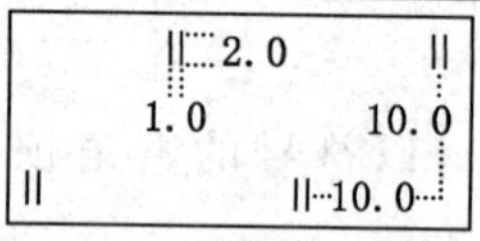
6	经济林 （果园）	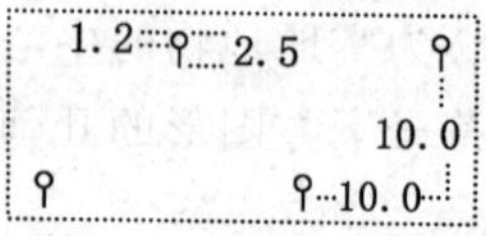
7	水生作物地 菱——品种名	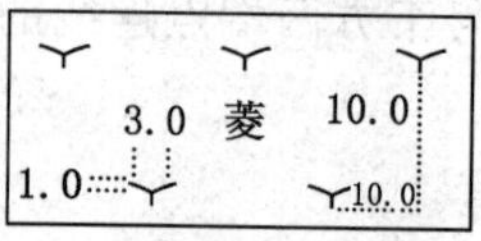
8	稻 田 a.田埂	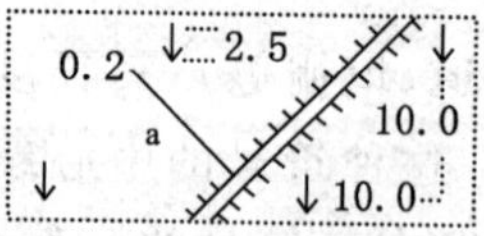
9	旱　地	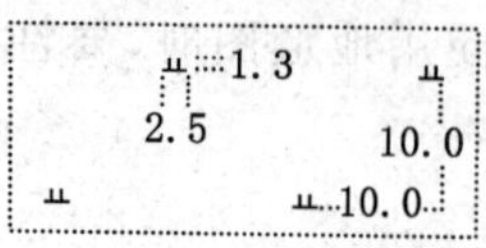
10	灌木林 （大面积的）	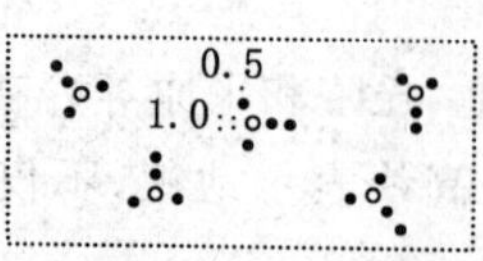
11	菜　地	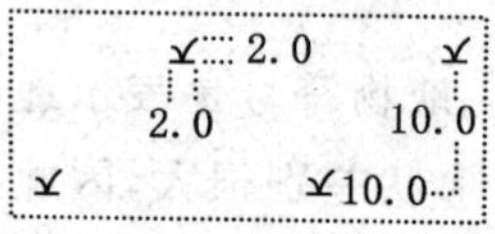
12	高压线	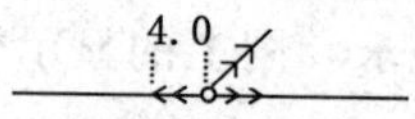
13	低压线	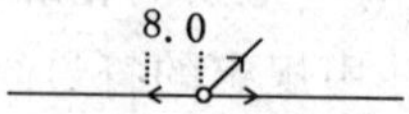
14	电　杆	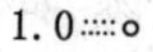
15	电线架	
16	围　墙 a.依比例尺的 b.不依比例尺的	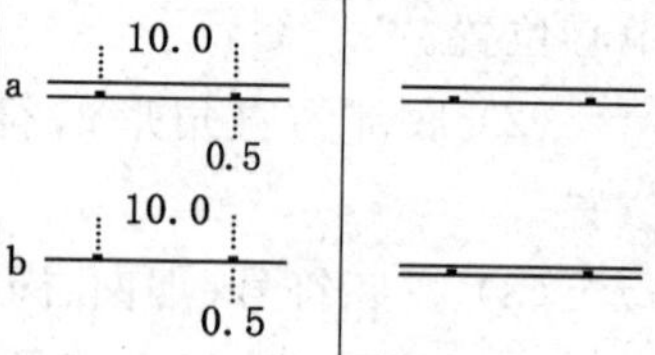
17	栅栏、栏杆	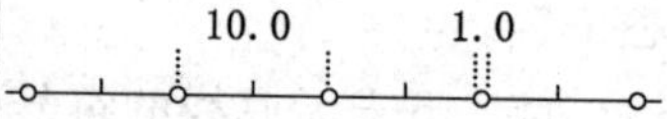
18	篱　笆	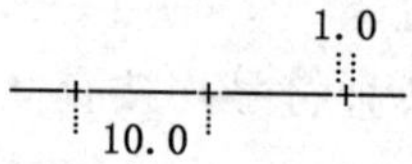
19	活树篱笆	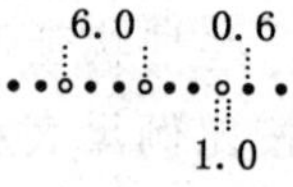
20	运河、沟渠 a.运河 b.沟渠	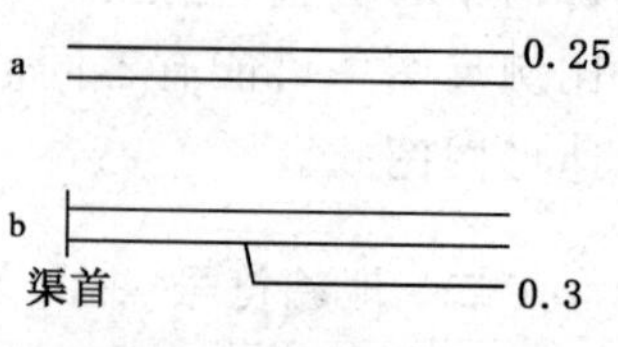
21	沟　堑	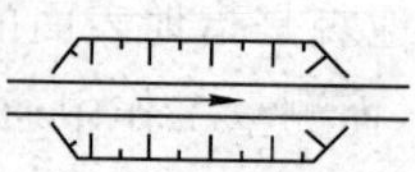

续表 7-4

编号	符号名称	图例
22	铁路	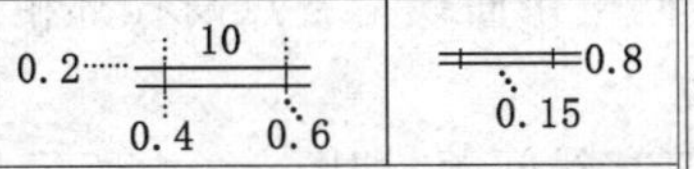
23	公路 ② 技术等级代码 (S301)省道代码及编号	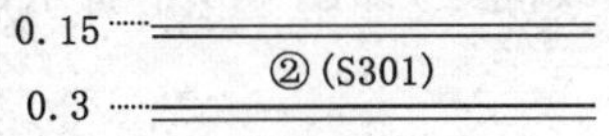
24	机耕路（大路）	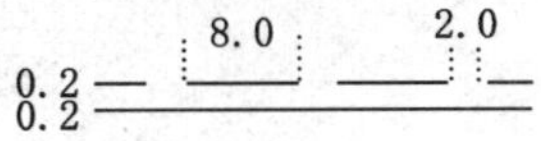
25	小路、栈道	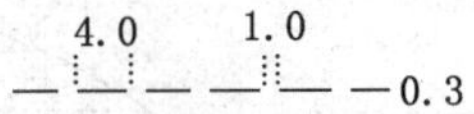
26	三角点	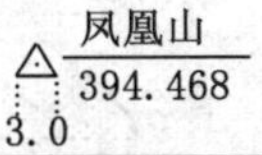
27	导线点	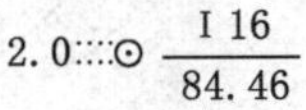
28	不埋石图根点	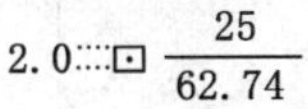
29	水准点	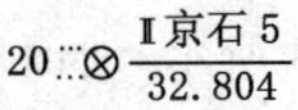
30	旗杆	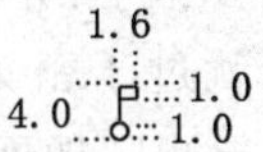
31	水塔	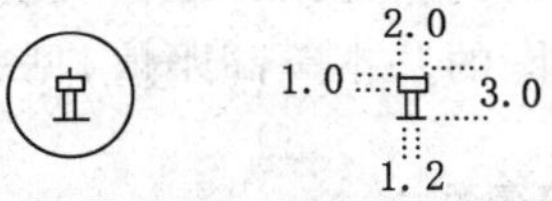
32	烟囱及烟道	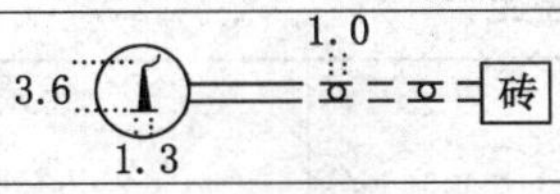
33	气象台（站）	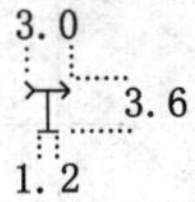
34	消火栓	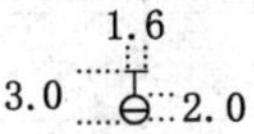
35	阀门	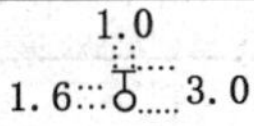
36	水龙头	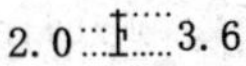
37	钻孔	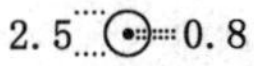
38	路灯	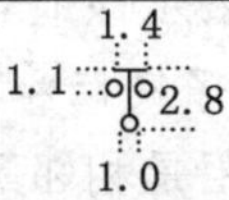
39	独立树 a.阔叶 b.针叶	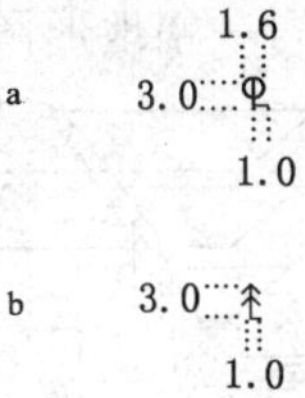
40	岗亭、岗楼	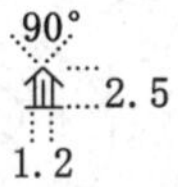
41	等高线 a.首曲线 b.计曲线 c.间曲线	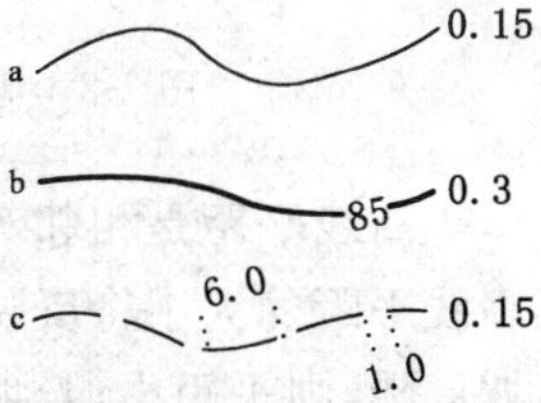
42	示坡线	
43	高程点及其注记	0.5 • 1520.3　• -15.3
44	滑坡	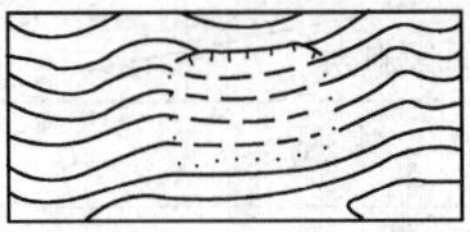
45	陡崖、陡坎 a.土质的 b.石质的 18.6、22.5——比高	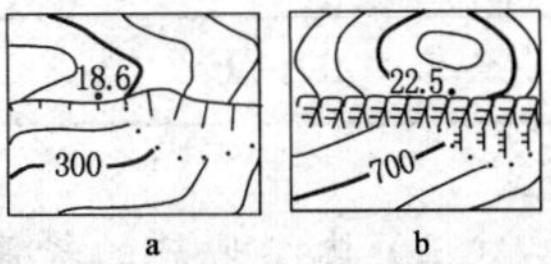
46	冲沟 3.4、4.5——比高	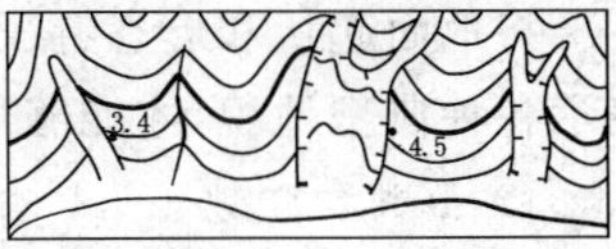

(一)等高线显示地貌的原理

如图 7-2 所示,有一座山,假想从山底到山顶,按相等间隔把它一层层地水平切开后,呈现各种形状截口线。然后再将各截口线垂直投影到平面图纸上,并按测图比例缩小,就得出用等高线表示该地貌的图形。该图形特点是同一条曲线上各点高程都相等。

(二)等高距和等高线平距

等高距是相邻等高线之间的高差,亦称等高线间距,即图 7-3 中所示的水平截面间的垂直距离。同一幅地形图中等高距是相同的。

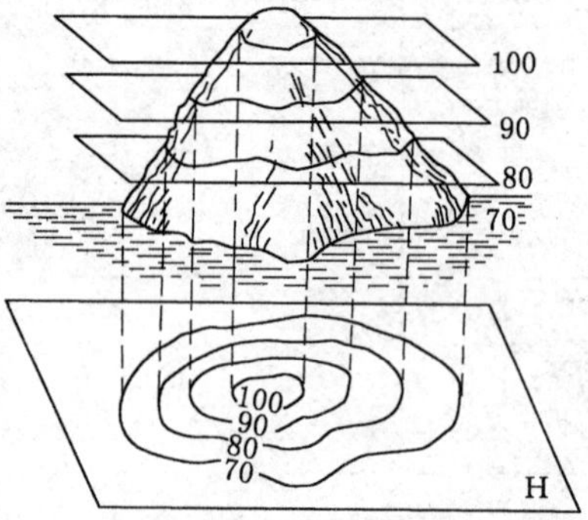

图 7-2　等高线

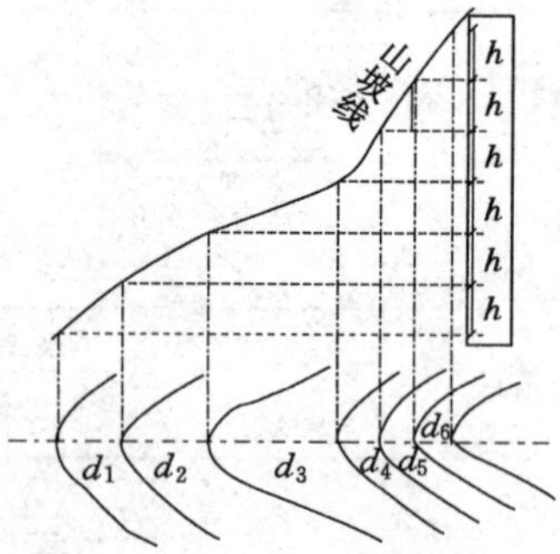

图 7-3　等高距

等高线平距是相邻等高线之间的水平距离。因为同一幅地形图上等高距是相同的,故等高线平距的大小将反映地面坡度的变化。如图 7-3 所示,地面段坡度平缓,其平距大;地面坡度陡,则平距小;若坡度相同,其相应等高线间的平距亦相等。另外亦可看出:等高距越小,显示地貌就越详细。但等高距过小,图上的等高线就过于密集,就会影响图面的清晰醒目。因此,在测绘地形图时,等高距是根据测图比例尺与测区地面坡度来确定的。国家测绘部门在地形测量规范中规定了不同比例尺地形图的基本等高距值,见表 7-5。

表 7-5　　地形图等高距

等高距/m　比例尺 坡面倾斜角	1∶500	1∶1 000	1∶2 000	1∶5 000
0°～6°	0.5	0.5	1	2
6°～15°	0.5	1	2	5
15°以上	1	1	2	5

(三)典型地貌的等高线

将地面起伏和形态特征分解观察,不难发现它是由一些地貌组合而成的。会用等高线表示各种典型地貌,才能够用等高线表示综合地貌。

1. 山头和洼地

凡是凸出而且高于四周的单独高地称为山。大的称为山岭,小的称为山丘,山岭和山丘最高部位称山头。比周围地面低下,且经常无水的地势较低的地方称为凹地。大范围低地称为盆地，小范围低地称洼地。

山顶与洼地的等高线都是闭合环形，如图 7-4 所示。为区别山头与洼地等高线，使用示坡线。示坡线是指示地面斜坡下降方向线，它是一短线，一端与等高线连接并垂直于等高线，表示此端地形高，不与等高线连接端地形低。示坡线指示坡度下降，用于判别谷地、山头的斜坡方向。图 7-4(a)所示为山丘，图 7-4(b)所示为洼地。

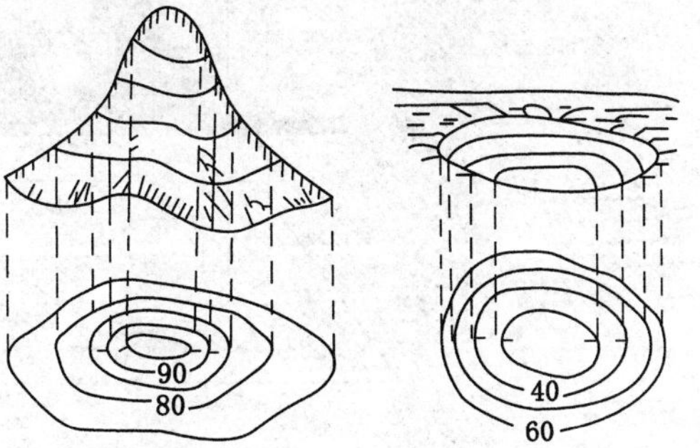

图 7-4　山头与洼地的等高线

2. 山脊与山谷

山脊是从山顶到山脚凸起部分，很像脊背状。山脊最高点连线称山脊线。以等高线表示的山脊是等高线凸向低处，雨水以山脊为界流向两侧坡面，故山脊线又称分水线，如图7-5 所示。

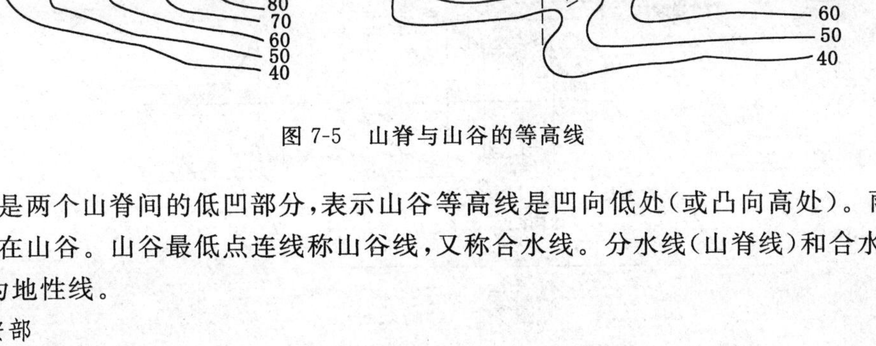

图 7-5　山脊与山谷的等高线

山谷是两个山脊间的低凹部分，表示山谷等高线是凹向低处(或凸向高处)。雨水从山坡面汇流在山谷。山谷最低点连线称山谷线，又称合水线。分水线(山脊线)和合水线(山谷线)统称为地性线。

3. 鞍部

鞍部是连接两山之间呈马鞍形的凹地，如图 7-6 所示。鞍部在地性线上的位置，既处于两山顶的山脊线连接处，又是两合水线的顶端。

4. 陡坡和悬崖

陡坡是地面坡度大于 70°的山坡，等高线在此处非常密集，绘在图上几乎呈重叠状。为便于绘图和识图，地形图图式中专门列出表示此类地貌的符号；悬崖是上部突出中间凹进的地貌，其等高线投影在平面上呈交叉状，如图 7-7 所示。

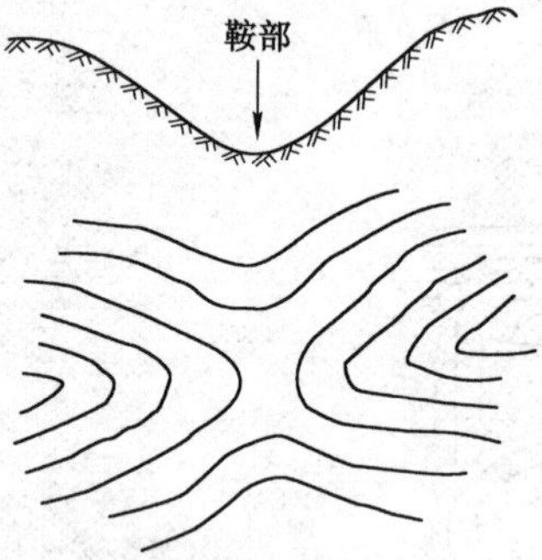

图 7-6 鞍部

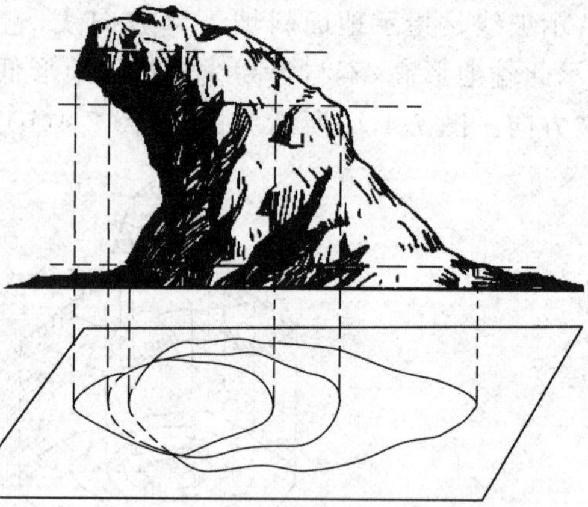

图 7-7 悬崖

（四）等高线的种类

（1）首曲线：亦称基本等高线，即为按规定等高距测绘的等高线。大比例尺地形图上首曲线的线划宽度为 0.15 mm 的实线。

（2）计曲线：亦称加粗等高线，为便于查看等高线所示高程值，由零米起算，每隔四条基本等高线绘一条加粗等高线，即线划宽度 0.25 mm 的实线。

（3）间曲线：又称半距等高线，即为按基本等高距一半而绘制的等高线，用长虚线表示。线划直径与首曲线相同。用半距等高线可以补充表示基本等高线显示不出的重要而较小的地貌形态。

（4）助曲线：又称辅助等高线。助曲线是按基本等高距 1/4 绘制的等高线，用短虚线表示，线划直径与首曲线相同。用助曲线可以补充间曲线表示不完全的地貌形态。

图 7-8 为等高线种类。图 7-9 为用等高线表示地貌的形态。

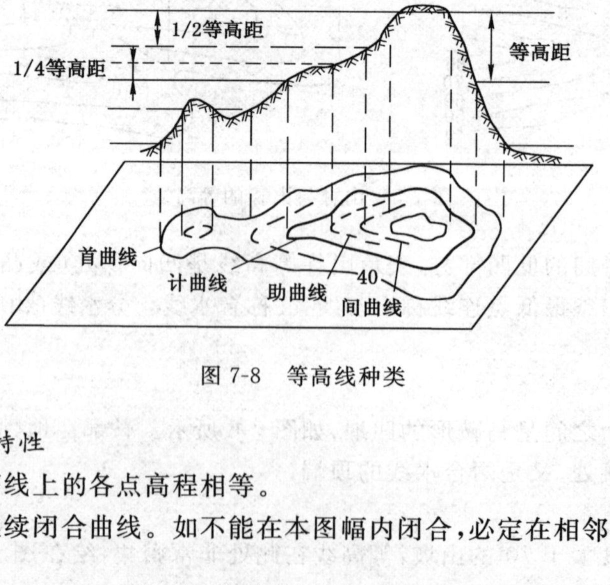

图 7-8 等高线种类

（五）等高线的特性

（1）同一条等高线上的各点高程相等。

（2）等高线为连续闭合曲线。如不能在本图幅内闭合，必定在相邻或其他图幅内闭合。

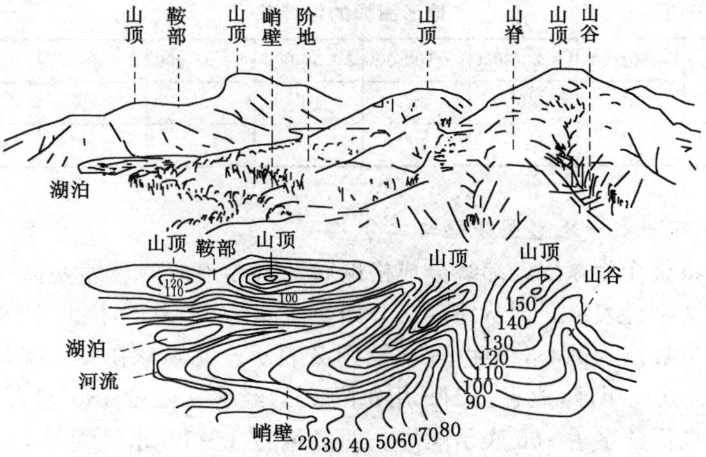

图 7-9　综合地貌与等高线表示法

等高线只能在内图廓线、悬崖及陡坡处中断，不得在图幅内任意处中断。间曲线、助曲线在表示完局部地貌后，可在图幅内任意处中断。

(3) 相同高程的等高线不能相交。不同高程的等高线除悬崖、陡坡外不得相交也不能重合。

(4) 同一幅图内，等高距相同时，平距小表示坡度陡，平距大则坡度缓，平距相等则坡度相等。

(5) 跨越山脊、山谷的等高线，其切线方向与地性线方向垂直。

三、注记

注记是对地物和地貌符号的说明和补充。它包括：

(1) 名称注记。例如：村镇名、机关单位名、山名、河流名等。

(2) 说明注记。例如：地物或管线的性质、经济林木或作物的品种，以及大面积土质、植被等的说明。

(3) 数字注记。例如：山峰的高程、河流的深度等。

第三节　地形图的分幅与编号

在地形图测绘、使用和管理中，需将各种比例尺地形图按统一方法分成许多幅图，并按某种系统编号。常用的有梯形与矩形两种分幅与编号方法。

一、梯形分幅与编号

梯形分幅是指按经纬线度数与经差、纬差值进行地形图分幅，其图幅形状为梯形。我国采用全球统一分幅编号方法，即各种比例尺地形图是以百万分之一地图图幅为基础，顺序逐次分幅与编号。现将各比例尺地形图图幅的经纬差列入表 7-6 中。

表 7-6　　　　地形图幅的经纬差

比例尺	1∶1 000 000	1∶500 000	1∶200 000	1∶100 000	1∶50 000	1∶25 000	1∶10 000	1∶5 000	1∶2 000
纬差	4°	2°	40′	20′	10′	5′	2′30″	1′15″	25″
经差	6°	3°	1°	30′	15′	7.5′	3′45″	1′52.5″	37.5″

（一）国际百万分之一地形图分幅与编号

国际分幅是将整个地球用经纬线分成格网状。自赤道向两极纬差每隔 4°为一横行，每一横行用大写英文字母表示。即从纬度 0°开始至南北纬 88°为止，南北半球各 22 横行，分别用 A～V 表示。以极点为圆心，纬度 88°的圆用 Z 表示。北半球在英文字母前加 N，南半球加 S。我国国土皆在北半球，故省去 N。用每隔 6°的经线从经度 180°起自西向东将地球分成 60 纵行，用阿拉伯数字 1～60 表示顺序。西经编号 1～30，东经编号 31～60。这样每个梯形格网（纬差 4°，经差 6°）可用英文字母与阿拉伯数字进行编号。编号写法：英文字母在前，用“—”连接阿拉伯数字。分幅方法参见图 7-10。

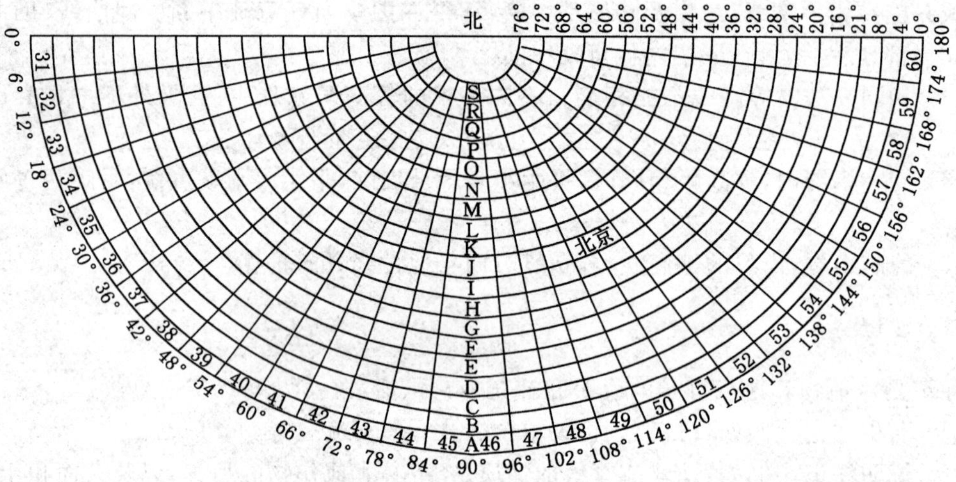

图 7-10　地形图梯形分幅

例如：已知 A 点经度为北纬 36°52′58″，东经 118°17′40″。求 A 点所在 1∶1 000 000 图幅编号。横行号＝纬度÷4 取进位后整数，等于 10，用相应英文字母顺序 J 表示；纵行号＝经度÷6 取整数加 1，再加 30 等于 50。故 A 点所在百万分之一图幅编号为 J—50。注意：取整计算时，小数只能进不能舍。

（二）五十万分之一，二十万分之一，十万分之一地形图分幅编号

此三种比例尺地形图是在百万分之一地形图基础上分幅。根据经纬差（见表 7-6），可知每幅百万分之一图幅可分别分为 4 幅 1∶500 000 图幅，16 幅 1∶250 000 图幅，144 幅 1∶100 000 地形图图幅。其编号方法分别用 A、B、C、D，(1)～(16) 及 1～144 表示，从左到右，自上而下按顺序编排。书写图幅时，应先写出该幅所在百万分之一图幅编号，再用“—”连续接该幅图在百万分之一图幅中的编号（见图 7-11）。

（三）五万分之一，二万五千分之一，万分之一地形图的分幅编号

此三种比例尺图是以 10 万分之一为基础，在 1∶100 000 图幅编号内继续分幅编号。

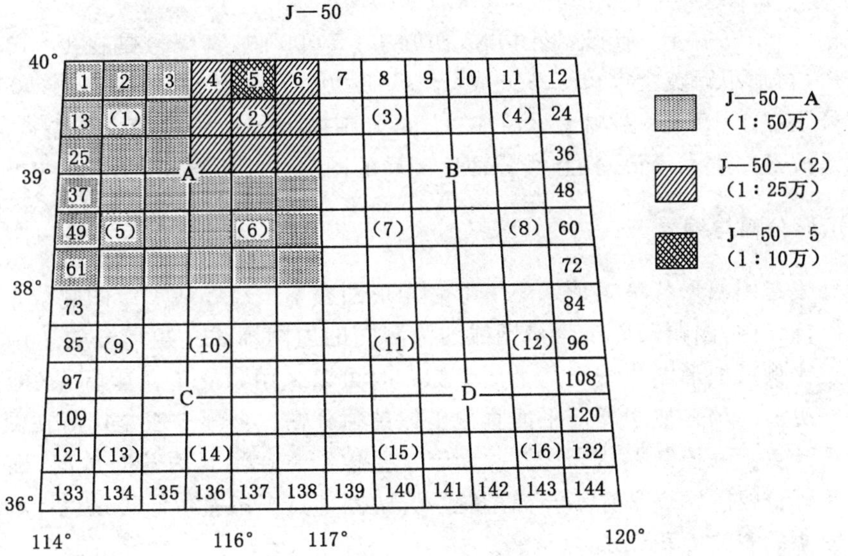

图 7-11 地形图梯形分幅

其分幅方法亦是按经差、纬差将 1∶100 000 地形图图幅分成四等份。用 A～D,(1)～(64)表示 1∶50 000、1∶10 000 比例尺图在 1∶100 000 地形图中的编号。编号顺序亦采用从左到右,自上而下依排列(见图 7-12)。书写图幅号时,选写出所在百万分之一图幅号,再用"—"连接本幅图在 1∶100 000 图幅内编号。

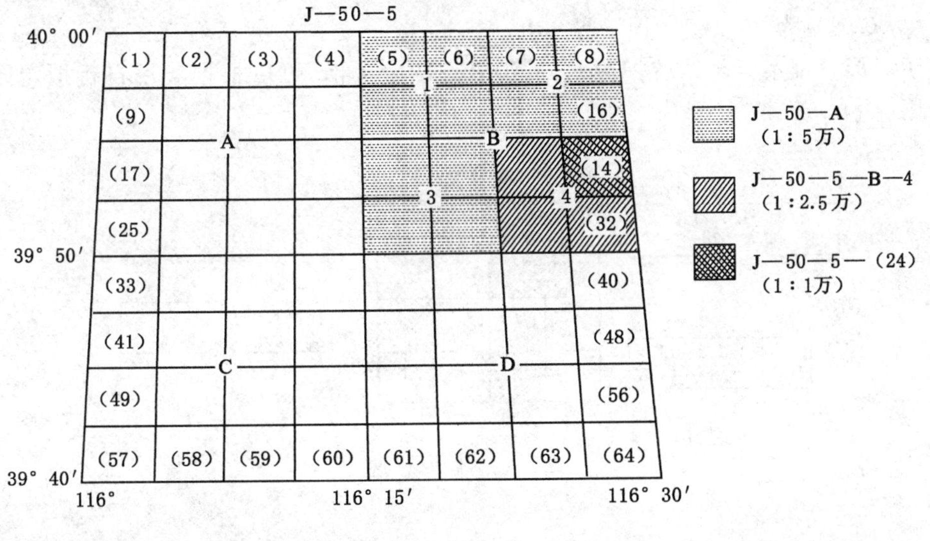

图 7-12 地形图梯形分幅

如 B 点所在 1∶50 000 比例尺地形图编号为 J—50—5—B,1∶10 000 比例尺地形图图幅编号为 J—50—5—(24)。1∶25 000 比例尺地形图则是将 1∶50 000 图幅分成四份并用 1～4 编号。故 B 点所在 1∶25 000 比例尺地形图的编号为 J—50—5—B—4。

（四）五千分之一、二千分之一地形图的分幅编号

将每幅 1∶10 000 比例尺地形图分成四幅 1∶5 000 图，其编号是在 1∶10 000 图编号后加“—”后，再加小写英文字母 a、b、c 或 d。1∶5 000 图幅的 1/9 即为 1∶2 000 地形图图幅。其编号是在 1∶5 000 图幅编号后加“-”，再分别加 1～9。由于统一分幅是梯形分幅，图廓点坐标是按经纬度查表得出的，故各种比例尺的图廓尺寸不尽相同。

二、矩形分幅与编号

矩形分幅指图幅形状呈矩形或正方形。矩形图幅不按经纬线展绘图廓线。千米格网线构成直角坐标格网，图幅四周千米格网线即为测图的内图廓线。矩形分幅适用于小面积或独立地区大比例尺地形图测图。其平面坐标有时可以采用独立直角坐标系（即假定平面直角坐标系），更多的场合使用高斯平面直角坐标单独分幅。分幅方法是用所在图幅内按高斯平面坐标系计算出的控制点 X、Y 值，并参照这些控制点在测区内分布情况，确定图幅左下角坐标。此种分幅图廓点坐标不与梯形统一分幅图廓点坐标一致。可以说图廓内测绘面积是跨梯形图幅的测绘面积。

矩形图幅大小有 40 cm×40 cm，50 cm×50 cm，50 cm×40 cm 等几种（见表 7-3）。

矩形分幅是以 1∶5 000 图为基础，取其图幅西南角的坐标值（以千米为单位）作为 1∶5 000图的编号。如图 7-13 所示的 1∶5 000 图的编号为 20—60。每幅 1∶5 000 图可分成 4 幅 1∶2 000 图，分别以Ⅰ、Ⅱ、Ⅲ、Ⅳ编号。每幅 1∶2 000 图又分成 4 幅 1∶1 000 图，每幅 1∶1 000 图再分成 4 幅 1∶500 图，它们的编号均用罗马数字Ⅰ、Ⅱ、Ⅲ、Ⅳ表示。另外，各种比例尺图的编号的编排顺序均为自西向东，自北向南。在图 7-13 中，绘有阴影线的 1∶2 000 图号为 20—60—Ⅰ，绘有阴影线的 1∶1 000 图号为 20—60—Ⅲ—Ⅳ，而绘有阴影线的 1∶500 图号为 20—60—Ⅳ—Ⅳ—Ⅱ。

由于矩形分幅不是全球统一分幅，其编号方法较灵活，可以根据实用自行拟定图号，很便于使用。

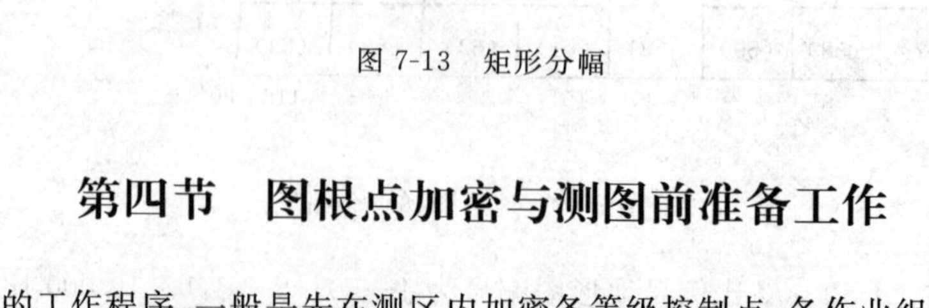

图 7-13 矩形分幅

第四节 图根点加密与测图前准备工作

地形测图的工作程序，一般是先在测区内加密各等级控制点，各作业组再依据高级控制点加密图根点，当图根点不能满足测图需要时，再增补测站点。而后充分利用各级控制点和测站点做测图时的测站进行测绘地形图。对分幅测绘的每幅图经过拼接、全面检查、验收和

清绘与整饰，连同技术总结一起移交。在第六章已介绍过各级控制点（含图根点的）测量方法和技术要求，本节重点介绍图根点的加密与测图前准备工作。

一、图根点的测量和加密方法

图根点的测量方法可根据测区的条件，布设成线形锁、中点多边形、交会、导线等形式，也可用 GPS 定位法测定图根点。目前测距仪和全站仪的普及，使以光电测距导线作为图根控制居多。更为方便的方法是以全站仪极坐标法测定图根点。图根高程多采用全站仪三角高程。

全站仪用于测图时可采用一种称为一步测量法测定图根点。所谓一步测量法，就是利用全站仪直接测定、存储坐标的功能，从高级点开始，用导线的形式直接测定各点坐标。但不需将全部导线测定后再测图，而是测定一个点坐标之后，直接利用该点坐标作为已知数据进行测图，即将每一点的图根测量和测图统一起来，不再分步进行。这一站的附近地形图测绘结束后，再移到下一站，同样是测定图根之后直接测图，一直联测到另一个高级控制点。当出现坐标闭合差时，按点间距离成比例将闭合差配赋到各图根点上，而不需改动测图内容。这里要注意的是，导线的总长不应超过有关规定，即出现的坐标闭合差不能超过所测图的比例尺精度。为了保证最后坐标闭合合差不超限，每站转测时都应有有效的拴接方法。在等级点下加密图根点时，不应超过二次附合。

二、测图前准备工作

（一）图纸准备

图纸准备是将各类控制点坐标展绘在图纸上以供测图之用。目前广泛采用透明聚酯薄膜片作为图纸。经热定型处理的聚酯薄膜片，在常温时变形小，不影响测图精度。膜片表面光滑，使用前需经磨版机打毛，使其毛面能吸附绘图墨水及便于铅笔绘图。膜片是透明图纸，测图前在膜片与测图板之间衬以白纸或硬胶版，透明膜片与图板用铁夹或胶纸带固定。小地区大比例尺测图时，往往测区范围只有一两幅图，则可用白纸作为图纸。将图纸用胶带固定在图板上，图纸与图板间不能存有空气。

（二）绘制坐标格网

各种控制点需根据其平面直角坐标值 x、y 展绘在图纸上。为此需在图纸上选绘出 10 cm×10 cm 正方形格网，作为坐标格网（又称方格网）。用坐标展点仪（直角坐标仪）绘制方格网，是快速而准确的方法。

图 7-14 所示为五四型格网尺，它是一根金属尺，适用于绘制 50 cm×50 cm 的方格网。格网尺上每隔 10 cm 有一方孔；每孔有一斜边，最左端的孔为起始孔，起始孔的斜边是一直线。其上刻有一细线为指示零点的指标线。其余各孔及尺的末端（右端）的斜边均是以零点为圆心，各以 10 cm、20 cm、30 cm、40 cm、50 cm 及 70.711 cm 为半径的短弧线。70.711 cm 为 50 cm×50 cm 正方形对角线的长度。用坐标格网尺绘制坐标格网的方法和步骤如图 7-15所示。

(1) 用削尖的铅笔在图纸的下边缘画一直线（并且使其与下边缘平行）。在直线上定出左端点 a，将尺的零点对准 a，沿各孔画与直线相交的短线，最后定出右端点 b[图 7-15(a)]。为了保留图廓外整饰所需宽度，应使绘制的方格网位于图板中央，为此，要先大致确定 a、b 两点的

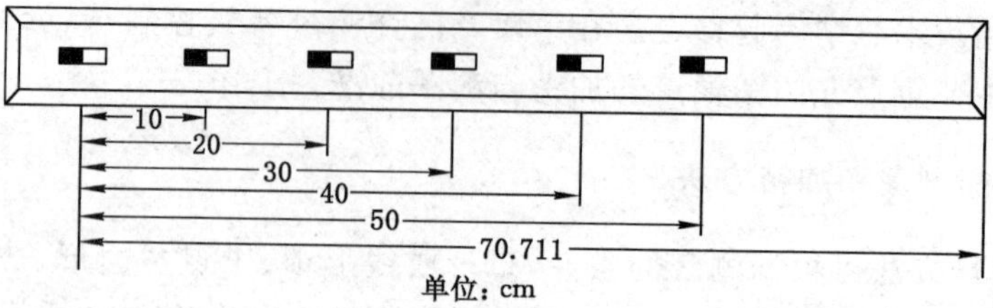

图 7-14 坐标格网尺

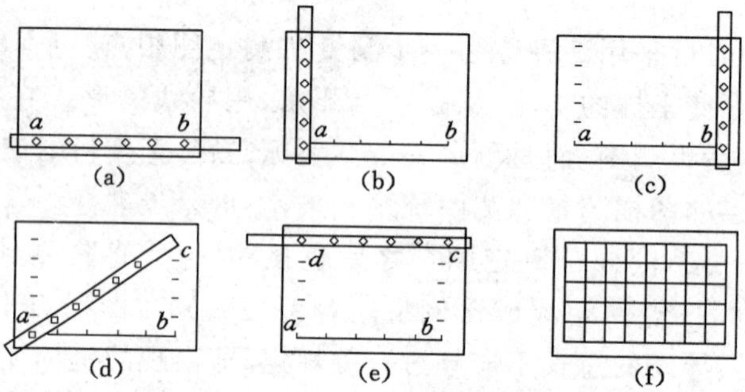

图 7-15 用坐标格网尺绘制坐标格网

图上的概略位置。

(2) 将尺的零点对准 a，目估尺子垂直于直线 ab，沿各孔画短线[图 7-15(b)]。

(3) 将尺的零点对准 b，目估使尺子垂直于直线 ab，沿各孔画短线[图 7-15(c)]。

(4) 将尺的零点对准 a，使尺子沿对角线放置，依尺子末端斜边画弧线，使之与右上方第一条短弧线相交得 c 点[图 7-15(d)]。

(5) 目估使尺子与图纸上边缘平行，将尺子的零点对准 c，使尺子的末端与左上方第一条短弧线相交得 d 点，并沿各孔画短线[图 7-15(e)]。

(6) 连接 a、b、c、d 各点，测得每边为 50 cm 的正方形。再连接正方形两对边的相应分点，即得每边为 10 cm 的坐标方格网[图 7-15(f)]。

绘出坐标格网后，应检查方格的正确性。首先用整个图幅对角线 ac、bd 检查，ac 应等于 bd。并检查对角线长度是否正确，其误差允许值不超过图上 0.2 mm。超过此值应重新绘制格网。其次，检查每一方格角顶是否在同一直线上。用直尺沿与 ac 及 bd 平行方向推移，若角顶点不在同一直线上，其偏差值应小于图上 0.2 mm(图 7-15 中 ab)。超过允许偏差值时，应改正或重绘。

(三) 展绘控制点

坐标格网绘制并检查合格后，根据图幅在测区内位置，确定坐标格网左下角坐标值，并将此值注记在内图廓与外图廓之间所对应的坐标格网处，如图 7-16 所示。然后，进行点的坐标展绘。展点可用坐标展点仪将控制点、图根点坐标按比例缩小逐个地绘在图纸上。下面介绍人工展点方法。例如，控制点 D 坐标为：$X_D=46\ 175$ m，$Y_D=87\ 660$ m(见图7-16)。首先确定 D 点所在方格位置为 $mnlk$。自 m、n 向上量 $ma=nb=75/M$(M 是比例尺分母)，再用 $ka=lb=25/M$ 检查，得出 a、b 两点。同样用 y 值得出 c、d 两点。ab 与 cd 交点即为 D 点在图上位置。同样方法将图幅内所有控制点展绘在图上。用实地长度与图上长度对比检查，其边长不符值应小于图上 0.3 mm。展绘完控制点平面位置并检查合格后，擦去图幅内多余线条。图纸上只留下图廓线、四角坐标、图号、比例尺以及方格网十字交叉点处 5 mm 长的相互垂直短线，用符号标出控制点及其点号和高程。现在，利用计算机和绘图仪已能高质量完成方格网绘制及展点工作。

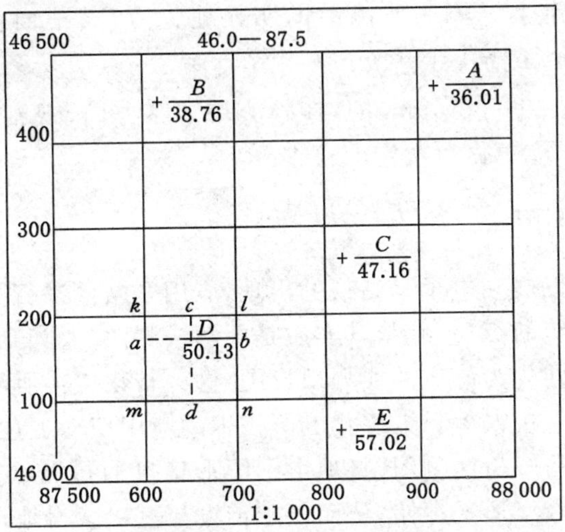

图 7-16　展绘控制点

第五节　大比例尺地形图的测绘

测图时将安置仪器的控制点成为测站点。测图的方法较多，下面介绍一些常用测图方法。

一、经纬仪测绘法

经纬仪测绘法是将经纬仪置于测站上，并用经纬仪测定至碎部点的方向与已知方向之间的夹角，用视距法或卷尺丈量控制点到碎部点的距离。根据测量数据用量角器在图板上以极坐标远离确定地面点位，并进行勾绘成图，称为经纬仪测绘法。下面叙述经纬仪测绘法测图步骤。

(1) 将经纬仪安置在测站上并量出仪器高。以盘左 0°00′00″对准相邻任一图根点，作为起始方向读数。自起始方向顺时针转动照准部，逐个照准碎部点。读出测站点至碎部点方向值，并用视距法求出测站与碎部点间距离和高差。

(2) 在图板上用量角器将碎部点与起始方向间夹角绘在图上，也就是将测站至碎部点方向线绘在图上。在此方向线上按比例截取测站至碎部点所测的距离，得出碎部点平面位置。再将用视距法求出碎部点的高程注记在图上碎部点位置旁。

(3) 参照地面情况，用地物符号将碎部点连接起来；根据碎部点高程，绘出表示地貌的等高线。至此完成一个测站的测图工作。

测图时需注意以下几点：

(1) 测图前应检查经纬仪竖盘指标差，其值不应大于 2″，否则应进行校正或在视距计算中加入指标差改正数。

(2) 设站时应进行必要的检查:

① 测站点检查:用视距法测绘另一测站点,水平距离较差不应大于图上 0.2 mm;高程较差不应大于 1/5 等高距。

② 重合点检查:测定上一测站所测绘的明显地物点,其平面位置较差不应大于图上 $2\sqrt{2}\times0.6$ mm,高程较差不应大于 $2\sqrt{2}\times1/3$ 等高距。

③ 观测过程中每测 20~30 个碎部点应检查一下零方向,观察水平度盘位置是否发生变动。测站工作结束时,应再做一次定向检查。

二、全站仪数字化测图法

随着计算机技术的发展和电子全站仪的出现,应用全站仪进行数字化测图,正在得到大力开发和推广应用。传统的纸质测图,其实质是图解法测图。在测图过程中,将测得的观测值——数字值按图解法转化为静态的线划地形图,这种转化使得所测数据精度大大降低,设计人员用图时又要产生解析误差。数字化测图技术的应用使得上述问题迎刃而解。

数字化测图的实质是解析法测图,将地形图图形信息通过测绘仪器或数字化仪转化为数字量,输入计算机,以数字形式存储,从而便于传输与直接获得地形的数量指标,需要时通过显示屏显示或用绘图仪绘制出纸质地形图。因其数据成果易于存取,便于管理,所以是今后建立地理信息系统(GIS)的基础。

(一) 全站仪测图的主要设备配置

1. 全站仪

全站仪照准镜站目标后,可以自动测距、测角,亦可以得到高差、高程、坐标等。由于电子全站仪可以对采集到的数据进行预处理和自动存储,避免了读数、计算、记录数据的误差和可能发生的错误,又由于电子全站仪测距精度高,测定碎部点时其视距长度可以大大增加,因而大大减少了图根控制点,极大地减少了控制测量工作量。

2. 计算机和绘图软件

全站仪在野外采集的数据,可以通过数据输出接口与计算机相连接,直接输入计算机,避免了大量数据转抄可能发生的错误。测图软件装在计算机上,对外业数据进行处理并生成数字地图。

3. 绘图仪

当需要使用纸质图时,还需配备绘图仪。绘图仪分为滚筒式和平台式,有多种类型和幅面。使用时用专用接口直接与计算机相连。用全站仪测图的作业模式还有以下几种:

(1) 野外全站仪测得的数据通过远程无线通信直接传输给室内计算机,内业操作人员根据计算机上生成的图像中存在的问题,通过远程无线通信遥控外业人员及时修测和补测。

(2) 全站仪测得的数据通过数据输出接口输入野外的便携式计算机,在野外直接修测、补测,完成测图。

(3) 由于全站仪测图视距可达几百米、上千米,因此测站上的人员对镜站处的地形、地物不甚清楚,一旦镜站编码出现问题,便会给测图带来麻烦。比较先进的方法是全站仪把测得的数据通过无线通信传输给镜站的便携式计算机,由镜站人员将实地地形与站板上的图形相对照,边走边测,避免了可能发生的丢测、错测,提高了精度和速度。也有在全站仪上安装伺服马达由镜站人员遥控全站仪进行跟踪操作的。如此测图，全部工作只需镜站上一个人，故也称为“一人系统”。

（二）数据采集

在控制点、加密的图根点或测站点上架设全站仪，全站仪经定向后，观测碎部点上放置的棱镜，得到方向、竖直角（或天顶距）和距离等观测值，记录在电子手簿或全站仪内存；或者由记录器程序计算碎部点的坐标和高程，记入电子手簿或全站仪内存。野外数据采集除碎部点的坐标数据外还需要有与绘图有关的其他信息，如碎部点的地形要素名称、碎部点连接线型等，以便由计算机生成图形文件，进行图形处理。为了便于计算机识别，碎部点的地形要素名称、碎部点连接线型信息也都用数字代码或英文字母代码来表示，这些代码称为图形信息码。根据给以图形信息码的方式不同，野外数据采集的工作程序分为两种：一种是在观测碎部点时，绘制工作草图，在工作草图记录地形要素名称、碎部点连接关系，然后在室内将碎部点显示在计算机屏幕上，根据工作草图连接碎部点，输入图形信息码和生成图形，如图 7-17 所示。另一种是采用笔记本电脑和掌上电脑作为野外数据采集记录器，可以在观测碎部点之后，对照实际地形输入图形信息码和生成图形。

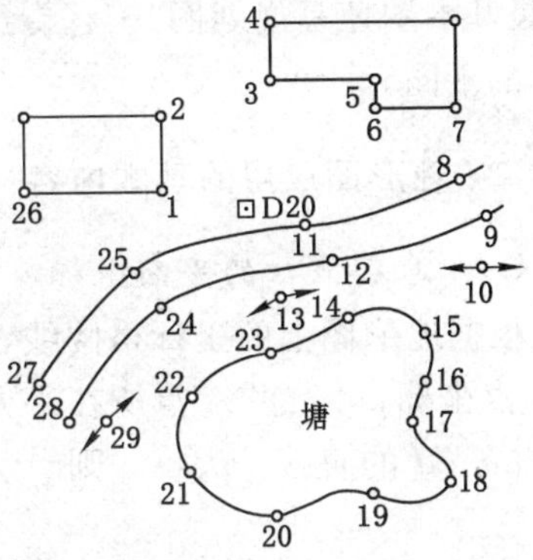

图 7-17　野外碎部测量绘制的工作草图

第六节　地形图的应用

对于各种工程建设，地形图是必不可少的基本资料。在每一项工程建设之前，都要先进行地形测量工作，以获得规定比例尺的现状地形图。对于相关工程专业人员，能够正确地判读和使用地形图，具有十分重要的意义。

一、地形图应用概述

（一）用图比例尺的选择

各种不同比例尺地形图，所提供信息的详尽程度是不同的，要根据使用地形图的目的来选择。例如，对于一个城市的总体规划或一条河流的开发规划，都可能涉及大片地区，需要的是宏观的信息，就得使用较小比例尺的地形图。对于居民小区和水利枢纽区的设计，则多使用 1∶10 000 和 1∶5 000 地形图。详细规划和工程项目的初步设计，可以用 1∶2 000 地形图。对于小区的详细规划，工程的施工图设计，地下管线和地下人防工程的技术设计，工程的竣工图，为扩建和管理服务的地形图，城镇建筑区的基本图，多用 1∶1 000 和 1∶500 比例尺图。当同一地区需要用到多种比例尺国家基本图幅地形图，如 1∶10 000、1∶5 000、1∶2 000 梯形分幅的国家基本图，一般采用国家统一规定的高斯平面直角坐标系的地形图。要注意区分其坐标系统是 1954 年北京坐标系还是 1980 年国家大地坐标系。有些城市地形图使用城市坐标系，有些工程建设用的地形图是独立坐标系。至于高程系统，要注意区分高程基准是采用“1956 年黄海高程系统”还是“1985 国家高程基准”。地形图的信息是通过图例符号传达的，图例符号是地形图的语言。用图时，首先要了解该幅图使用的是哪一种图例，并对图例进行认真阅读，了解各种符号的确切含义。此外，若要正确判读地形图还要在了解地形图符号的含义后，对其正确理解，将其具体化、形象化，使符号所表达的地物、地貌在头脑中形成立体概念。

（二）了解图的施测时间等要素

地形图反映的是测绘时的现状，读图用图时要注意图纸的测绘时间。如果图纸未能反映的地物、地貌变化，应予使用最近修测、补测现势性强的图纸为好。另外还要注意图的类别，是基本图还是规划图、工程专用图，是详测图还是简测图等，注意区别这些图精度和内容取舍的不同。

二、地形图应用的基本内容

（一）求解点位的平面坐标

根据地形图上的坐标格网线，可以求出地面上任意点位的平面坐标。如图 7-18 所示，求 A 点坐标，可先将 A 点所在小方格用直线连接，即得正方形 $abcd$；然后过 A 点分别作平行于 ab、ad 的直接 gh、ef。则 A 点坐标为

$$\left.\begin{aligned} X_A &= X_a + ag \\ Y_A &= Y_a + ae \end{aligned}\right\} \tag{7-1}$$

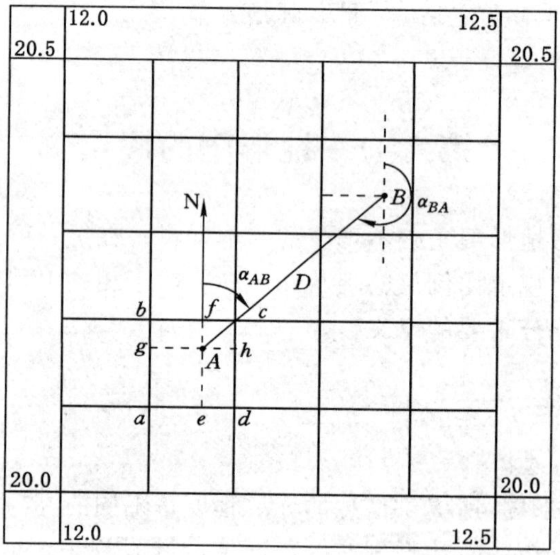

图 7-18 求解点的坐标

如果精度要求高，则应考虑图纸伸缩，按线性内插法计算。

$$\left.\begin{aligned} X_A &= X_a + \frac{ag}{ab} \times 0.1 \\ Y_A &= Y_a + \frac{ae}{ad} \times 0.1 \end{aligned}\right\} \tag{7-2}$$

（二）求解点位的高程

如果某点位置恰好位于某条等高线上，则这点的高程就等于该等高线的高程。如果所求点位于两条等高线之间，则可用线性比例内插法计算。如图 7-19 中 M 点，过 M 点作一

条大致垂直于相邻等高线的线段 PQ。设等高距为 h,则有:

$$H_M = H_P + \frac{PM}{PQ}h \tag{7-3}$$

实际应用中可据上式原理,估出某点高程。

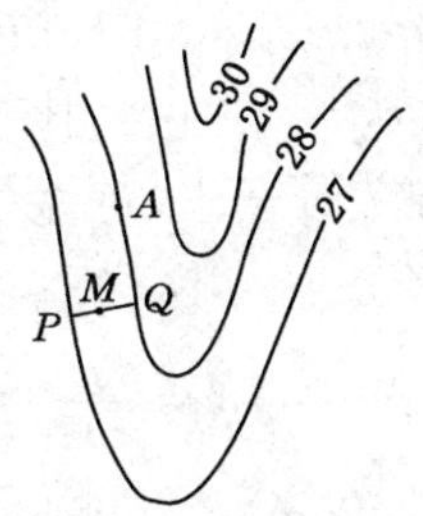

图 7-19　求解点的高程

（三）求解两点间距离

如图 7-18 所示,要确定 AB 直线的水平距离,可采用解析法或图解法求算。

1. 图解法

图解法是用卡规在图上直接卡出 AB 长度,再与图上图示比例尺比量。如果没有图示比例尺,且精度要求不高时,亦可用三棱尺按相应比例尺读数面直接在图上量测。

2. 解析法

当精度要求较高或两点不在同一幅图上,可用解析法量测。即首先按前述方法分别求出 A、B 点平面坐标,再按两点间距离公式计算。

$$D_{AB} = M\sqrt{(X_B - X_A)^2 + (Y_B - Y_A)^2} \tag{7-4}$$

（四）求解直线坐标方位角

如图 7-18 所示,求直线 AB 的坐标方位角,可采用图解法和解析法。

1. 图解法

如图 7-18 所示,分别过 A、B 点作平行于坐标纵线的直线,然后用量角器量测 $\alpha_{AB} = \alpha_{BA} \pm 180°$,即为所求。如果不等,可取其中数作为最后结果。

2. 解析法

当精度要求高或 A、B 点不在同一幅图上时,可用解析法计算,即先求出 A、B 两点的平面坐标,则有:

$$\alpha_{AB} = \arctan\left(\frac{Y_B - Y_A}{X_B - X_A}\right) = \arctan\frac{\Delta Y_{AB}}{\Delta X_{AB}} \tag{7-5}$$

坐标方位角在哪一个象限及其数值,可根据 ΔX_{AB} 和 ΔY_{AB} 的正负号来判断或直接在图上确定。

（五）求解直线的坡度

如图 7-20 所示,要确定图中地面线 AB 的坡度 i,可先量测出两点间水平距离 D 与高差 h。设图示比例尺为 M,则:

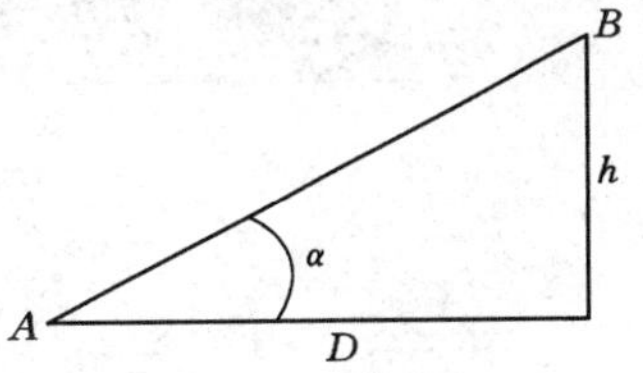

图 7-20　求解坡度

$$i = \tan\alpha = \frac{h}{D} = \frac{h}{d \cdot M} \tag{7-6}$$

式中 d 为图上两点间的长度。坡度值的结果往往用百分率或千分率来表示。一般情况下,一条直线上的坡度是变化的,通常所谓直线的坡度,是指该直线的平均坡度。

（六）按限制坡度选定最短路线

在某些工程建设(如道路、渠道、管线等)的工程设计时,常遇到坡度限制的问题。利用地形图,就可以在图上规划设计线路位置、走向和坡度,计算工程量,进行方案间的比较。如

图 7-21 所示，要从山底 A 到山顶 B 点修一条公路，限制坡度 i 为 5%。图的比例尺为 1∶2 000，等高距 h 为 5 m。要满足设计要求，可先求出路线在相邻等高线之间的最小平距 d。

$$d=\frac{h}{iM}=\frac{5}{0.05\times 2000}=0.05\ (\mathrm{m})$$

然后，以 A 点为圆心，d 为半径作弧，交 55 m 等高线于 1 及 1′点，再分别以 1 及 1′点为圆心，d 为半径作弧交 60 m 等高线于 2 及 2′点，如此直到线路到达山顶 B 点，然后把相邻点连接起来，即为所求最短线路。如果相邻等高线间平距大于 d，说明地面坡度小于坡度，路线可按实际情况，反复比较不同方案，选择其中施工方便、经济合理的一条。

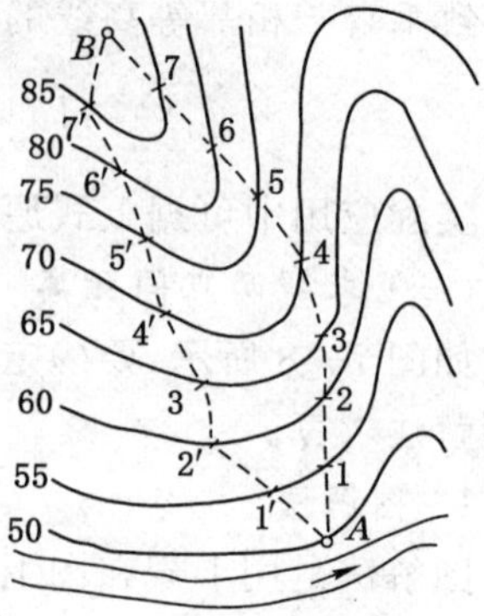

图 7-21 路线选择

（七）绘制断面图

所谓断面图，就是用一个竖直平面与地面相截，其交线反映在图纸上就称为断面图。它能直观地表示一定方向的地形起伏变化，在线路、管线、隧道、桥梁等工程设计时，常用到断面图。

如图 7-22 所示，AB 方向的断面图绘制方法如下：首先在方格纸或绘图纸上绘一坐标系，横轴表示水平距离，纵轴表示高程，水平距离的比例尺与地形图的比例尺一致。为了能更明显地表示出地面起伏状况，高程的比例尺为水平距离比例尺的 10～20 倍。然后以 A 点作为原点，分别在原地形图上量取 AB 方向线上各等高线各交点到起点 A 的距离，按所量距离分别在横轴上标出 1、2、3…各点，再在地形图上读取各交点的高程，如图 7-22(b)所示。对于一些特殊点位如断面过山脊和山谷处的方向变化点的高程。可用内插法求出。这样根据各点的高程在纵坐标线上标出相应点位，最后用光滑曲线把相邻点连接起来，就可得到 AB 方向线的断面图。

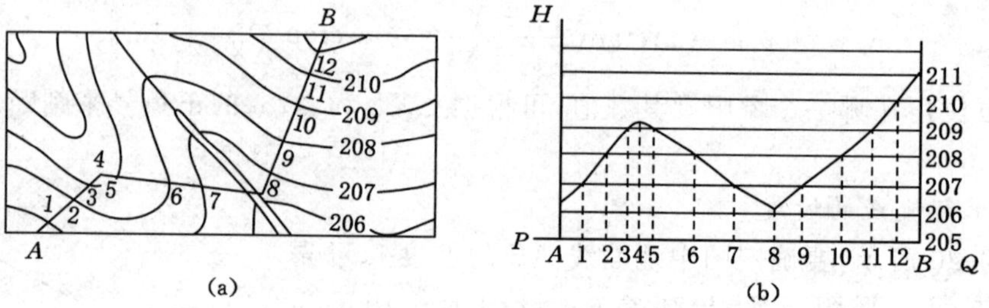

图 7-22 断面图的绘制

三、地形图上求算平面面积

（一）图解法

图解法是将欲计算的复杂图形分割成简单图形如三角形、平行四边形、梯形等再量算。如果图形的轮廓线是曲线，则可把它近似当作直线看待，精度要求不高时，可采用透明方格法、平行线法等计算。

1. 透明方格网法

用透明的方格纸蒙在图纸上，统计出图纸所围的方格整格数和不完整格数，然后用目估法对不完整的格数凑整成整格数，再乘以每一小格所代表的实际面积，就可得到图形的实地面积。也可以把不完整格数的一半凑成整格数参与计算。

2. 解析法

对于三角形或任意多边形，如果知道各顶点的坐标，则可采用解析法来计算。如图7-23所示，求四边形 1234 的面积 S。

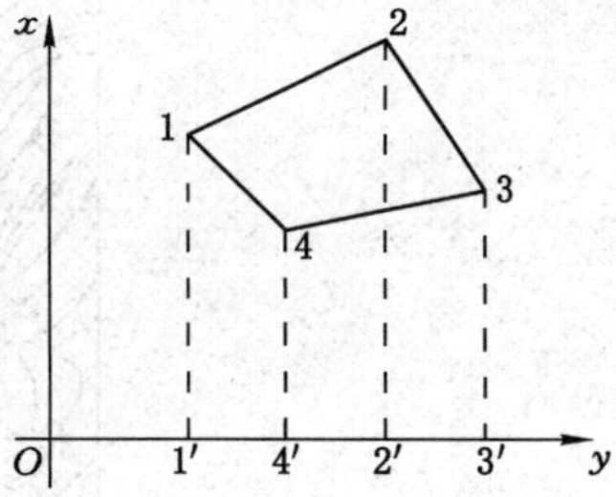

图 7-23　解析法

从图中可以看出，四边形 1234 的面积 S 等于梯形 $11'2'2$加梯形 $22'3'3$ 的面积减去梯形 $11'4'4$ 和梯形 $44'3'3$ 的面积，则有：

$$S=(S_{11'2'2}+S_{22'3'3})-(S_{11'4'4}+S_{44'3'3})$$
$$=\frac{1}{2}[(X_1+X_2)(Y_2-Y_1)+(X_2+X_3)(Y_3-Y_2)]-$$
$$\frac{1}{2}[(X_4+X_1)(Y_4-Y_1)+(X_3+X_4)(Y_3-Y_4)]$$

展开整理后有：

$$S=\frac{1}{2}[X_1(Y_2-Y_4)+X_4(Y_1-Y_3)+X_3(Y_4-Y_2)+X_2(Y_3-Y_1)]$$

或者有：

$$S=\frac{1}{2}[Y_1(X_4-X_2)+Y_4(X_3-X_1)+Y_3(X_2-X_4)+Y_2(X_1-X_3)]$$

推广到任意至任意多边形有：

$$S=\frac{1}{2}\sum_{k=1}^{n}Y_k(X_{k+1}-X_{k-1}) \tag{7-7}$$

或

$$S=\frac{1}{2}\sum_{k=1}^{n}X_k(Y_{k-1}-Y_{k+1}) \tag{7-8}$$

应用上式应注意：

(1) 多边形点位的编号顺序，按逆时针编号时面积为正，反之为负。

(2) 当下标 $k-1=0$ 时，$Y_0=Y_n$，$X_0=X_n$；当下标 $k+l=n+1$ 时，$Y_{n+1}=y_1$，$X_{n+1}=X_1$。

四、在地形图上确定汇水范围

当铁路、道路跨越河流或山谷时，需要建造桥梁或涵洞。在设计桥梁或涵洞的孔径大小时，需要知道将来通过桥梁或涵洞的水流量，而水流量是根据汇水面积来计算的。汇水面积指的是雨水流向同一山谷地面的受雨面积。

为了计算汇水面积，需要先在地形图上确定汇水范围。汇水范围的边界线是由一系列的分水线连接而成的。根据山脊线是分水线的特点，如图 7-24 所示，将同顶 B、C、D、…、H 等沿着山脊线，通过鞍部用虚连接起来，即得到通过桥涵 A 的汇水范围。

五、地形图在地质勘探工程中的应用

地质勘探是大量使用地形图的部门，使用最多的有如下几个方面。

(一) 地质填图

地形地质图是地质勘探成果最基本的图件，它反映了勘探区域中地形、地物的矿层的分

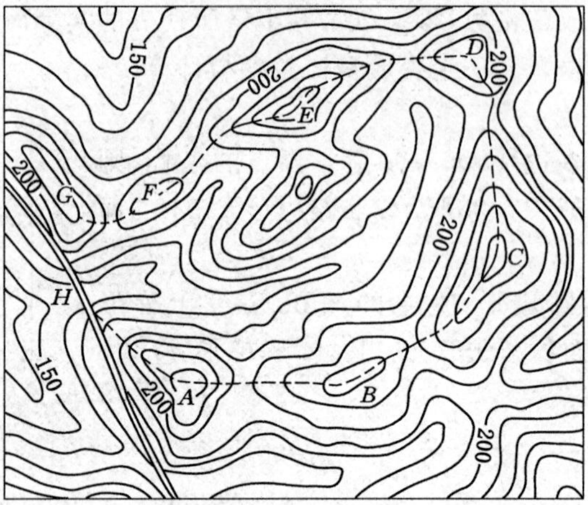

图 7-24 汇水面积的确定

布范围、产状变化、地质构造等。地形地质图是采矿、厂房、铁路、高压线路等设计的重要依据。地形地质图是通过地质填图绘制的。

（二）勘探线设计

钻探工程都是沿勘探线进行的。为使钻探工作收到预期的效果，勘探线需要在地形图或地形地质图上设计出勘探线的位置、勘探线的线距及钻孔的间距。

（三）储量计算

在初查阶段，矿藏的储量计算是在地形图上进行的。储量计算的方法很多，这里只介绍三棱柱法，其方法和步骤如下。

(1) 根据地形图的比例尺算出构成三角形的三个钻孔所代表的实地面积 D；

(2) 根据钻孔所见矿层的高程确定矿层的倾角 δ，该三角形内矿层的空间面积$S=D/\cos\delta$；

(3) 根据钻孔所见矿层的垂直厚度 H'，确定矿层的法线厚度 $H=H'\cos\delta$；

(4) 计算三角形内矿层的平均法线厚度 $H_{平}=1/3(H_1+H_2+H_3)$；

(5) 矿层的体积 $y=s\cdot H_{平}=s/3(H_1+H_2+H_3)$；

(6) 矿层的体积乘以矿层的质量密度为该三角形内的储量；

(7) 以上述方法求各钻孔三角形的储量，并求出各三角形的储量之和。

（四）根据地形图作地质剖面图

地质剖面图一般应按照剖面测量的方法绘制，当地质剖面图要求的精度不高时，可根据已有地形图进行切绘。

六、地形图在采矿工程中的应用

地形图在采矿中的应用十分广泛，主要包括如下几个方面：

(1) 根据矿藏的埋藏情况及地形情况，确定井口和工业广场的位置。

(2) 根据矿藏的分布情况及主要地质构造，在地形图上确定井田技术边界的位置。

(3) 根据矿藏的埋藏情况及地形情况布置铁路和高压供电线路，为了避免开采下沉的影响，铁路和高压线路不应布置在开采矿层的上方。

(4) 根据地形图布置工业广场内所有工业建筑物和设施的位置及地下电缆、管道和保护煤柱的边界。

(5) 利用地形图编绘井上、下对照图。

七、地形图在农田水利工程中的应用

(一) 农业区域规划

大面积的农田区域规划需要在地形图上进行，主要包括以下几种：

(1) 林业区域规划。根据地表坡度，一般 25°以上的陡坡宜发展林业，以利水土保持。规划时需将林区的边界、范围标到地形图上。

(2) 作物种植规划。以地形图为底图填绘作物种植规划图，此图可以是单一作物规划图，也可以是多种作物混合种植规划图。各种作物的分布、种植面积、轮作安排在图上一目了然。

(3) 土壤调查。在野外调查的基础上以地形图为底图填绘土壤分布图。土壤分布图是种植规划和科学种田的依据，图上需标出土壤的类型、分布及面积。

(4) 农旱田的改造规划及梯田设计。根据地形的高低和水源状况，规划旱地和水田的改造区域位置和面积；根据地表坡度设计梯田的田面宽度、田坎高度和田坎侧坡。

(5) 土地平整。在农田基本建设当中，岗坡地需要进行平整，其方法与工业广场相似。

(6) 水利工程总体规划。水利工程规划包括库址、坝址位置的选择及渠道的布设。在灌区较大、地形复杂的地区，应结合排灌的需要、地势的高低、坡度的大小先在地形图上做出规划，然后结合现场踏勘、方案比较，确定水库、大坝及水渠的最终位置。

(二) 水库水坝选址、库容计算

1. 水库、水坝选址

选址的主要依据如下：

(1) 库址汇水面积的大小。汇水面积和降雨量决定着水库的蓄水量，选址时应按地形图将不同地区的汇水界线勾绘出来并量测其面积。

(2) 坝身的长度。水库的拦水坝越长，则投资则越大，因此坝址应选在狭小的山谷口处。

(3) 库址应高于农田并靠近农田，这样可以自流灌溉。

(4) 其他因素，如库底是否漏水，库区是否有充足、永久的泉水等。

2. 库容计算

库容是水库最高水位线以下蓄水量的体积。计算库容时，先求出淹没面积之内各条等高线所围成的面积，然后计算各相邻等高线之间的体积，最后求各体积之和即为库容。

第八章 测设的基本工作

在测绘工作中,测设也称为放样或标定,是测定的反过程。测定是把地面上的实物按几何要素绘制到图纸上,测设则是将图纸上设计的建(构)筑物的几何要素标定到实地,作为施工的依据。因此,任何工程设计的付诸实施,都离不开测设工作,本章主要介绍水平距离、水平角、点的高程等几何要素的测设以及点的平面位置、设计坡度线等基本测设工作的作业方法。

第一节 测设水平距离

一、一般方法

在已知方向上,按一般精度测设设计距离时,只要从起点 A 开始,按钢尺量距的一般方法,沿标定的方向拉紧拉平钢尺,在已知长度处打一木桩,再按标定的长度在木桩上打一小钉,起点到小钉的距离即为欲标定的水平距离。然后,改变起始读数,再标定一次。两次标定结果的较差若在限差之内,则取其平均值作为最后结果。

二、精确方法

当测试精度较高时,应按钢尺量距的精密方法进行测试,具体作业步骤如下:

(1) 将经纬仪安置在 A 点上,标定出给定的直线方向,沿该方向粗测并在地面上打下尺段桩和终点桩(桩顶刻十字标志)。

(2) 用水准仪测定各相邻桩桩顶之间的高差。

(3) 按精密丈量的方法先量出各整尺段的距离,并加尺长改正、温度改正和高差改正,计算每尺段的长度及各尺段长度之和,得最后结果为 D_0。

(4) 用已知应测设的水平距离 D 减去 D_0 得余长 q,即 $D-D_0=q$,然后计算余长段应测设的距离 q':

$$q' = q - \Delta l_d - \Delta l_t - \Delta l_h \tag{8-1}$$

式中,Δl_d、Δl_t、Δl_h 为余长段相应的三项改正。

(5) 根据 q'在地面上测设余长,并在终点桩上做出标志,即为所测设的终点 B。如与粗测标定的终点桩不符,应另打终点桩。

用电磁波测距仪测设水平距离,是快速、高精度的方法。目前中短程红外测距仪和全站仪都专门为测设距离设置了跟踪测量功能。在使用测距仪测设距离时，要特别注意应使用平距测量挡标定设计的水平距离。

第二节　测设水平角

测设已知水平角是根据一个已知方向（该角的起始边方向）和设计的水平角值，标定出该角的另一个方向（该角的终边方向）。

一、一般方法

当测设水平角的精度要求不高时，可用盘左、盘右取中数的方法，如图 8-1 所示，设地面上已有 AB 方向线，从 AB 向右测设已知 β 的水平角。为此将经纬仪安置在 A 点，用盘左瞄准 B 点，读取度盘数值；松开照准部制动螺旋，旋转照准部，使度盘读数增加 β 角值，在此视线方向上定出 C' 点。为了消除仪器误差和提高测设精度，用盘右重复上述步骤，再测设一次，得 C'' 点。取 C' 和 C'' 的中点 C，则 $\angle BAC$ 即为所要测设的 β 角。此法又称盘左盘右分中法。

二、精确方法

测设水平角的精度要求较高时，可采用垂线改正的方法，以提高测设的精度。如图 8-2 所示，在 A 点安置经纬仪，先用盘左测设出概略方向 AC_0，并标定出 C_0 点；再用测回法测几个测回（测回数根据精度要求而定），精确地测得 $\angle BAC_0$ 的角值为 β，并测量出 AC_0 的长度，即可按下式计算出垂直改正值 C_0C：

$$C_0C = AC_0 \cdot \tan(\beta - \beta') \approx AC_0 \cdot \frac{\Delta\beta''}{\rho''} \tag{8-2}$$

式中，$\rho''=206\ 265''$。

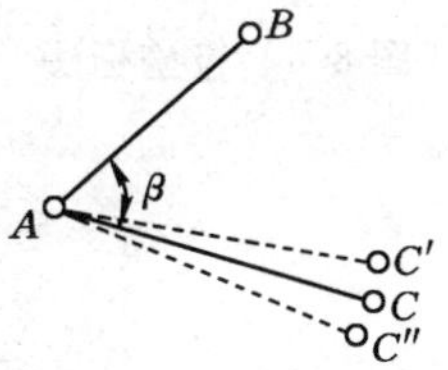

图 8-1　水平角测设的一般方法

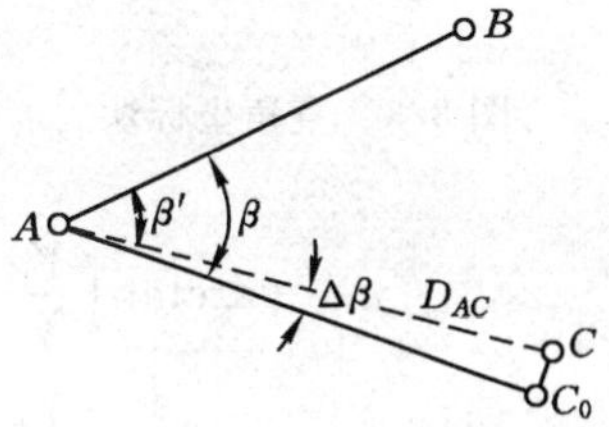

图 8-2　水平角测设的精确方法

在改正时应注意方向，具体改正的方向视 $\Delta\beta$ 的符号而定，即 $\beta'<\beta$ 时，C_0C 为负，这时过 C_0 作 AC_0 的垂线，再从 C_0 沿垂线方向内量 C_0C 定出点 C，则 $\angle BAC$ 即为要测设的 β' 角；反之，若 $\beta<\beta'$ 时则向外量 C_0C，定出点 C。为了检查测设是否正确，还需进行检查测量。

第三节　测设点的平面位置

测设点的平面位置的方法主要有下列几种，可根据施工控制网的形式、控制点的分布情况、地形情况、现场条件及待建建筑物的测设精度要求等进行选择。

一、直角坐标法

当建筑物附近已有彼此垂直的主轴线时，可采用此法。如图 8-3 所示，OA、OB 为两条互相垂直的主轴线，建筑物的两个轴线 MQ、PQ 分别与 OA、OB 平行。设计总平面图中已给定车间的四个角点 M、N、P、Q 的坐标，现以 M 点为例，介绍其测设方法。设 O 点坐标 $x=0$，$y=0$，M 点的坐标 x，y 已知，先在 O 点上安置经纬仪，瞄准 A 点，沿 OA 方向从 O 点向 A 测设距离 y 得 C 点；然后将仪器搬至 C 点，仍瞄准 A 点，向左测设 90°角，沿此方向从 C 点测设距离 x 即得 M 点，并沿此方向测设出 N 点。同法测设出 P 点和 Q 点。最后应检查建筑物的四角是否等于 90°，各边是否等于设计长度，误差在允许范围之内。

上述方法计算简单、施测方便、精度较高，是应用较广泛的一种方法。

二、极坐标法

极坐标法是根据水平角和距离测设点的平面位置。适用于测设距离较短，且便于量距的情况。

图 8-4 中 A、B 是某建筑物轴线的两个端点，附近有测量控制点 1、2、3、4、5，用下列公式可计算测设数据 β_1、β_2 和 S_1、S_2。设 α_{2A}、α_{4B}、α_{23}、α_{43} 表示相应直线的坐标方位角，控制点 1、2、3、4 和轴线端点 A、B 的坐标均为已知，则：

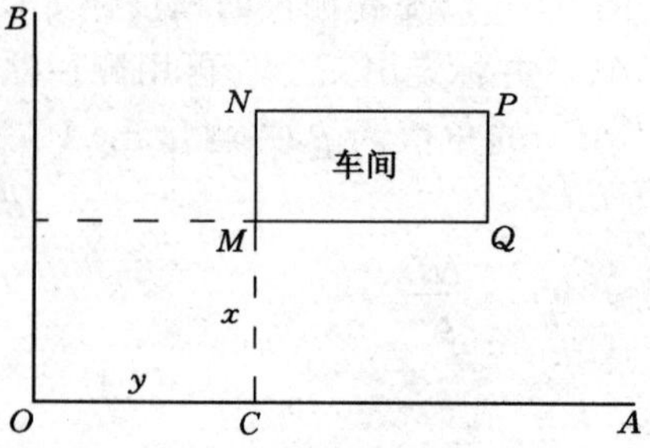

图 8-3 直角坐标法

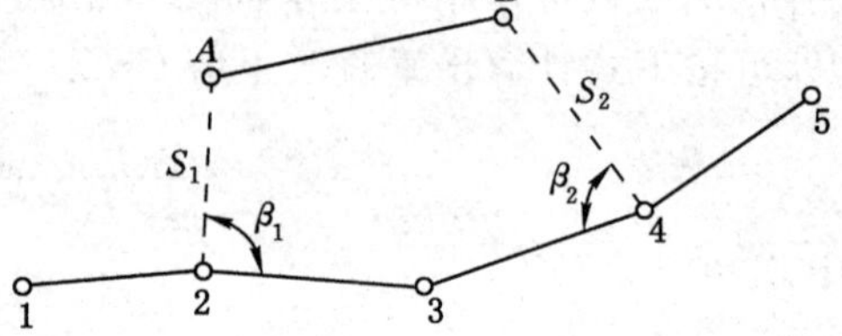

图 8-4 极坐标法

$$
\left.
\begin{aligned}
\alpha_{2A} &= \arctan\left(\frac{Y_A - Y_2}{X_A - X_2}\right) \\
\alpha_{4B} &= \arctan\left(\frac{Y_B - Y_4}{X_B - X_4}\right) \\
\beta_1 &= \alpha_{23} - \alpha_{2A} \\
\beta_2 &= \alpha_{4B} - \alpha_{43} \\
S_1 &= \sqrt{(x_A - x_2)^2 + (y_A - y_2)^2} = \frac{Y_A - Y_2}{\sin \alpha_{2A}} = \frac{X_A - X_2}{\cos \alpha_{2A}} \\
S_2 &= \sqrt{(x_B - x_4)^2 + (y_B - y_4)^2} = \frac{Y_B - Y_4}{\sin \alpha_{4B}} = \frac{X_B - X_4}{\cos \alpha_{4B}}
\end{aligned}
\right\} \qquad (8\text{-}3)
$$

根据上式计算的方位角和距离，即可进行轴线端点的测设。

测设 A 点时，在点 2 安置经纬仪，先测设出 β_1 角（反拨），在 $2A$ 方向线上用钢尺测设 S_1，即得 A 点。再搬仪器至点 4，用同法定出 B 点。最后丈量 AB 的距离，应与设计的长度一致，以资检核。如果使用电子速测仪或全站仪测设 A、B 点的平面位置(图 8-4)，则非常方便，它不受测设长度的限制，测法如下：

(1) 把电子速测仪安置在 2 点，置水平度盘读数为 $0°0'0''$，并瞄准 3 点。

(2) 用手工输入 A 点的设计坐标和控制点 2、3 点的坐标，就能自动计算出放样数据：水平角 β_1 和水平距离 S_1。

(3) 照准部转动(反拨)一已知角度 β_1，并沿视线方向，由观测者指挥持镜者把棱镜在 $2A$ 方向上前后移动棱镜位置，当显示屏上显示的数值正好等于放样值 S_1 时，指挥持镜者定点，即得 A 点。

(4) 把棱镜安置在 A 点，再实测 $2A$ 的水平距离，以资检核。

(5) 同法，将电子速测仪移至 4 点，测设 B 点的平面位置。

(6) 实测 AB 的水平距离，它应等于 AB 轴线的长度，以资检核。

三、角度交会法

角度交会法又称方向线交会法。当待测设点远离控制点且不便量距时，采用此法较为适宜。

如图 8-5 所示，根据 P 点的设计坐标及控制点 A、B、C 的坐标，首先算出测设数据 β_1、β_2、β_3、β_4 角值，然后将经纬仪安置在 A、B、C 三个控制点上测设 β_1、β_2、β_3、β_4 各角，并且分别沿 AP、BP、CP 方向线，在 P 点附近三个方向上各打两个小木桩，桩顶上钉上小钉，以表示 AP、BP、CP 的方向线。将各方向的两个木桩上的小钉用细线绳拉紧，即可交会出 AP、BP、CP 三个方向的交点，此点即为所求的 P 点。由于存在测设误差，若三条方向线不交于一点，会出现一个很小的三角形，称为误差三角形。当误差三角形边长在允许范围内时，可取误差三角形的重心作为 P 点的点位。如超限，则应重新交会。

四、距离交会法

距离交会法是根据两段已知距离交会出点的平面位置。建筑场平坦，量距方便，且控制点离测设点又不超过一整尺的长度时，用此法比较适宜。在施工中细部位置测设常用此法。

具体做法如图 8-6 所示，设 P 点是设计管道的转折点，从设计图纸上求得 P 点距附近控制点的距离分别为 S_1、S_2。用钢尺分别从控制点 A、B 量取 S_1、S_2；其交点即为 P 点的位置。

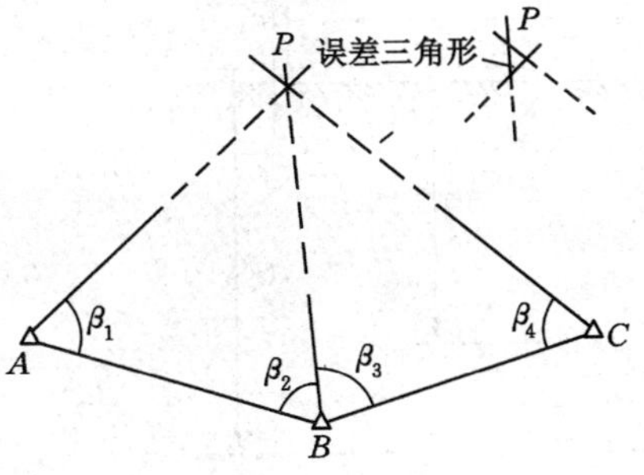

图 8-5　角度交会法

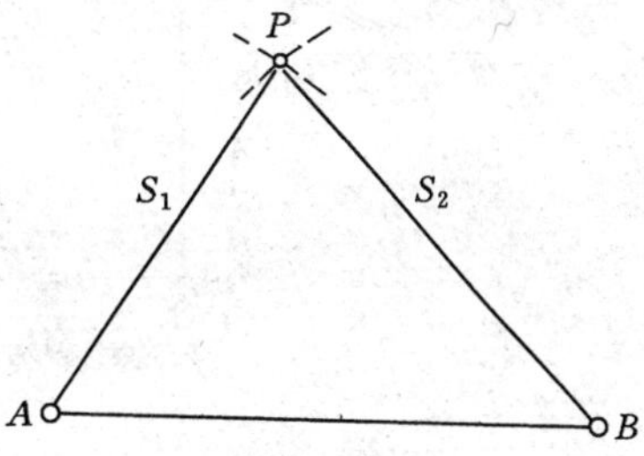

图 8-6　距离交会法

第四节 测设已知高程

测设是按设计所给定的高程根据施工现场已有的水准点进行引测的。它与水准测量不同之处在于:不是测定两固定点之间的高差,而是根据一个已知高程的水准点,标定出设计所给的待定点的高程。在建筑设计和施工的过程中,为了计算方便,一般把建筑物的室内地坪用±0.000 标高表示,基础、门窗等的标高都是以±0.000 为依据进行测设的。

假设在设计图纸上查得建筑物的室内地坪高程为 H_B=8.500 m,而附近有一个水准点 A,其高程为 8.350 m,现要求把建筑物的室内地坪标高测设到木桩 B 上。如图 8-7 所示,在木桩 A 和水准点 B 之间安置水准仪,先在水准点 A 上立尺,若尺上读数为 1.050 m,则视线高程 H_i=8.350+1.050=9.400 m。根据视线高程和室内地坪高程即可算出 B 点尺上的应有读数为 $b=H_i-H_B$=9.400−8.500=0.900 m,然后在 B 点立尺,使尺根紧贴木桩一侧上下移动,直至水准仪水平视线在尺上的读数为 0.900 m 时,紧靠尺底上在木桩上划一道红线,此线就是室内地坪±0.000 标高的位置。

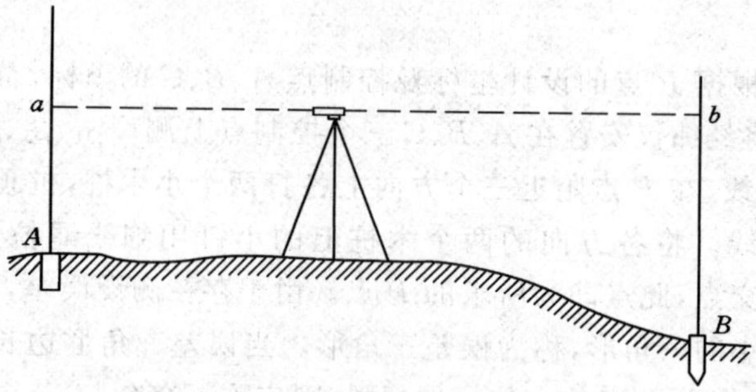

图 8-7 地面上测设已知点高程

当要测定标高与已知水准点高差较大,只用水准尺已无法测定点位的高程时,就必须采用高程传递法,即用钢尺将地面水准点的高程(或室内地坪±0.000)传递到地面所设的临时水准点,然后再根据临时水准点测设所求各点的高程。图 8-8 所示为向地下进行高程传递的示意图,利用高程传递法,将检定过的钢尺悬吊在地面,零点一端向下,挂以重锤,并放入油桶中;然后即可用水准仪逐层引测,地面下 B 点的标高为:

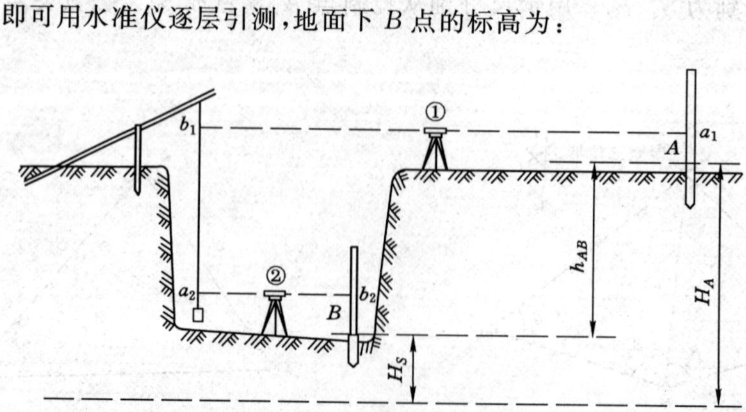

图 8-8 地下测设已知点高程

$$H_B = H_A + a_1 - b_1 + a_2 - b_2 \tag{8-4}$$

式中，a_1、b_1、a_2、b_2 为标尺读数，H_A 为地面 A 点的高程。

为了检核，可采用改变悬吊钢尺位置后，再用上述方法进行读数，两次测得的高程较差不应超过 3 mm。

第五节　测设已知坡度线

测设指定的坡度线，在道路修建、敷设上下水管道及排水沟等工程上应用较广泛。如图 8-9所示，设地面上 A 点高程是 H_A，现要从 A 点沿 AB 方向测设出一条坡度 i 为$-10‰$的直线，先根据已定坡度和 AB 两点间的水平距离 S 计算出 B 点的高程：

$$H_B = H_A - iS \tag{8-5}$$

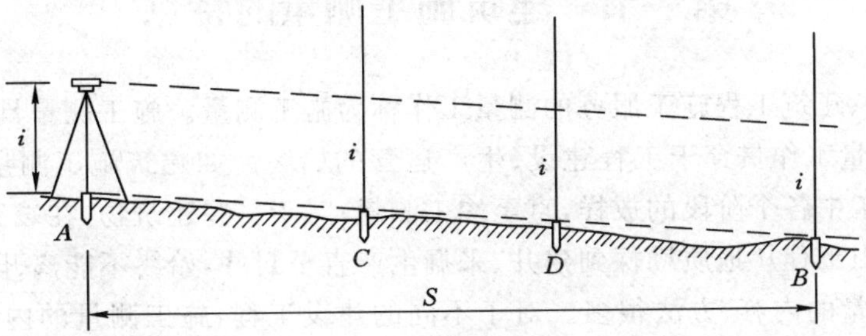

图 8-9　坡度线测设

再用第四节所述测设已知高程的方法，把 B 点的高程测设出来。在坡度线中间的各点即可用经纬仪的倾斜视线进行标定。若坡度不大也可用水准仪。用水准仪测设时，在 A 点安置仪器，使一个脚螺旋在 AB 方向线上，而另两个脚螺旋的连线垂直于 AB 线；量取仪器高 i，用望远镜瞄准 B 点上的水准尺，旋转 AB 方向上的脚螺旋使视线 C、D 倾斜，对准尺上读数为仪器高 i 值，此时仪器的视线即平行于设计的坡度线。在中间点 C、D 处打木桩，然后在桩顶上立水准尺使其读数均等于仪器高 i，这样各桩顶的连线就是测设在地面上的坡度线。如果条件允许，采用激光经纬仪及激光水准仪代替经纬仪及水准仪，则测设坡度线的中间点更为方便，因为在中间尺上可根据光斑在尺上的位置调整尺子的高低。

第九章 建筑施工测量

第一节 建筑施工测量的特点

为各种生产、建筑工程施工服务的测量工作称为施工测量。施工测量具有以下特点：

(1) 施工测量工作贯穿于工程建设、生产运营的始终。如建筑施工测量从建立施工控制网开始，到施工中各个阶段的放样，直至竣工测量；对于一些建筑物，在竣工后仍要定期进行变形观测；矿山工程从地质勘探到建井、采掘生产直至封井，始终不能离开测量工作。

(2) 施工测量的内容、方法很多。对于不同的建设工程，施工测量的内容、测设工作的方法差异很大。如建筑施工测量、水坝施工测量、矿山测量、路桥施工测量等，在测量内容和方法上都有其各自的特殊性。

(3) 施工测量的精度要求差异很大。施工测量的精度取决于建(构)筑物的用途及相应的竣工精度要求。如两栋普通教学楼之间的相对位置，精度要求就相对较低，而高能粒子加速器漂移管的安装精度在径向和高程上要求就很高，其位置限差达到 0.05 mm 的数量级。

(4) 施工测量作业的现场条件一般较差，如矿山井下、建筑工地等，不仅作业空间小、干扰多、通视难，而且测量标志常丢失、被破坏。因而施工测量要采取相应办法，经常检查和恢复点位，以确保工程质量。

本章仅介绍一般精度的建筑施工测量。

第二节 建筑场地的施工控制测量

在勘测时期建立的测图控制网，其点位的分布、密度和精度，都未考虑施工要求而难以满足施工测量的需要，因此在建筑场地要重新建立专门的施工控制网。在面积不大又不十分复杂的建筑场地上，常布置一条或几条基线，作为施工测量的平面控制，称为建筑基线。在大中型建筑施工场地上，施工控制网多用正方形或矩形格网组成，称为建筑方格网。下面分别简单地介绍这两种控制形式。

一、建筑基线

建筑基线是根据建筑物的分布、场地的地形和原有控制点的状况选定的。建筑基线应靠近主要建筑物，并与其轴线平行，以便采用直角坐标法进行测设。通常可布置成三点直线形、三点直角形、四点丁字形、五点十字形等几种形式，如图 9-1 所示。为了便于检查建筑基线点有无变动，基线点数不应少于三个。

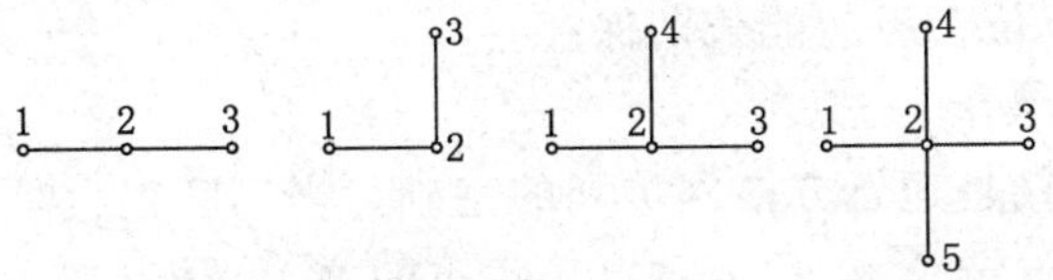

图 9-1　建筑基线的形式

二、建筑方格网

(一) 建筑方格网的坐标系统

在设计和施工部门，为了工作上的方便，常采用一种独立坐标系统，称为施工坐标系或建筑坐标系。坐标轴应与厂区主要建筑物或主要道路、管线方向平行。坐标原点设在总平面图的西南角，使所有建筑物和构筑物的设计坐标均为正值。施工坐标系与国家测量坐标系之间的关系 $x_{O'}$、$y_{O'}$、α 由勘测设计单位给出，在进行施工测量前必须将施工坐标系换算成测量坐标系。

如图 9-2 所示，在测量坐标系 xOy 中，P 点的坐标为 x_P、y_P，在施工坐标系中 P 点的坐标为 A_P、B_P，$x_{O'}$、$y_{O'}$ 为施工坐标系原点在测量坐标系内的坐标，α 为施工坐标系中 $O'A$ 轴与测量坐标系 Ox 轴之间的夹角。将施工坐标系换算为测量坐标系的计算公式为：

$$
\begin{aligned}
x &= x_{O'} + A_P\cos\alpha - B_P\sin\alpha \\
y &= y_{O'} + A_P\sin\alpha + B_P\cos\alpha
\end{aligned}
\tag{9-1}
$$

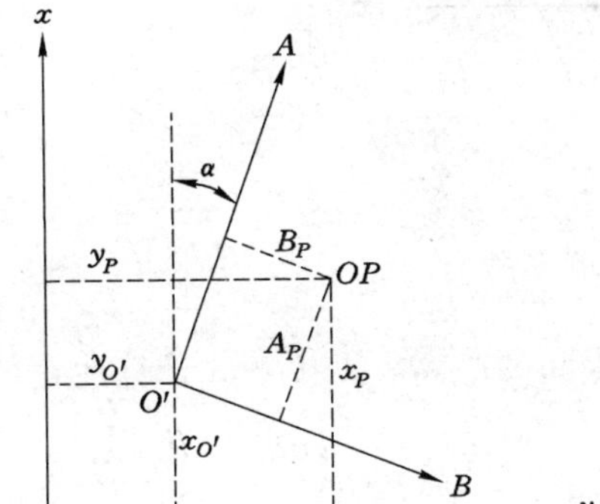

图 9-2　施工坐标系与测量坐标系的换算

(二) 建筑方格网的布设

1. 建筑方格网的布置和主轴线的选择

建筑方格网的布置，应根据建筑设计总平面图上各建筑物、构筑物、道路及各种管线的布设情况，结合现场的地形情况拟定。布置时应先选定建筑方格网的主轴线，然后再布置方格网。方格网的形式可布置成正方形或矩形。当场区面积较大时分两级，首级可采用“十”字形、“口”字形或“田”字形，然后再加密方格网。当场区面积不大时，尽量布置成全面方格网。布网时，方格网的主轴线应布设在厂区的中部，并与主要建筑物的基本轴线平行；方格网的转角应严格成90°；方格网的边长一般为100～200 m。矩形方格网的边长视建筑物的大小和分布而定，为了便于使用，边长尽可能为50 m或它的整倍数。方格网的边应保证通视且便于测距和测角，点位标石应能长期保存。

2. 确定主点的施工坐标

建筑方格网的主轴线是建筑方格网扩展的基础。当场区很大时，主轴线很长，一般只测设其中的一段。主轴线的定位点，称为主点。主点的施工坐标一般由设计单位给出，也可在总平面图上用图解法求得一点的施工坐标后，再按主轴线的长度推算其他主点的施工坐标，以保证推算点坐标的准确性。

3. 求算主点的测量坐标

主点的测量坐标按式(9-1)进行换算。

（三）建筑方格网的主轴线的测设

如图9-3所示，N_1、N_2、N_3为测量控制点，A、O、B点为设计的主轴线点，各点坐标已知，其中O点为纵、横主轴线的交点。标定时先用坐标反算公式计算标定数据β_1、D_1、β_2、D_2、β_3、D_3，然后分别在控制点N_1、N_2、N_3上安置经纬仪，用极坐标法分别将A、O、B三点测设到地面上，设定出的点为A'、O'、B'，如图9-4所示，再将经纬仪置于O'点，精确测定$\angle A'O'B'$的角值β，以检查所标出的三点是否在一直线上。当β与180°之差超过±10″时，应对点A'、O'、B'的位置进行调整，调整时应使三点的移动距离δ相等。

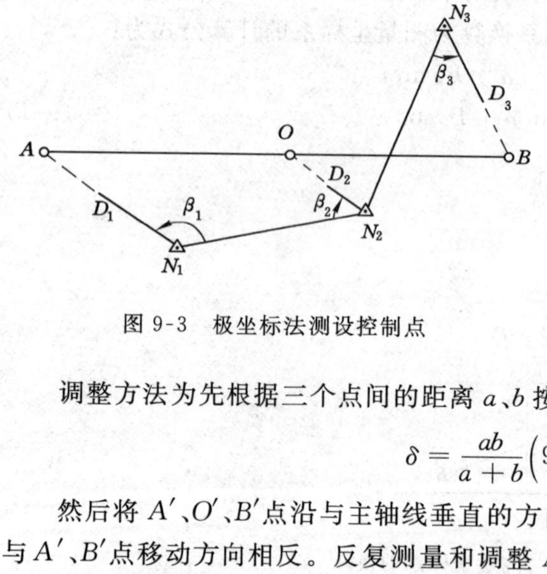

图9-3 极坐标法测设控制点

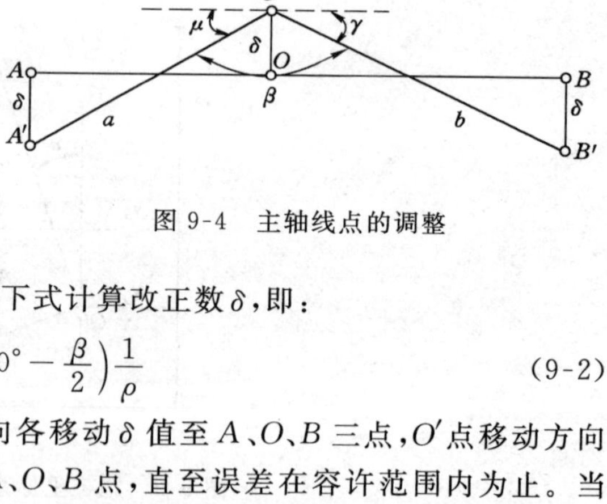

图9-4 主轴线点的调整

调整方法为先根据三个点间的距离a、b按下式计算改正数δ，即：

$$\delta=\frac{ab}{a+b}\left(90^\circ-\frac{\beta}{2}\right)\frac{1}{\rho} \tag{9-2}$$

然后将A'、O'、B'点沿与主轴线垂直的方向各移动δ值至A、O、B三点，O'点移动方向与A'、B'点移动方向相反。反复测量和调整A、O、B点，直至误差在容许范围内为止。当A、O、B三点调整好后，再标定与该直线垂直的另一主轴线。如图9-5所示，照准A点分别向左、右测设90°角，并根据主轴线点间的距离在实地标出C'和D'点，精确测出$\angle AOC'$和$\angle AOD'$，分别算出其与90°的差值ε_1、ε_2，并按下式计算出改正数l_1、l_2，即：

$$l=d\cdot\frac{\varepsilon}{\rho} \tag{9-3}$$

式中，d为OC'和OD'的水平距离。

由C'、D'两点分别沿OC及OD的垂直方向丈量平距l_1、l_2得C、D点，丈量平距的大小按观测角值的大小，由式(9-3)计算决定，然后检测C、O、D三点的直线性，若误差超限则应重新调整,直至误差在容许范围内为止。

（四）方格网的测设

主轴线测设后,先进行主方格网测设,然后在主方格网内进行方格网的加密。主方格网的测设是采用经纬仪交会法定点。如图 9-6 所示,用两台经纬仪分别安置在主轴线点 A 和 C 上,以主轴线为零方向,分别向左和向右测设 90°角,按测设的方向交会出 1 点的位置,然后进行交角的检测和调整,同法可交会出方格网点 2、3 和 4,然后再以方格网点为基础加密其他各点。

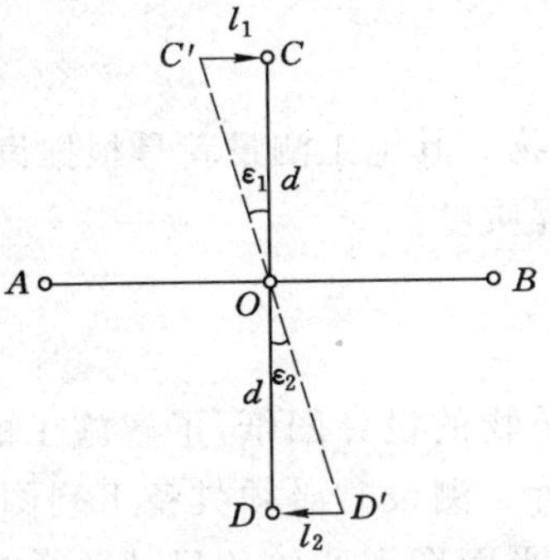

图 9-5 主轴线点的二次调整

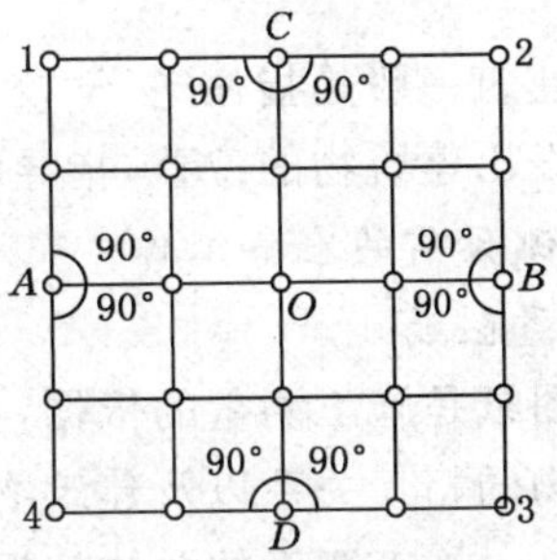

图 9-6 方格网的测设

（五）建筑方格网的限差要求

建筑方格网在测设过程中,角度观测可采用方向观测法,其主要技术要求见表 9-1。边长采用精确量距法丈量,其误差要求见表 9-2。

表 9-1 角度观测的主要技术要求

方格网等级	经纬仪型号	测角中误差/(″)	测回数	测微器两次读数差/(″)	半测回归零差/(″)	一测回中 $2c$ 值互差/(″)	各测回方向互差/(″)
Ⅰ级	DJ_1	5	2	1	6	9	6
	DJ_2	5	3	3	8	13	9
Ⅱ级	DJ_2	8	2	3	12	18	12

表 9-2 建筑方格网的主要误差要求

等级	边长/m	测角中误差/(″)	边长相对中误差
Ⅰ级	100～300	5	1/30 000
Ⅱ级	100～300	8	1/20 000

三、建筑场地的高程控制

在建筑场地上,水准点的密度应尽可能满足安置一次仪器即可测设出所需点的高程。如果该场地可以利用的水准点数目不够,则还需增设一些水准点,一般情况下,建筑方格网点也可兼作高程控制点。

一般情况下，采用四等水准测量方法测定各水准点的高程，而对连续生产的车间或下水管道等，则需采用三等水准测量的方法测定各水准点的高程。此外，为了测设方便和减少误差，一般在厂房的内部或附近应专门设置±0.000水准点。但需注意设计中各建(构)筑物的±0.000的高程不一定相等，应严格加以区别。

第三节　工业与民用建筑中的施工测量

一、民用建筑施工中的测量工作

民用建筑一般是指住宅、学校、医院、办公楼等建筑物。其施工测量就是根据设计要求，在实地测设出建筑物的位置，指导配合施工，以保证工程质量。

(一) 测设前的准备工作

1. 熟悉图纸

设计图纸是施工测量的依据，在测设前，应熟悉建筑物的设计图纸，了解施工的建筑物与相邻地物的相互关系以及建筑物的尺寸和施工要求等。测设时必须具备下列图纸资料：总平面图——施工测设的总体依据，建筑物就是根据总平面图上所给的尺寸关系进行定位的；建筑平面图——给出建筑物各定位轴线间的尺寸关系及室内地坪标高等，如图 9-7 所示；基础平面图——给出基础轴线间的尺寸关系和编号，如图 9-8 所示；基础详图(即基础大样图)，给出基础设计宽度、形式及基础边线与轴线的尺寸关系，如图 9-8 所示；立面图和剖面图，它们给出基础、地坪、门窗、楼板、屋架和屋面等设计高程，是高程测设的主要依据。

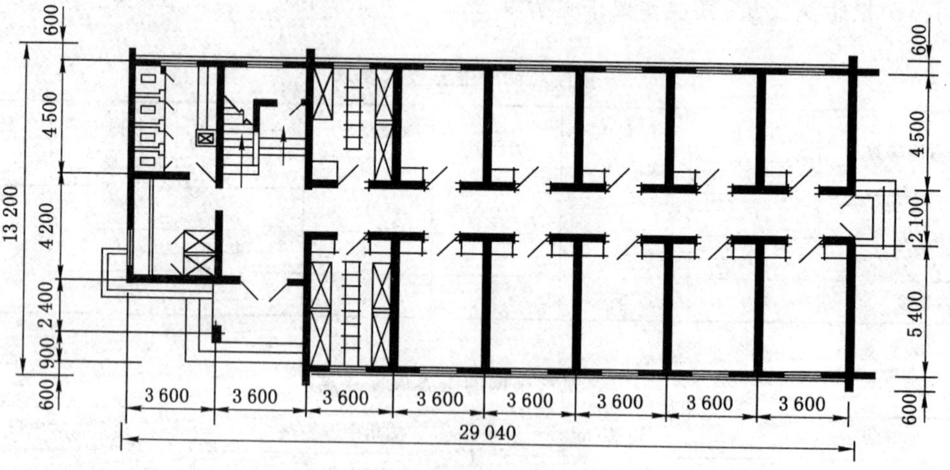

图 9-7　建筑平面图

2. 现场踏勘

目的是了解现场的地物、地貌和原有测量控制点的分布情况，并调查与施工测量有关的问题。

3. 拟定测设计划和绘制测设草图

对各设计图纸的有关尺寸及测设数据应仔细核对，以免出现差错。

4. 平整和清理施工现场

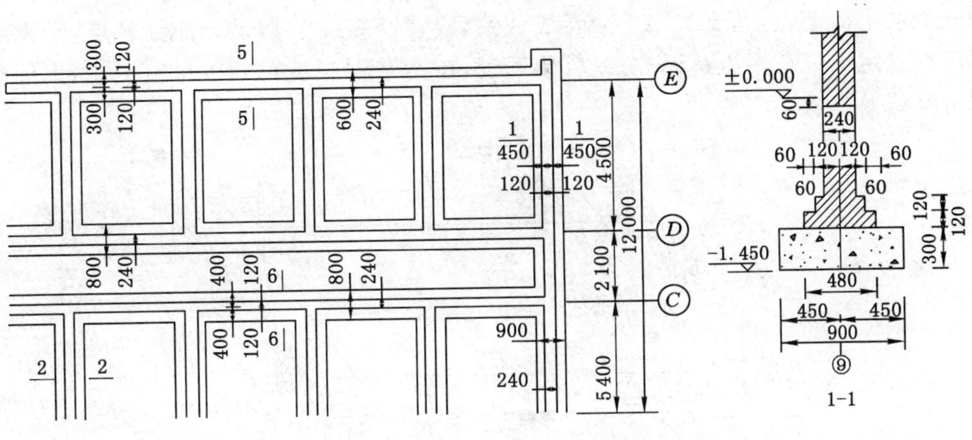

图 9-8　基础平面图及基础详图

（二）建筑物的定位

建筑物的定位，就是把建筑物外廓各轴线交点（如图 9-9 中的 M、N、O、P）测设在地面上，然后再根据这些点进行细部放样。下面介绍根据已有建筑物测设拟建建筑物的方法。如图 9-9 所示，做法如下：首先引辅助线，作 MN 的平行线 $M'N'$，即为辅助线。做法是：沿现有建筑物 PM 与 ON 墙面向外量出 MM' 与 NN'，大约 1.5～2.0 m，并使 $MM'=NN'$，在地面上定出 M' 和 N' 两点，连接 M' 和 N' 两点即为辅助线。将经纬仪置于 M' 点，对中整平，照准 N' 点，然后沿视线方向，根据图纸上所给的 NA 尺寸，从 N' 点用卷尺量距，依次定出 A'、B' 两点，地面打木桩，桩上钉钉子；再将仪器置于 A' 点，对中整平，测设 90°角在视线方向上量 $A'A=M'M$，在地面打木桩，桩顶钉钉子定出 A 点；再沿视线方向量新建筑物宽 AD，在地面打木桩，桩顶钉钉子定出 D 点。同样方法，仪器置于 B' 点测设 90°，定出 B 点与 C 点。最后检查 C、D 两点之间距离应等于新建筑物的设计长，距离误差允许为 1/5 000。在 C 点和 D 点安经纬仪测量角度应为 90°，角度误差允许为 ±30″。

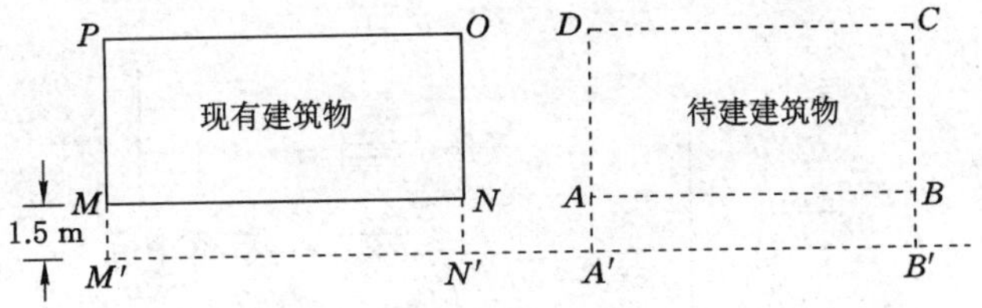

图 9-9　利用现有建筑物定位

如现场已有建筑方格网或建筑基线，可采用直角坐标法进行定位。

（三）龙门板和轴线控制桩的设置

建筑物定位以后，所测设的轴线交点桩（或称角桩），在开挖基槽时将被破坏，施工时为了能方便地恢复各轴线的位置，一般是把轴线延长到安全地点，并做好标志。延长轴线的方法有两种：龙门板法和轴线控制桩法。龙板门法适用于一般小型的民用建筑物，为了方便施工，一般在建筑物四角与隔墙两端基槽开挖边线以外 1.5～2 m 处钉设龙门桩（图 9-10）。桩要钉得竖直、牢固，桩的外侧面与基槽平行。根据建筑场地的水准点，用水准仪在龙门桩上测设建筑物 ±0.000 标高线。根据 ±0.000 标高线把龙门板钉在龙门桩上，使龙门板的顶面在一个水平面上，且与±0.000标高线一致，安置经纬仪于 N 点，瞄准 P 点，沿视线方向在龙门板上定出一点用小钉标志，纵转望远镜，在 N 点处的龙门板上也钉一小钉，同时将各轴线引测到龙门板上。

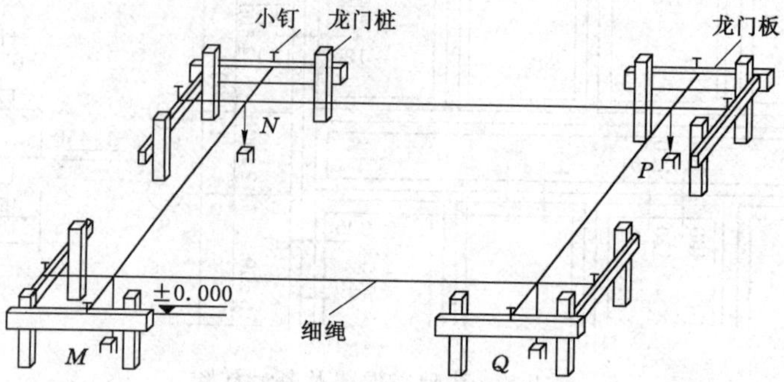

图 9-10　龙门桩法

轴线控制桩：由于龙门板需要较多木料，而且占用场地，使用机械开挖时容易被破坏，因此，也可以在基槽或基坑外各轴线的延长线上测设轴线控制桩，作为以后恢复轴线的依据。即使采用了龙门板，为了防止被碰动，对主要轴线也应测设轴线控制桩。

轴线控制桩一般设在开挖边线 4 m 以外的地方，并用水泥砂浆加固。最好是附近有固定建筑物和构筑物，这时应将轴线投测在这些物体上，使轴线更容易得到保护，以便今后能安置经纬仪来恢复轴线。

（四）开挖基槽的测量工作

基础开挖前，根据轴线控制桩（或龙门板）的轴线位置和基础宽度，并考虑到基础挖深应放坡的尺寸，在地面上用白灰放出基槽边线（或称基础开挖线）。开挖基槽时，不得超挖基底，要随时注意挖土的深度。当基槽挖到离槽底 0.300～0.500 m 时，用水准仪在槽壁上每隔 2～3 m 和拐角处钉一个水平桩，如图 9-11 所示，用以控制挖槽深度及作为清理槽底和铺设垫层的依据。

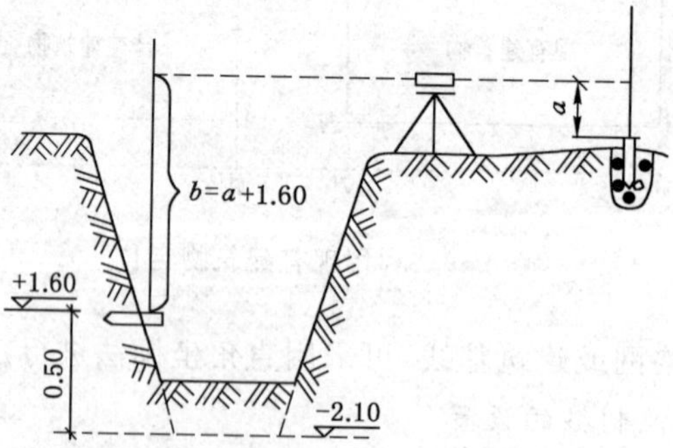

图 9-11　开挖基槽测设

二、工业厂房的测设工作和柱基施工测量

对于小型厂房，可以采用民用建筑的测设方法。下面主要介绍大型或设备复杂的厂房，根据建筑方格网进行的测设工作。

（一）柱列轴线的测设

如图 9-12 所示，Ⓐ、Ⓑ、Ⓒ和①、②、③等轴线均为柱列轴线。检查厂房矩形控制网的精度符合要求后，即可根据柱间距和跨间距用钢尺沿矩形网各边量出各轴线控制桩的位置，并打入大木桩，钉上小钉，作为测设基坑和施工安装的依据。

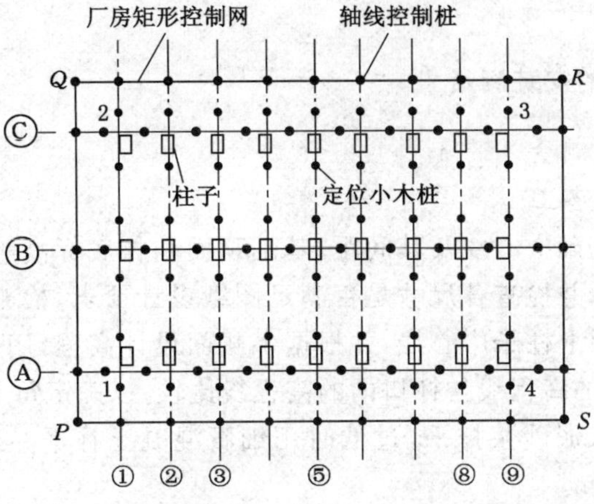

图 9-12　柱列轴线测设

（二）柱基的测设

柱基测设就是根据基础平面图和基础大样图的有关尺寸，把基坑开挖的边线用白灰标示出来以便挖坑。为此安置两台经纬仪在相应的轴线控制桩（如图 9-12 中的Ⓐ、Ⓑ、Ⓒ和①、②等）上交出柱基的位置（即定位轴线的交点）。图 9-13 所示为杯形基坑大样图。按照基础大样图的尺寸，用特制的角尺，在定位轴线 A 和⑤上放出基坑开挖线，用灰线标明开挖范围，并在坑边缘外侧一定距离处钉设定位小木桩，钉上小钉，作为修坑及立模板的依据。在进行柱基测设时，应注意定位轴线不一定都是基础中心线。有时一个厂房的柱基类型不一，尺寸各异，放样时应特别注意。

（三）基坑高程的测设

当基坑挖到一定深度时，应在坑壁四周离坑底设计高程 0.3～0.5 m 处设置几个水平桩，如图 9-14 所示，作为基坑修坡和清底的高程依据。此外还应在基坑内测设出垫层的高程，即在坑底设置小木桩，使桩顶面恰好等于垫层的设计高程。

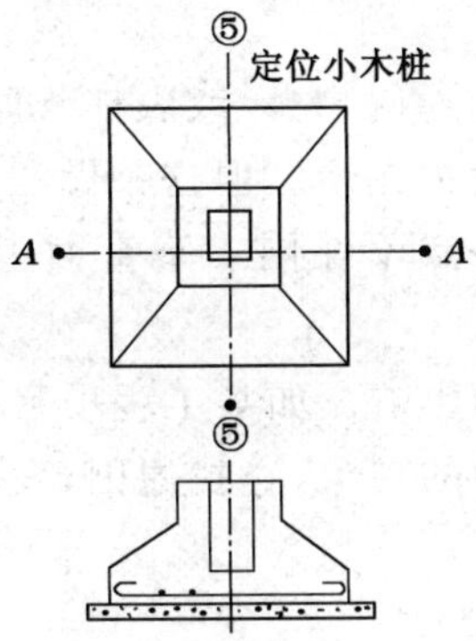

图 9-13　杯形基坑大样图

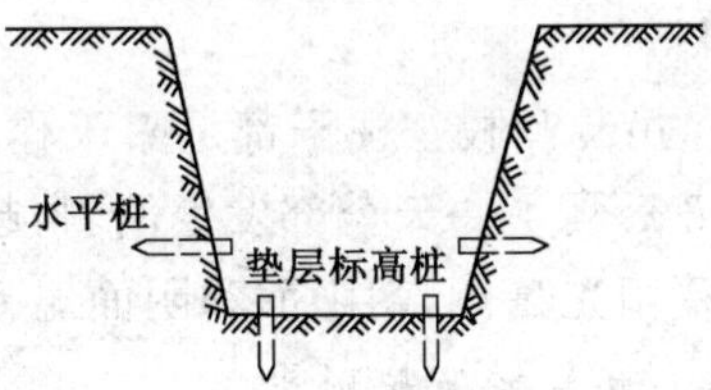

图 9-14　基坑高程测设

（四）基础模板的定位

打好垫层之后，根据坑边定位的小木桩，用拉线的方法吊垂球把柱基定位线投到垫层上，用墨斗弹出墨线，用红漆画出标记，作为柱基立模板和布置基础钢筋网的依据。立模时，将模板底线对准垫层上的定位线，并用垂球检查模板是否竖直。最后将柱基顶面设计高程测设在模板内壁。

三、工业厂房构件的安装测量

（一）厂房柱子安装测量

1. 柱子安装前的准备工作

柱子安装前，应对基础中心线及其间距、基础顶面和杯底标高等进行复核，再把每根柱子按轴线位置进行编号，并检查各尺寸是否满足图纸设计要求，检查无误后才可以弹墨线。在柱子上的三个侧面，弹上柱子中心线，并根据牛腿面设计高程，用钢尺量出柱下水平线的位置。然后用柱子上弹的高程线与杯口内的高程线比较，以确定每一杯口内的抄平层厚度。过高时应凿去一层，用水泥砂浆抹平，过低时用细石混凝土补平。最后再用水准仪进行检查，其容许误差为±3 mm。

2. 柱子安装测量

柱子安装的要求是保证其平面和高程位置符合设计要求，柱身铅直。预制的钢筋混凝土柱子插入杯形基础的杯口后，应使柱子三面的中心线与杯口中心线对齐吻合，用木楔或钢楔临时固定，如有偏差可用锤敲打楔子拨正，其容许偏差小于 $H/1\ 000$（其中 H 为柱长，单位 m）。然后用两台经纬仪安置在约 1.5 倍柱高距离的纵、横两条轴线附近，同时进行柱身的竖直校正（图 9-15）。

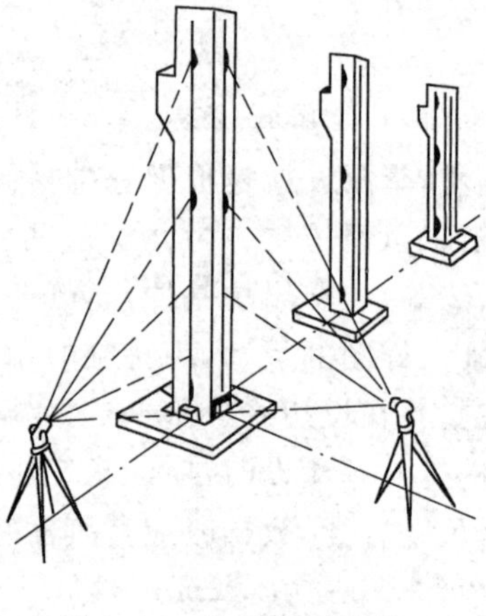

图 9-15　柱子的竖直校正

经过严格检验校正的经纬仪在整平后，其视准轴上、下转动成一竖直面。据此，可用经纬仪进行柱子竖直校正，先用竖丝瞄准柱子根部的中心线，制动照准部，缓缓抬高望远镜，观察柱子中心线偏离纵丝的方向，指挥用钢丝绳拉直柱子，直至从两台经纬仪中观测到的柱子中心线从下而上都与十字丝纵丝重合为止。然后在杯口与柱子的隙缝中浇入混凝土，以固定柱子的位置。

3. 校正柱子时应注意的问题

(1) 在施工现场进行柱子校正测量时，由于施工现场障碍物多，或因柱子间距短，仪器无法仰视，故往往将仪器偏离柱中心线一边来进行校正较为方便。但这种做法只能在柱子上下中心点在同一垂直面上时应用，如果柱子上下中心点不在同一垂直面上，就不能用此法。

(2) 吊装和校正柱子都是露天作业，受到风吹日晒的影响。如某工程项目曾发生一列柱子校正后隔了一天全部发生偏斜，超过了允许误差范围的现象，查找原因，发现是夏天柱子一直受阳光曝晒，朝阳面和阴面温差过大所致。

（二）吊车梁安装测量

吊车梁的安装测量主要是保证吊车梁中线位置和梁的标高满足设计要求。

1. 吊车梁安装时的高程测量

吊车梁顶面的标高应符合设计要求。用水准仪根据水准点检查柱子上所画±0.000 标志的高程，其误差不得超过±5 mm。如果误差超限，则以检查结果作为修平牛腿面或加垫块的依据，并改正原±0.000 高程位置，重新画出该标志。

2. 吊车梁安装时的中线测量

根据厂房控制网的控制桩或杯口柱列中心线，按设计数据在地面上定出吊车梁中心线的两端点(图 9-16 中 A、A'和 B、B')，打大木桩标志。然后用经纬仪将吊车梁中心线投测到每个柱子的牛腿面的侧边上，并弹以墨线。投点容许误差为±3 mm，投点时如果与有些柱子的牛腿不通视，可以从牛腿面向下吊垂球的方法解决中心线的投点问题。吊装时，应使吊车梁中心线与牛腿上中心线对齐。

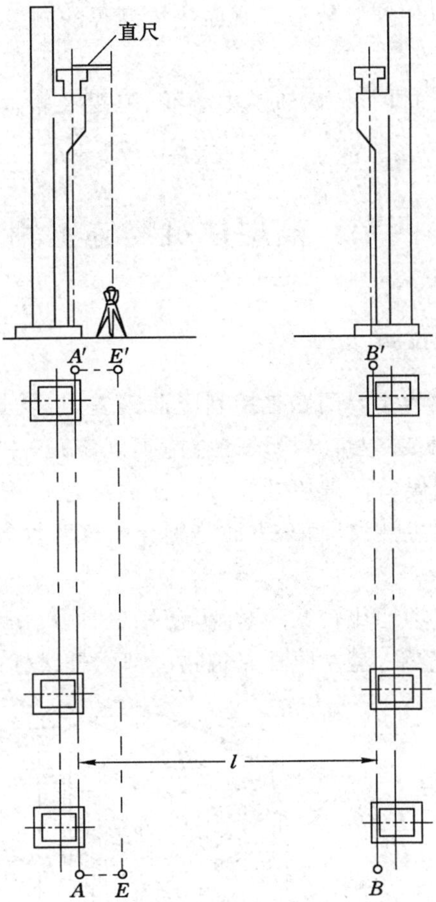

图 9-16　吊车梁及轨道安装测量

(三) 吊车轨道安装测量

吊车轨道安装测量的目的是保证轨道中心线、轨顶标高均符合设计要求。

1. 在吊车梁上测设轨道中心线

当吊车梁安装以后，再用经纬仪从地面把吊车梁中心线(亦即吊车轨道中心线)投到吊车梁顶上，如果与原来画的梁顶几何中心线不一致，则按新投的点用墨线重新弹出吊车轨道中心线作为安装轨道的依据。

由于安置在地面中心线上的经纬仪不可能与吊车梁顶面通视，因此一般采用中心线平移法。如图 9-16 所示，在地面平行于 AA'轴线、间距为 1 m 处测设 EE'轴线，然后安置经纬仪于 E 点，瞄准 E'点进行定向。抬高望远镜，使从吊车梁顶面伸出的长度为 1 m 的直尺端正好与纵丝相切，则直尺的另一端即为吊车轨道中心线上的点。然后用钢尺检查同跨两中心线之间的跨距 l，与其设计跨距之差不得大于 10 mm。经过调整后用经纬仪将中心线方向投到特设的角钢或屋架下弦上，作为安装时用经纬仪校直轨道中心线的依据。

2. 吊车轨道安装时的高程测量

在轨道安装前，要用水准仪检查梁顶的高程。每隔 3 m 在放置轨道垫块处测一点，以测得结果与设计数据之差作为加垫块或抹灰的依据。在安装轨道垫块时，应重新测出垫块高程，使其符合设计要求，以便安装轨道。梁面垫块高程的测量容许误差为±2 mm。

3. 吊车轨道检查测量

轨道安装完毕后，应全面进行一次轨道中心线、跨距及轨道高程的检查，以保证能安全架设和使用吊车。

第四节 高层建筑物施工测量

一、高层建筑物的轴线投测

高层建筑物施工测量中的主要问题是控制竖向偏差，也就是各层轴线如何精确地向上引测的问题。《钢筋混凝土高层建筑结构设计与施工规定程》中指出：竖向误差在本层内不得超过±5 mm，全楼的累积误差不得超过 20 mm。高层建筑物轴线的投测，一般分为经纬仪引桩投测法和激光铅垂仪投测法两种，下面分别介绍这两种方法。

(一) 经纬仪引桩投测法

如图 9-17 所示，当施工场地比较宽阔时，可使用经纬仪法进行竖向投测。安置经纬仪于轴线控制桩上，严格对中整平，盘左照准建筑物底部的轴线标志，往上转动望远镜，用其竖

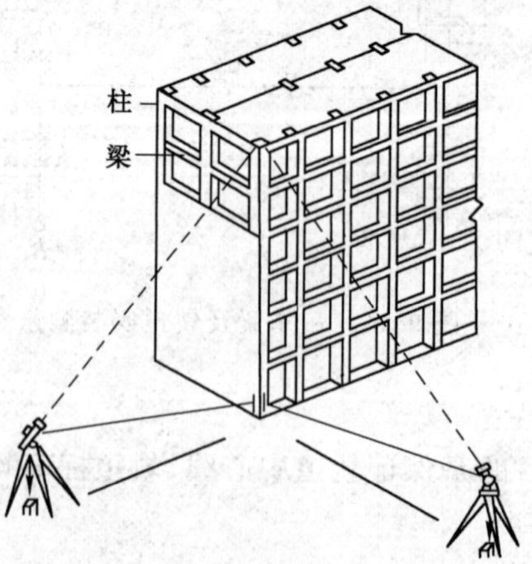

图 9-17 经纬仪轴线竖向投测

丝指挥在施工层楼面边缘上画一点，然后盘右再次照准建筑物底部的轴线标志。同法，在该楼面边缘上画出另一点，取两点的中间点作为轴线的端点，其他轴线端点的投测与此法相同。

当楼层建得较高时，经纬仪投测时的仰角较大，操作不方便，误差也较大，此时应将轴线控制桩用经纬仪引测到远处(大于建筑物高度)稳固的地方，然后继续往上投测。如果周围场地有限，也可以引测到附近建筑物的房顶上。如图 9-18 所示，先在轴线控制桩 A_1 上安置经纬仪，照准建筑物底部的轴线标志，将轴线投测到楼面上 A_2 点处，然后在 A_2 上安置经纬仪，照准 A_1 点，将轴线投测到附近建筑物屋面上 A_3 点处，以后就可以在 A_3 安置经纬仪，投测更高楼层的轴线。注意，上述投测工作均应采用盘左、盘右取中法进行，以减少投测误差。

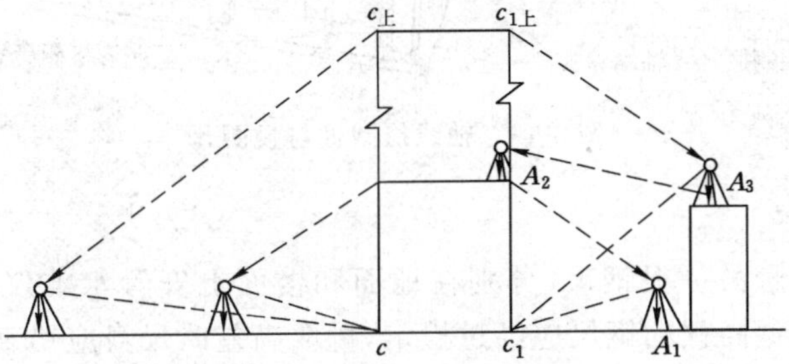

图 9-18 增设轴线引桩

所有主轴线投测上来后，应进行角度和距离的检验，合格后再以此为依据测设其他轴线。为了保证投测的质量，仪器必须经过严格的检验和校正，投测宜选在阴天、早晨及无风的时候进行，以尽量减少日照及风力带来的不利影响。

(二) 激光铅垂仪投测法

有关激光铅垂仪的构造、工作原理和操作方法，在此不赘述，这里仅就投测点位的布置和预留孔洞问题简要说明。为了把建筑物的平面定位轴线投测至各层上去，每条轴线至少需要两个投测点。根据梁、柱的结构尺寸，投测点距轴线以 500～800 mm 为宜，其平面布置如图 9-19 所示。为了使激光束能从底层投测到各层楼板上，在每层楼板的投测点处，需要预留孔洞，洞口大小一般约为 30 cm×30 cm。

二、高层建筑物的高程传递

高层建筑各施工层的标高是由底层±0.000 标高线传递上来的。

(一) 用钢尺直接测量

一般用钢尺沿结构外墙、边柱或楼梯间由底层±0.000 标高线向上竖直量取设计高差，即可得到施工层的设计标高线。用这种方法传递高程时，应至少由三处底层标高线向上传递，以便于相互检核。由底层传递到上面同一施工层的几个标高点必须用水准仪进行校核，检查各标高点是否在同一水平面上，其误差应不超过±3 mm。合格后以其平均标高为准，作为该层的地面标高。若建筑高度超过一尺段(30 m 或 50 m)，可每隔一个尺段的高度精确测设新的起始标高线，作为继续向上传递高程的依据。

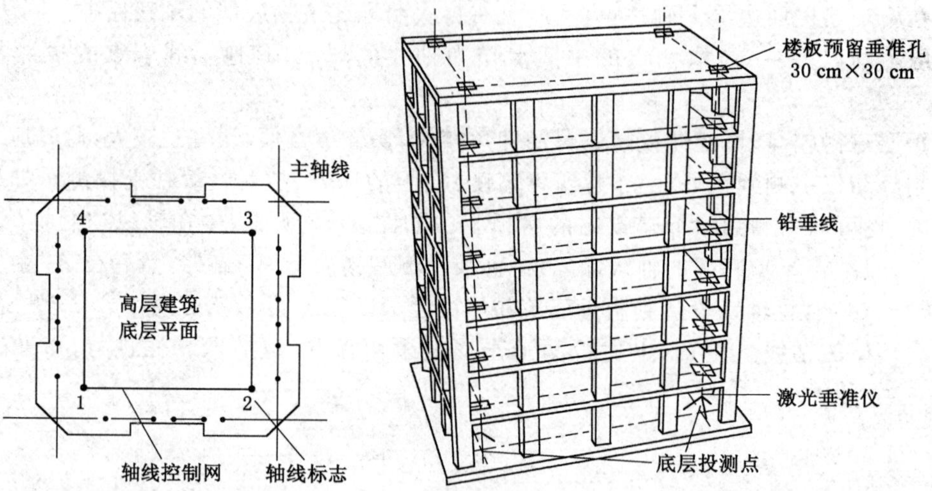

图 9-19　轴线控制桩与投测孔

（二）悬吊钢尺法

在外墙或楼梯间悬吊一根钢尺，分别在地面和楼面上安置水准仪，将标高传递到楼面上。用于高层建筑传递高程的钢尺应经过检定，量取高差时尺身应铅直和使用规定的拉力，并应进行温度改正。

如图 9-20 所示，首层墙体砌到 1.5 m 高后，用水准仪在内墙面上测设一条“＋50”的水平线，作为首层地面施工及室内装修的标高依据。以后每砌高一层，就从楼梯间用钢尺从下层的“＋50”标高线，向上量出层高，测出上一楼层的“＋50”标高线。根据情况也可用吊钢尺法向上传递高程。为了检核，可以改变悬吊钢尺位置，再用上述方法进行，两次测得的高程较差不应超过 3 mm。

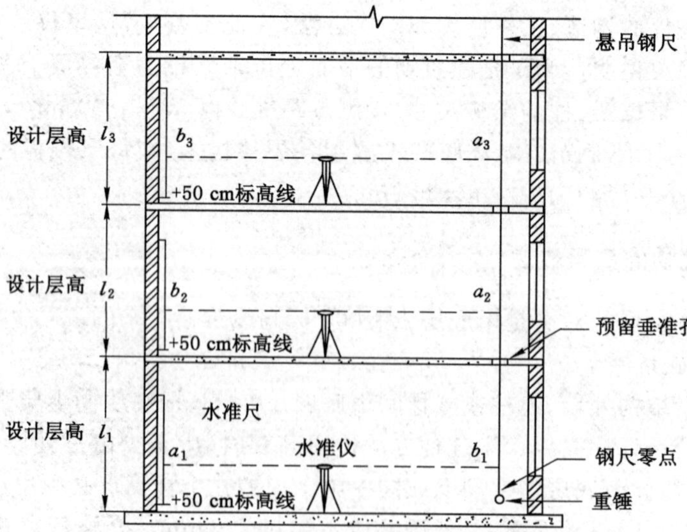

图 9-20　悬吊钢尺法传递高程

（三）全站仪天顶距法传递高程

高层建筑中垂准孔（或电梯间等）为光电测距提供了一条从底层至顶层的垂直通道，利用该通道在底层架设全站仪，将全站仪照准部指向天顶，在各层的垂直通道上安置反射棱镜，即可测得仪器横轴至棱镜横轴的垂直距离，加仪器高减棱镜常数，即可算出高差，如图9-21所示。

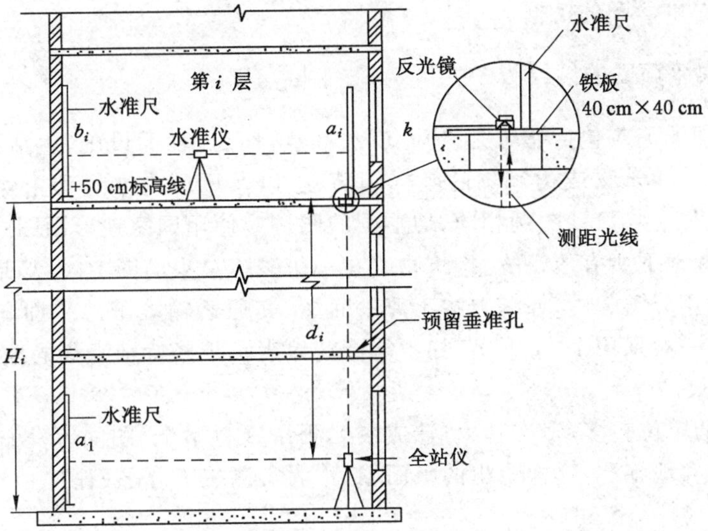

图 9-21　全站仪天顶距法传递高程

其测量方法是在需要传递高程的层面垂准孔上固定一块铁板（40 cm×40 cm，中间有ϕ30 mm孔），对准铁板上的孔，可将棱镜平放在其上，预先测定棱镜面至棱镜横轴的高度（棱镜常数）。在底层控制点上架设全站仪，置平望远镜（屏幕显示垂直角为0°或天顶距为90°），向立于一米标高线上的水准尺读数，即为仪器高。然后将望远镜指向天顶（天顶距为0°或垂直角为90°）按测距键测出垂直距离。根据仪器高、垂直距离和棱镜常数得底层楼面垂准孔上铁板的高差和铁板的标高，再用水准仪测设该层一米标高线。

第五节　竣工测量

竣工测量的目的主要在于编绘竣工总平面图。编绘竣工总平面图的作用在于：反映施工中对设计进行的变更，便于日后对建筑物内各种设施，特别是各种管道等隐蔽工程的检查和维修及为建筑物的改、扩建提供资料。

一、现场竣工测量

在每一个单项工程完成后，必须由施工单位进行竣工测量，给出工程的竣工测量成果。其内容包括以下各方面：

（1）工业厂房及一般建筑物：包括房角坐标，各种管道进出口的位置和高程，并附房屋编号、结构层数、面积和竣工时间等资料。

（2）铁路和公路：包括起止点、转折点、交叉点的坐标，曲线元素，桥涵等构筑物的位置和高程。

(3) 地下管网:窨井、转折点的坐标,井盖、井底、沟槽和管顶等的高程,并附管道及窨井的编号、名称、管径、管材、间距、坡度和流向。

(4) 架空管网:包括转折点、节点、交叉点和坐标,支架间距,基础面高程。

(5) 其他:竣工测量完成后,应提交完整的资料,包括工程的名称、施工依据、施工成果,作为编绘竣工总平面图的依据。

二、竣工总平面图的编绘

竣工总平面图上应包括建筑方格网点,水准点,厂房,辅助设施,生活福利设施,架空及地下管线、铁路等建筑物或构筑物的坐标和高程,以及厂区内空地和未建区的地形。建筑物、构筑物的符号应与设计图例相同,地形图的图例应使用国家地形图图式符号。

厂区地上和地下所有建筑物、构筑物绘在一张竣工总平面图上时,如果线条过于密集而不醒目,则可采用分类编图,如综合竣工总平面图、交通运输竣工总平面图和管线竣工总平面图等,比例尺一般采用 1∶1 000。如不能清楚地表示某些特别密集的地区,也可局部采用 1∶500 的比例尺。

如果施工的单位较多,多次转手,造成竣工测量资料不全、图面不完整或与现场情况不符时,需要进行实地施测,这样绘出的平面图,称为实测竣工总平面图。

第六节　建筑物的变形观测

为保证工程建筑物在施工、使用和运行中的安全,以及为建筑设计积累资料,通常需要对工程建筑物及其周边环境的稳定性进行观测,这种观测称之为建筑物的变形观测。变形观测的主要内容包括沉降观测、倾斜观测、位移观测和裂缝观测等。

一、沉降观测

(一) 水准点和沉降观测点的设置

作为建筑物沉降观测的水准点一定要有足够的稳定性,同时为了保证水准点高程的正确性和便于相互检核,水准点一般不得少于三个,并选择其中一个最稳定的点作为水准基点。水准点必须设置在受压、受振的范围以外,冰冻地区水准点应埋设在冻土深度线以下 0.5 m。水准点和观测点之间的距离应适中,相距太远会影响观测精度,相距太近又会影响水准点的稳定性,从而影响观测结果的可靠性,通常水准点和观测点之间的距离以 60～100 m为宜。

进行沉降观测的建筑物、构筑物上应埋设沉降观测点。观测点的数量和位置,应能全面反映建筑物、构筑物的沉降情况。一般观测点是均匀设置的,但在荷载有变化的部位、平面形状改变处、沉降缝的两侧、具有代表性的支柱和基础上、地质条件改变处等,应加设足够的观测点。沉降观测点的埋设可参看图 9-22。

(二) 沉降观测的一般规定

(1) 观测周期:一般待观测点埋设稳固后,且在建(构)筑物主体开工前,即进行第一次观测。在建筑物主体施工过程中,一般为每盖 1～2 层观测一次;大楼封顶或竣工后,一般每

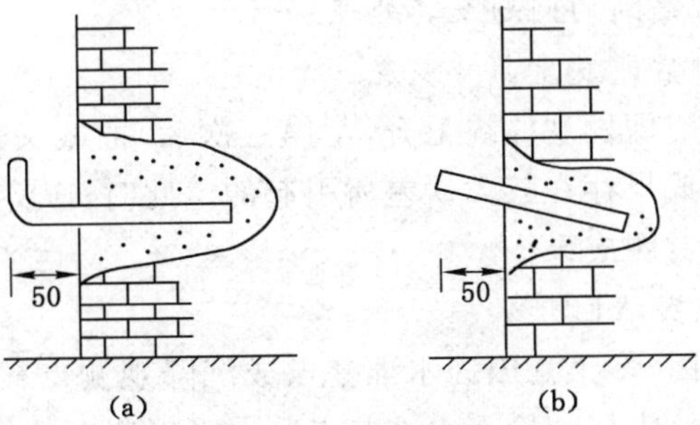

图 9-22　沉降观测点埋设

(b) ϕ20 螺纹钢筋；(b) 角钢

月观测一次，如果沉降速度减缓，可改为 2～3 个月观测一次，直到最后的 100 d 的沉降速率小于 0.01～0.04 mm/d 时，可以认为已进入稳定阶段。

(2) 观测方法和仪器要求：对于多层建筑物的沉降观测，可采用 S_3 水准仪用普通水准测量方法进行。对于高层建筑物的沉降观测，则应采用 S_1 精密水准仪，用二等水准测量方法进行。为了保证水准测量的精度，观测时视线长度一般不得超过 50 m，前、后视距离要尽量相等。

(3) 沉降观测的工作要求：沉降观测是一项较长期的连续观测工作，为了保证观测成果的正确性，应尽可能做到“三定”：① 固定观测人员；② 固定仪器；③ 按规定的日期、方法及既定的路线、测站进行观测。

(三) 沉降观测的成果整理

每次观测结束后，应检查记录中的数据和计算是否准确，精度是否合格，然后把各次观测点的高程列入成果表中，并计算两次观测之间的沉降量和累计沉降量，同时也要注明观测日期和荷载情况。为了更清楚地表示沉降、荷重、时间三者的关系，还要画出各观测点的沉降、荷重、时间关系曲线图(图 9-23)。

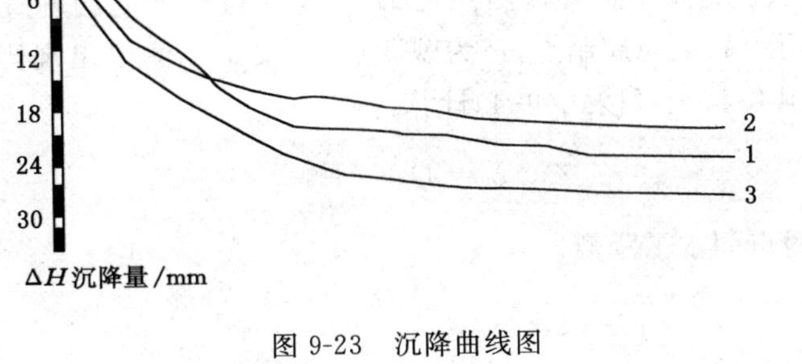

图 9-23　沉降曲线图

（四）沉降观测中常遇到的问题及其处理

1. 曲线在首次观测后即发生回升现象

它指在第二次观测时即发现曲线上升，至第三次后，曲线又逐渐下降。发生此种现象，一般都是由于首次观测成果存在较大误差所引起的。此时，应将第一次观测成果作废，而采用第二次观测成果作为首测成果。

2. 曲线在中间某点突然回升

发生此种现象的原因，多半是因为水准基点或沉降观测点被碰，如水准基点被压低，或沉降观测点被撬高，此时，应仔细检查水准基点和沉降观测点的外形有无损伤。若众多沉降观测点出现此种现象，则水准基点被压低的可能性很大，此时可改用其他水准点作为水准基点来继续观测，并再埋设新水准点，以保证水准基点个数不少于三个；若只有一个沉降观测点出现此种现象，则多半是该点被撬高；若观测点被撬后已活动，则需另行埋设新点，若点位尚牢固，则可继续使用，对于该点的沉降量计算，则应进行合理处理。

3. 曲线自某点起渐渐回升

此种现象一般是由于水准基点下沉所致。此时，应根据水准点之间的高差来判断出最稳定的水准点，以此作为新水准基点，将原来下沉的水准基点废除。另外，埋在裙楼上的沉降观测点，由于受主楼的影响，有可能会出现属于正常的渐渐回升现象。

4. 曲线的波浪起伏现象

曲线在后期呈现微小波浪起伏现象，是测量误差造成的。曲线在前期波浪起伏之所以不突出，是因为下沉量大于测量误差；但到后期，由于建筑物下沉极微或已接近稳定，因此在曲线上就出现测量误差比较突出的现象。此时，可将波浪曲线改成为水平线，并适当地延长观测的间隔时间。

二、位移观测

位移观测是测定建筑物（基础以上部分）在平面上随时间而移动的大小及方向。位移观测首先要在建筑物旁埋设测量控制点，再在建筑物上设置位移观测点。

（一）角度前方交会法

利用前面讲述的前方交会法对观测点进行角度观测，计算观测点的坐标，由两期成果之间的坐标差计算该点的水平位移。

（二）基准线法

有些建筑物只要求测定某特定方向上的位移量，如大坝在水压力方向上的位移量，这种情况可采用基准线法进行水平位移观测。观测时，先在位移方向的垂直方向上建立一条基准线，如图 9-24 所示，A、B 为控制点，P 为观测点，只要定期测量出观测点 P 与基准线 AB 的角度变化值 $\Delta\beta$，其位移量可按式(9-4)计算：

$$\delta = D_{AP} \cdot \frac{\Delta\beta''}{\rho''} \tag{9-4}$$

式中，D_{AP} 为 A、P 两点间水平距离。

三、倾斜观测

建筑物产生倾斜的原因主要有地基承载力不均匀、建筑物体型复杂，形成不同荷载，施

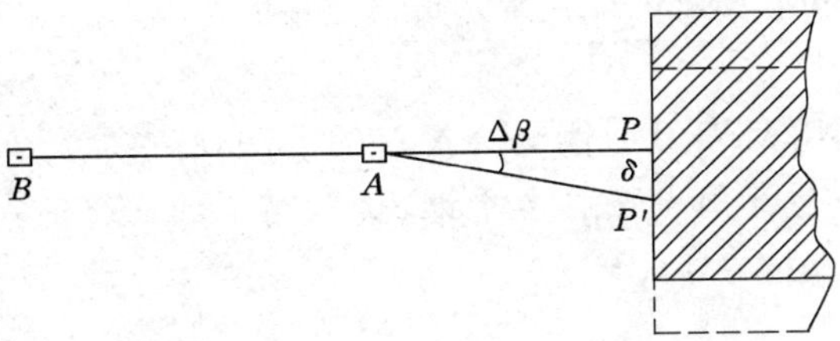

图 9-24　基准线法观测水平位移

工未达到设计要求，承载力不够、受外力作用(例如风荷、地下水抽取、地震等)。建筑物倾斜观测是利用水准仪、经纬仪、垂球或其他专用仪器来测量建筑物的倾斜度 α。

(一) 水准仪观测法

建筑物的倾斜观测可采用精密水准测量的方法，如图 9-25 所示，定期测出基础两端点的不均匀沉降量 Δh，再根据两点间的距离 L，即可算出基础的倾斜度 α：

$$\alpha = \frac{\Delta h}{L} \tag{9-5}$$

如果知道建筑物的高度 H，则可推算出建筑物顶部的倾斜位移值 δ：

$$\delta = \alpha \cdot H = \frac{\Delta h}{L} \cdot H \tag{9-6}$$

(二) 经纬仪观测法

利用经纬仪测量出建筑物顶部的倾斜位移值 δ，再计算出建筑物的倾斜度 α：

$$\alpha = \frac{\delta}{H} \tag{9-7}$$

利用经纬仪测量建筑物顶部的倾斜位移值 δ 的方法主要有以下两种。

1. 角度前方交会法

图 9-26 所示为一俯视图，图中 P' 为烟囱顶部中心位置，P 为底部中心位置。在烟囱附近布设基线 AB，安置经纬仪于 A 点，测定顶部 P' 两侧切线与基线的夹角，取其平均值，如图中的 α_1。再安置仪器于 B 点，测定顶部 P' 两侧切线与基线的夹角，取其平均值，如图中的 β_1。利用前方交会公式可计算出 P' 的坐标，同法可得 P 点的坐标，则 P'、P 两点间的平距

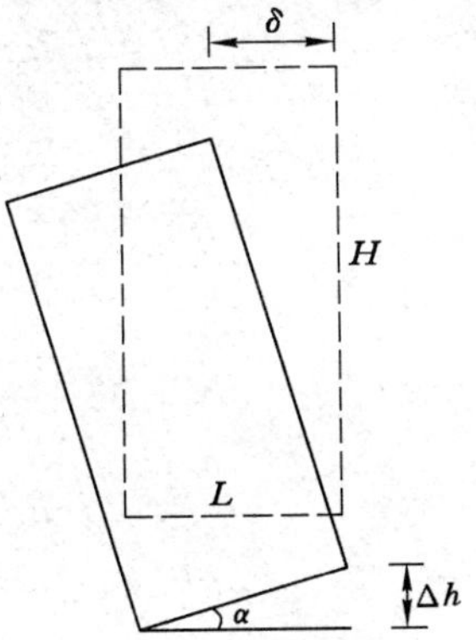

图 9-25　基础倾斜观测

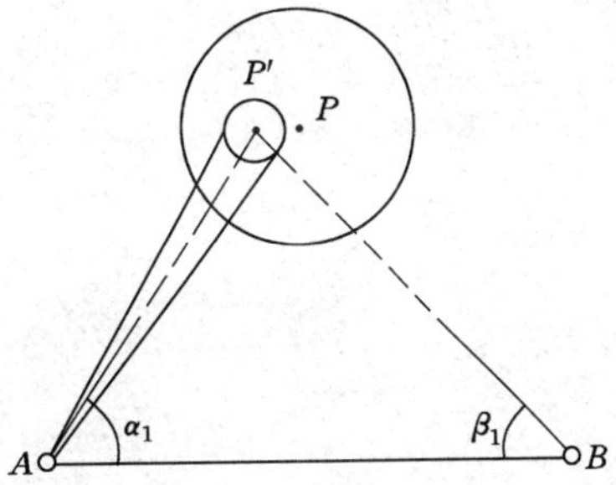

图 9-26　前方交会观测倾斜

$D_{PP'}$ 由坐标反算公式求得，实际上 $D_{PP'}$ 即为倾斜位移值 δ。

2. 经纬仪投影法

经纬仪投影法为利用两架经纬仪交会投点的方法，将建筑物向外倾斜的一个上部角点投影至平地，量取与下面角点的倾斜位移值 δ(见图 9-27)。

3. 悬挂垂球法

悬挂垂球法是测量建筑物上部倾斜的最简单方法，适合于内部有垂直通道的建筑物。从上部挂下垂球，根据上、下在同一位置上的点，直接测定倾斜位移值 δ，再根据公式(9-7)计算倾斜度 α。

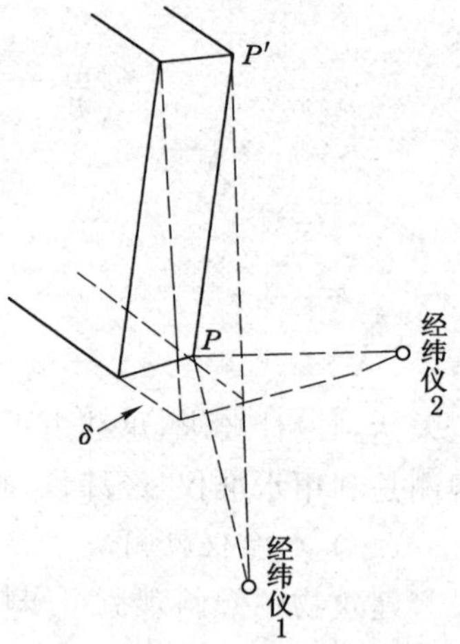

图 9-27 经纬仪投影法观测倾斜

四、裂缝观测

一旦发现建筑物有裂缝，除了要增加沉降观测的次数外，应立即进行裂缝变化的观测。为了观测裂缝的发展情况，要在裂缝处设置观测标志。如图 9-28 所示，将长约 100 mm，直径约 10 mm 的钢筋头插入，并使其露出墙外约 20 mm，用水泥砂浆填灌牢固。两钢筋头标志间距离 l 不得小于 150 mm。待水泥砂浆凝固用游标卡尺量出两钢筋头之间的距离，并记录下来。以后如裂缝继续发展，则钢筋头的间距也就不断加大。定期测量两钢筋头的间距并进行比较，即可掌握裂缝发展情况。

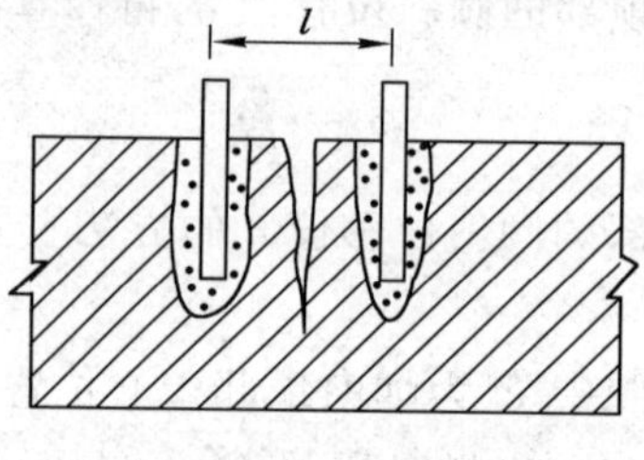

图 9-28 裂缝观测

第十章
道桥工程测量

第一节　概　　述

一、概述

现代交通运输网主要包括铁路、公路、管道、水运和航运等，它们的共同特点是其几何形状为线性，一般称为线性工程，线性工程的中心线称为路线。路线测量是指路线在勘测、设计和施工等阶段中所进行的各种测量工作。路线工程测量可分为草测、初测、定测和施工测量等各个阶段。路线工程测量的基本工作如下：

(1) 根据规划设计要求，在中小比例尺地形图上，确定规划路线的走向及相应控制点位。

(2) 根据图上的设计在实地标出线性工程的基本走向，沿着基本走向进行必要的控制测量(平面控制和高程控制)。

(3) 结合线性工程的需要，沿着线性工程的基本走向进行带状图或平面图的测绘。比例尺以不同线性工程实际按表 10-1 的要求选定。

表 10-1　　**线性工程测图比例尺**

路线工程类型	带状地形图	工点地形图	纵断面图		横断面图	
			水平	垂直	水平	垂直
铁路	1∶1 000 1∶2 000 1∶5 000	1∶200 1∶200 1∶500	1∶1 000 1∶2 000 1∶10 000	1∶100 1∶200 1∶1 000	1∶100 1∶200	1∶100 1∶200
公路	1∶2 000 1∶5 000	1∶200 1∶500 1∶1 000	1∶2 000 1∶5 000	1∶200 1∶500	1∶100 1∶200	1∶100 1∶200

(4) 根据规划设计把路线点位测设到实地中(中线测设)。

(5) 测量线性工程的基本走向的地面点位高程，绘制路线基本走向的纵断面图。根据线性工程的需要测绘横断面图。比例尺按表 10-1 的要求选定。

(6) 按线性工程的详细设计进行施工测量。公路和铁路是社会经济发展的重要交通路线。公路和铁路的工程测量贯穿于整个交通路线的建设过程,从规划勘测设计、施工到运营管理各个阶段。为了区别于一般的路线测量技术及根据《公路勘测规范》的要求,本章把公路和铁路的工程测量技术称为路线测量。

二、路线工程测量的基本过程

规划选线(草测)是交通路线建设的初始设计工作,一般的工作内容包括以下内容。

(一) 图上选线

根据有关部门提出的某一交通路线(或某一交通网络)建设基本思想,利用中比例尺(1∶5 000～1∶50 000)的地形图,在图上选取路线方案。选用一张现势性比较好的地形图作为规划选线的重要图件,为交通路线初始设计反映出路线走向的地形状态,提供比较多的地质、水文、植被、居民点、经济建设等状况。图上选线可以在这些现有资料基础上初步确定各种交通路线的走向、估计路线的距离、桥梁涵洞的座数、隧道长度、车站位置等项目,测算各种图上选线方案的投资建设费用等。

(二) 实地考察

根据图上选线的多种方案,进行野外实地勘察、踏勘、调查,收集路线沿途的实际情况,进一步掌握公路沿线的实际资料。其中注意收集:① 有关的控制点;② 沿途的工程地质情况;③ 规划路线所经过的新建筑物及交通交叉位置;④ 有关土石建筑材料情况。地形图的现势性往往跟不上经济建设的速度,实际地形与地形图可能存在差异。因此,实地考察获得的实际资料是初始图上选线设计的重要补充资料。

(三) 方案论证比较

根据图上选线和实地考察的全部资料,结合主管部门的意见进行方案论证,确定规划路线的基本方案。

(四) 勘测设计

勘测设计是在规划路线上进行路线勘测与设计的整个过程。这个过程可分为二阶段和一阶段两种形式。

二阶段勘测的设计有初测和定测。

1. 初测

初测,即在所定的规划路线上进行的勘测工作。主要技术工作的内容有控制测量和带状地形图的测量,为交通路线工程提供完整的控制基准及详细的地形资料。

(1) 控制测量,即平面控制测量及高程控制测量。在中比例尺地图上已经有了交通规划路线,在实地也有了规划路线的基本走向。平面控制测量和高程控制测量在实地相应的规划路线上进行。

(2) 带状地形测量,即在已经建立的平面控制和高程控制基础上沿规划中线进行地形测量,按一般地形图测绘的技术要求测绘带状地形图,带状宽度 100～300 m。此外,应注意测绘各种管线和原有路桥和规划路线的关系,加测穿越规划路线的管线净空高或负高。规划公路沿线的桥梁隧道应测绘大比例尺工点地形图。初测得到规划路线的大比例尺带状地形图是纸上定线设计最重要的基础图件。

纸上定线设计主要技术内容是,在带状地形图上确定路线中线直线段及交点位置,标明路线中线直线段、连接曲线的有关参数。

2. 定测

定测主要的技术内容如下：

(1) 将纸上定线设计的公路中线(直线段及曲线)测设于实地。

(2) 路线的纵横断面测量，为路线竖向设计、路基路面设计提供详细高程资料。纸上定线设计和竖向设计、路基路面设计是伴随初测和定测的二阶段设计实现的，故称为二阶段设计。一般的公路铁路及大桥隧道采用二阶段设计；修建任务紧急、方案明确、工程简易的低等级公路可采用一段设计的技术过程。一阶段设计，一般是一次性提供公路施工的整套设计方案，作为与之相配合的勘测工作是一次性定测，亦即上述的初测、定测的连续性测量。

(3) 路线工程的施工测量。根据设计的图纸及有关数据测设公路的边桩、边坡、路面及其他的有关点位，保证路线工程建设的顺利进行。

三、路线工程测量的基本特点

(1) 全线性。路线测量工作贯穿于整个路线工程的性质，称为全线性。以公路工程测量为例，由从规划到施工的过程可见，公路工程测量开始于整个公路的全局，深入于公路路面施工的具体点位，公路工程建设过程离不开测量技术工作。

(2) 阶段性。这种阶段性既是测量技术本身的特点，也是路线设计过程的需要，反映了实地考察、平面设计、路面设计与初测、定测、测设的各阶段呼应关系。这种阶段性包含了测绘与测设反复程序，反映了公路建设与测量技术的密切关系。

(3) 渐进性。不论是一阶段设计还是二阶段设计，交通路线从规划设计到兴建完工经历了一个由粗到精的过程。公路的完美设计是在从实践中来、到实践中去的过程中逐步实现的。公路的完美设计需要公路勘测与设计的完美结合，设计技术人员应懂测量、会测量，公路测量技术人员应懂设计、明了公路的设计思路。

第二节　路线初测

路线初测工作包括：插大旗、导线测量、高程测量、带状地形测量。初测在路线的全部勘测工作中占有重要地位，它决定着路线的基本方向。

一、插大旗

根据方案研究中在小比例尺地形图上所选路线位置，在野外用红白旗标出其走向和大概位置，并在拟定的路线转向点和长直线的转点处插上标旗，为导线测量及各专业调查指出进行的方向。大旗点的选定，一方面要考虑路线的基本走向，尽量插在路线位置附近；另一方面要考虑到导线测量、地形测量的要求，因为一般情况下大旗点即为导线点，故要便于测角、量距及测绘地形。插大旗是一项十分重要的工作，应考虑到设计、测量各方面的要求，通常由技术负责人来做此项工作。

二、导线测量

导线的选点工作是在插大旗的基础上进行的。初测导线是测绘路线带状地形图和定测放线的基础，导线点应满足下列要求：接近路线通过位置，在大中型桥梁、隧道等构筑物附近，地质不良地段多加设点；点间的距离一般为 50～400 m，采用电子测距时可根据测程适当延长。导线点应钉控制桩和标志桩，控制桩有方形和圆形两种，可采用木质材料，其样式和尺寸如图 10-1(a)所示，在桩顶钉一小钉表示点位。标志桩用来标记导线点的点号以便查找，如图 10-1(b)所示，一般在路线前进方向的左侧，距控制桩 30～50 cm。控制桩上写明点号及里程，点号前冠以“C”表示初测，如图 10-1(c)所示。里程是指从路线起点到该桩点的距离，通常用“K 千米数＋不足 1 千米的数”表示，如 K2＋570.5，指该点的里程为 2 570.5 m。另外，每隔 3～5 km 应埋设 3 个永久性标石。

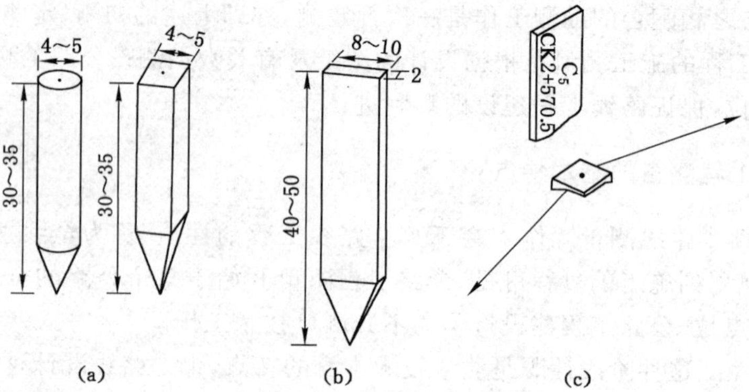

图 10-1　木桩示意图(单位：cm)

(a) 控制桩；(b) 标志桩；(c) 导线点与标志桩

三、高程测量

初测高程测量的任务有两个，一是沿路线设计水准点，作为路线的高程控制点；二是测定导线点和加桩的高程，供地形测绘和专业调查使用。

(一) 水准点高程测量

路线水准点一般每隔 2 km 设置一个，重点工程地段应根据实际情况增设水准点。水准点高程按五等水准测量要求的精度施测；水准点高程测量应与国家水准点联测，其路线长度不远于 30 km 联测一次，形成附合水准路线；水准点高程测量可采用水准测量或光电测距三角高程测量方法进行，高程取至毫米。

1. 水准测量

水准仪的精度不应低于 DS_3 级，水准尺宜用整体式。可采用一组往返测或两台水准仪并测。高差较差在限差以内时采用平均值。精度要求见表 10-2，表中 R 为测段长度，L 为附合路线长度，F 为环线长度，均以千米为单位。

表 10-2　　**五等水准测量精度**

每千米高差中数的中误差/mm	限差/mm			
	检验已测段高程之差	往返测不符值	附合路线闭合差	环闭合差
≤7.5	$\pm 30\sqrt{R}$	$\pm 30\sqrt{R}$	$\pm 30\sqrt{L}$	$\pm 30\sqrt{F}$

视线长度应不大于 150 m,跨越深沟、河流时可增至 200 m。前、后视距离应大致相等,其差值不宜大于 10 m。视线离地面高度不应小于 0.3 m,并应在成像清晰稳定时进行。当跨越大河、深沟,其视线长度超过 200 m 时,应按五等跨河水准测量的要求进行。

2. 光电测距三角高程测量

光电测距三角高程测量,可与平面导线测量合并进行。水准点的设置要求、闭合差限差及检测限差应符合水准测量要求。导线点应作为高程转点。高程转点间的距离和竖直角必须往返观测;斜距应加气象改正;高差可不加折光改正,采用往返观测取平均值;仪器高、棱镜高应在测距前和测角后分别量测一次,取至毫米,两次量测的较差不大于 2 mm 时,取其平均值。测量的技术要求见表 10-3。

表 10-3　水准点光电测距三角高程测量技术要求

距离测回数	竖　直　角				边长范围/m
	测回数	最大角值/(″)	测回间较差/(″)	指标差互差/(″)	
往返各一测回	往返各两测回	20	8	8	200～500

(二) 加桩(中桩)高程测量

加桩是指导线点之间所钉设的板桩,它用于里程计算和专业调查,一般每 100 m 钉设一桩;在地形变化处及地质不良地段,亦应钉设加桩。

1. 加桩水准测量

加桩水准测量使用精度不低于原 DS_3 级的水准仪;采用单程观测,水准路线应起闭于水准点,导线点应作为转点,转点高程取位至厘米,加桩高程取位至毫米 。测量限差要求见表 10-4。

表 10-4　加桩高程测量限差　　mm

项目		附合路线闭合差	检测	附注
水准测量		$\pm 50\sqrt{L}$	±100	L 为附合路线长度(km)
光电三角高程		$\pm 50\sqrt{L}$	±100	
一般三角高程	困难地段	±300	±150	
	隧道段	±800	±400	

2. 加桩光电测距三角高程测量

加桩高程测量可与水准点光电测距三角高程测量同时进行;若单独进行加桩光电测距三角高程测量时,其高程路线必须起闭于水准点。高程转点间的竖直角用中丝法往返观测各一个测回;加桩高程测量的距离和竖直角,可单向观测一个测回,半测回间高程之差在限差以内时取平均值。加桩光电测距三角高程测量的技术要求见表 10-5。

3. 一般三角高程测量

在困难地段和隧道顶加桩高程测量亦可采用一般三角高程测量。其三角高程路线分段起闭于具有水准高程的导线点;转点间的竖直角应往返观测各一测回,半测回间角值较差限差 DJ_2 为 30″;高程测量限差见表 10-5。

表 10-5　　加桩光电测距三角高程测量技术要求

类别	距离测回数	竖直角			半测回或两次高差/mm
		最大竖直角/(°)	测回数	半测回间较差/(″)	
高程转点	往返各一测回	30	中丝法往返	12	
			各一测回		
加桩	单向一测回	40	单向两次		100
			单向一测回	30	

四、带状地形测量

带状地形测量其原理和方法参见第七章。

第三节　路线定测

路线定测阶段的测量工作主要有：中线测量、路线纵断面测量、路线横断面测量。

一、路线平面组成和平面位置的标志

受地形、地质、技术条件等的限制和根据经济发展的需要，路线的方向要不断改变。为了保持路线的平顺，在改变方向的两相邻直线间必须用曲线连接起来，这种曲线称平面曲线。平面曲线有两种形式，即圆曲线和缓和曲线，如图 10-2 所示。

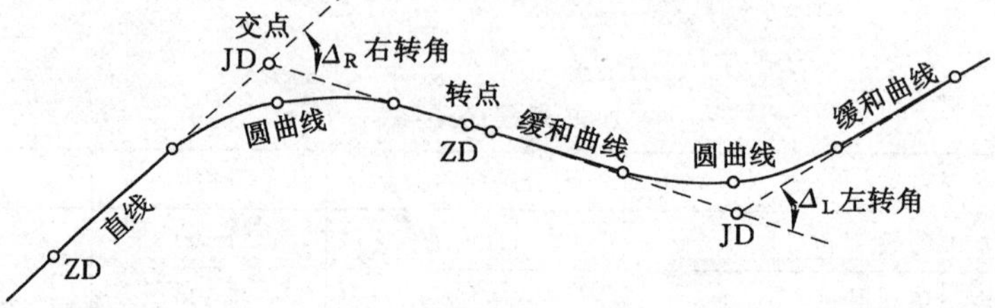

图 10-2　路线平面组成

圆曲线是一段具有相同半径的圆弧；缓和曲线则是连接直线与圆曲线间的过渡曲线，其曲率半径由无穷大逐渐变化到圆曲线的半径。铁路干线的平面曲线都应加设缓和曲线，地方和厂矿专用线在行车速度不高时，可不设缓和曲线。

在地面上标定路线的位置，是将一系列的木桩标定在路线的中心线上，这些桩称为中线桩，简称中桩。中线桩除了标出中线位置外，还应标出各个桩的名称、编号及里程等。对路线位置起控制作用的桩称路线控制桩，直线上的控制桩有交点桩（用 JD 表示）和直线转点桩（用 ZD 表示）；曲线上也有一系列控制桩。控制桩通常用长宽均为 4～5 cm 方桩钉入地面，桩顶应与地面齐平，并钉一小钉表示它精确的点位。直线和曲线上的控制桩均应设置标志。

标志桩采用宽为 5～8 cm 的板桩，上面写明点的名称、编号及里程。标志桩钉在离控制桩 30～50 cm 处，直线上钉在路线前进方向的左侧，曲线上则钉在曲线的外侧，字面向着控制桩，如图 10-3 所示。为了详细标出直线和曲线的位置和里程，在直线上每 50 m、在曲线上每 20 m 钉一中线桩；里程为整百米的称百米桩，里程为整千米的称千米桩，在地形明显变化和路线与其他道路管线交叉处应设置加桩。百米桩、千米桩和加桩用宽 4～5 m 的板桩钉设，上端标明里程，字面背着路线前进方向，桩顶上不需钉小钉。

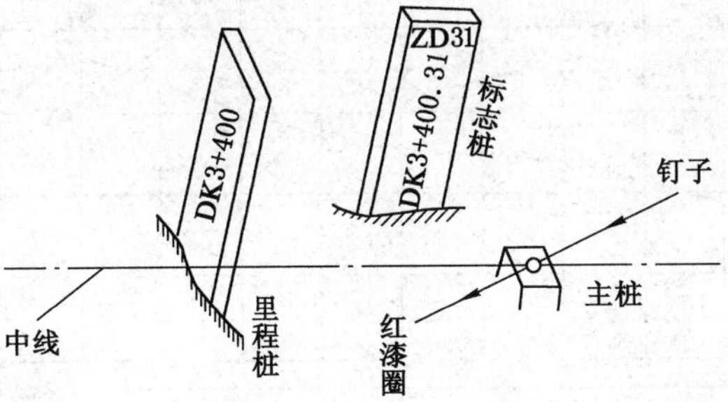

图 10-3　中线桩

里程是指中线桩沿路线至路线起点的距离，它是沿路线中线计量，以千米为单位。一般以路线起点为 DK0＋000，图 10-3 中为直线转点（ZD）桩，该桩距路线起点为 3 km 又 402.31 m，即 3 402.31 m，DK 表示定测里程。交点虽不是中线点，但它是重要的控制点，一般也要标明它的里程。

二、中线测量

中线测量是定测阶段的主要工作，它的任务是把在带状地形图上设计好的路线中线测设到地面上，并用木桩标定出来。

中线测量包括放线和中桩测设两部分工作。放线是把纸上定线各交点间的直线段测设于地面上；中桩测设是沿着直线和曲线详细测设中线桩。

（一）放线测量

放线的任务是把中线上直线部分的控制桩（JD、ZD）测设到地面，以标定中线的位置。放线的方法有多种，常用的有拨角法、支距法和极坐标法三种。可根据地形条件、仪器设备及纸上定线与初测导线距离的远近等情况，选择一种或几种交替使用。

1. 拨角法放线

拨角法放线是根据纸上定线交点的坐标，预先在内业计算中计算出两相邻交点间的距离及直线的转向角，然后根据计算资料在现场测设出各个交点，定出中线位置。

拨角法放线的工作程序为：计算放线资料、实地放线、联测与放线误差调整。现以图 10-4 为例来说明。

(1) 计算放线资料

图 10-4 中 c_0，c_1 等为初测导线点，其各点坐标在初测导线计算表中可以查得；JD_0，JD_1 等为纸上定线各直线段的交点，它们的坐标可在地形图上量取。根据坐标反算公式，可以计算出各直线段的长度及其坐标方位角，相邻两直线段的坐标方位角之差，即为各交点的转向角（后视边的坐标方位角减前视边的坐标方位角，差值为正则左转，为负则右转），见表 10-6。计算出的距离及转向角，使用比例尺和量角器在图上检查无误后，方可提供给外业放线

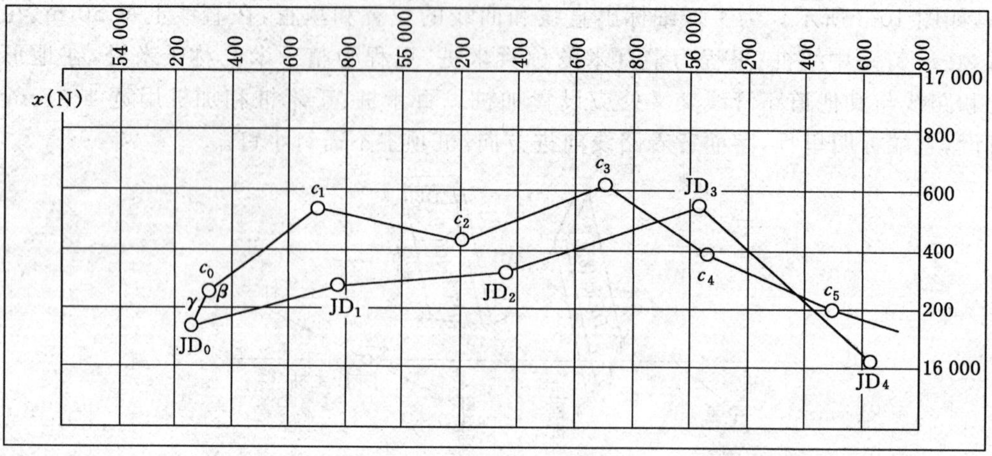

图 10-4　初测导线点与直线段交点

使用。

表 10-6　　**拨角放线资料计算表**

桩号	坐标/m		坐标增量/m		坐标方位角 /(° ′ ″)	直线长度 /m	转向角 /(° ′ ″)
	x	y	Δx	Δy			
c_1							
					235　18　30		
c_0	16 263	54 311					β=143°07′36″
			−138	−46	198　26　06	145.47	
JD_0	16 125	54 265					124　20　17(左)
			153	537	74　05　49	558.37	
JD_1	16 278	54 802					7　12　40(右)
			85	556	81　18　29	562.46	
JD_2	16 363	55 385					9　25　19(左)
			228	697	71　53　10	733.34	
JD_3	16 591	56 055					55　42　04(右)
			−458	595	127　35　14	750.86	
JD_4	16 113 3	56 650					

例如，图中由导线点 c_0 放出中线起点 JD_0 的测设资料为：

$$s = \sqrt{(-138)^2 + (-46)^2} = 145.47\ (\text{m})$$

$$\beta = \alpha_{c_0-JD_0} - \alpha_{c_0-c_1} = 143°07'36''$$

JD_0 的转向角为：

$$\alpha_0 = \alpha_{c_0-JD_0} - \alpha_{JD_0-JD_1} = 124°20'176''(\text{左})$$

依次类推。

根据计算出的转向角、曲线段长度和设计的曲线半径、缓和曲线长，计算出曲线要素(包括切线长、曲线长和外矢距)及曲线主点的里程。所有计算资料经复核后,填入拨角放线资料表,供外业放线及中线测量使用。

(2) 实地放线

根据放线资料,首先置镜于初测导线点 c_0 上,后视 c_1,盘左、盘右拨角 $\beta=143°07'36''$,分中后定出 c_0～JD_0 方向,在此方向上量出 $s=145.47$ m,定出 JD_0 点。然后依次在 JD_0,JD_1 等上安置经纬仪,根据相应的转向角和直线段长度,定出 JD_1,JD_2 等交点。

交点水平角(转向角)应使用 DJ_2 或 DJ_6 经纬仪,采用正倒镜测设。在限差范围内时,分中取平均位置。距离采用往返观测,交点至转点或转点之间的距离,在使用光电测距仪时不宜长于 1 000 m;使用钢卷尺时不宜长于 400 m,地形平坦、视线清晰时,亦不应长于 500 m;而两点间的最短距离不得短于 50 m,当短于 50 m 时应设置远视点。钉设转点时,正、倒镜的点位横向误差每 100 m 距离不应大于 5 mm;当点间距离大于 400 m 时,最大点位横向误差不应大于 20 mm,在限差以内分中定点。在测设距离的同时,可以钉出直线上的中线桩(千米桩、百米桩、加桩)和曲线主点桩。

(3) 联测与放线误差的调整

拨角法放线虽然速度较快,但其缺点是放线误差累积。为了保证测设的中线位置不致偏离理论位置过大,测量规范规定中线每隔 5～10 km,应与初测导线(或航测外控点、GPS 点)联测一次,中线闭合差不应超过表 10-7 的规定。

表 10-7　　中线闭合差

水平角闭合差(″)	DJ_6	$\pm30\sqrt{n}$
	DJ_2	$\pm25\sqrt{n}$
长度相对闭合差	钢卷尺	1/2 000
	光电测距	1/3 000

表 10-7 中,n 为闭合环中线上置镜点和初测导线点的总和,长度采用初、定测闭合环长度。当闭合差超限时,应查找原因,纠正放线点位;若闭合差在限差以内,则应在联测处截断累积误差,使下一个放线点回到设计位置上。

图 10-5 为联测关系示意图,虚线上的 JD_2,JD_3,…为纸上定线位置;实线上的 JD'_2,JD'_3,…为现地放出的中线交点;C_3、C_4 则是实地已有的初测导线点。联测时要现场测出联测点 JD'_3 和 C_4 处的水平角 β_1、β_2 和水平距离 d_1,根据初测导线的坐标方位角 α_{3-4},可以推

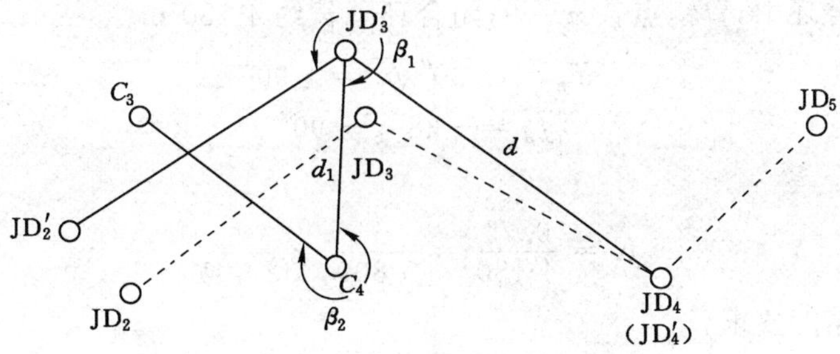

图 10-5　联测关系

算出现地放出的中线的坐标方位角 $\alpha_{JD'_2-JD'_3}$，其与纸上定线的理论坐标方位角 $\alpha_{JD_2-JD_3}$ 之差，即为角度闭合差；而由 C_4 点坐标推算出的 JD'_3 坐标与纸上定线位置 JD_3 坐标之差，即可算出距离闭合差，从而可以衡量放线的精度。若闭合差均在限差之内，则前面已测设的中线位置不必调整，而放下一个 JD'_4 点时，要根据 JD'_3 的实测坐标和纸上定线 JD_4 的理论坐标来反算放线所需的坐标方位角。$\alpha_{JD'_3-JD'_4}$ 及距离 d_2，使 JD'_4 回到纸上定线位置 JD_4 上。

例如，图 10-5 中联测数据为

$$d_1 = 144.89\ \text{m};\quad \beta_1 = 266°05'12'';\quad \beta_2 = 323°40'36''$$

联测坐标计算资料填入表 10-8 中。

表 10-8　　联测坐标计算表

点号	右角 /(° ′ ″)	坐标方位角 /(° ′ ″)	距离 /m	坐标增量/m		坐标/m	
				Δx	Δy	x	y
c_3							
		121 38 30					
c_4	323 40 36					16 457.00	56 110.00
		337 57 54	144.89	+134.31	−54.36		
JD_3	266 05 12					16 591.31	56 055.64
		251 52 42					
JD_4							

① 距离闭合差的计算

JD_2 的理论坐标由表 10-6 中查得

$$x = 16\ 363\ \text{m},\quad y = 55\ 385\ \text{m}$$

坐标闭合差

$$\delta_x = +0.31\ \text{m}, \delta_y = +0.64\ \text{m}$$

故距离闭合差

$$f_s = \sqrt{\delta_x^2 + \delta_y^2} = \pm 0.71\ (\text{m})$$

② 角度闭合差的计算

由表 10-6 查得 $\alpha_{JD_2-JD_3} = 71°53'10''$。

由表 10-8 查得 $\alpha_{JD'_2-JD'_3} = 71°52'42''$。

角度闭合差

$$f_\beta = 71°52'42'' - 71°53'10'' = -28''$$

③ 精度评定

已知联测闭合环中，置镜点数 $n = 9$；闭合环总长约 4 130 m。

$$f_{容} = \pm 30''\sqrt{n} = \pm 90''$$

$$f_\beta = -28 < \pm 90''$$

距离相对闭合差

$$K = \frac{0.71}{4\ 130} = \frac{1}{5\ 800} < \frac{1}{2\ 000}$$

故放线符合精度要求。

④ 放线误差的调整

由于放线精度合格，则闭合差在 JD'_3 处截断，JD'_3 以前的中线位置现地不再调整；而以后的放线资料，则由 JD'_3 的实测坐标和 JD_4 的理论坐标来计算。将经纬仪安置在 JD'_3 上，后视 JD'_2，拨角量距定出 JD'_4。

2. 支距法放线

初测导线与纸上定线相距较近时，为控制好路线位置，可采用支距法放线。它是以导线点（或航测外控点）为基础，独立测设出中线的各直线段，然后将两相邻直线段延伸相交得到交点。由于每一直线段都是独立放出的，优点是误差不会积累，缺点是放线程序较烦琐。其工作程序为：准备放线资料，放点、穿线，交点。

(1) 准备放线资料

从地形图上选定一些导线点，用比例尺和量角器量出这些点到纸上定线的距离和角度，如图 10-6 中的 $A,B,C,\cdots$，这些点的选择既要考虑测设方便，又要使同一直线段上相邻两点间通视，且两点间距尽量远些；此外，也可选取中线上的特征点，如明显地物点、导线与中线相交点，即图中的 D、E、F 点。为了检核和保证放线位置的精度，规定每一直线段上不能少于三个点。最后，应将量得的数据标在放线示意图上。

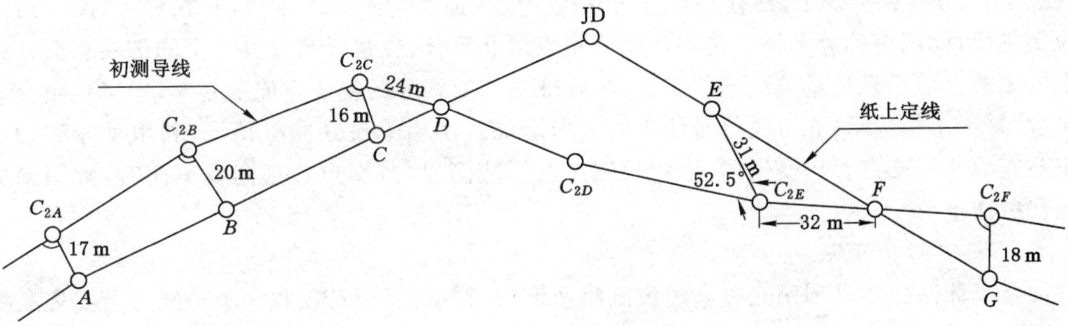

图 10-6　支距法放线示意图(1)

(2) 实地放线

① 放点

根据放线示意图，在现地拨出相应的导线点，利用经纬仪、方向架或直角器测设方向，用钢卷尺或皮尺量出距离，定出临时支距点，并插上一带红白旗的竹竿标出点位。

② 穿线

支距法放出的各点均是独立的点，故放线误差不会累积，但由于放线资料的量取和实际测设中都会有误差，故实地放出的同一直线上的各点并非在同一直线上，需用经纬仪将相应的各点调整到同一直线上，这一工作称为穿线。穿线时，一种方法是将经纬仪安置于一个较高的临时点上，照准最远处的一个转点(ZD)，若中间各点偏离视线方向不大，则可将各点移动，标定在视线方向上，并打桩钉上小钉；另一种方法是将经纬仪安置于某临时支点附近，使其前、后大多数点均在仪器正、倒镜视线所指直线的方向附近，则以此视线作为直线段的方向，在此方向上钉出若干个直线转点桩 ZD。

③ 延长直线

为了得到相邻两直线段的交点，一般采用盘左、盘右分中定点法来延长直线。如图 10-7 所示，欲将 AB 延长，置经纬仪于 B 点，盘左后视 A 点，倒转望远镜后在视线方向打一木桩，并在桩顶标出一点 C_1；然后盘右后视 A 点，倒镜后在桩顶标出 C_2 点，若 C_1C_2 之间的距离小于横向误差容许值时(见拨角放线要求),则取其中点 C 作为 AB 延长直线上的点,并钉一小钉标示。为保证延长直线的测设精度,前、后视线长度不能相差太大,且后视距离不能太短;对点和设点尽量采用垂球,如果距离较远时,亦可用测钎或标杆,但要尽量照准其底部。

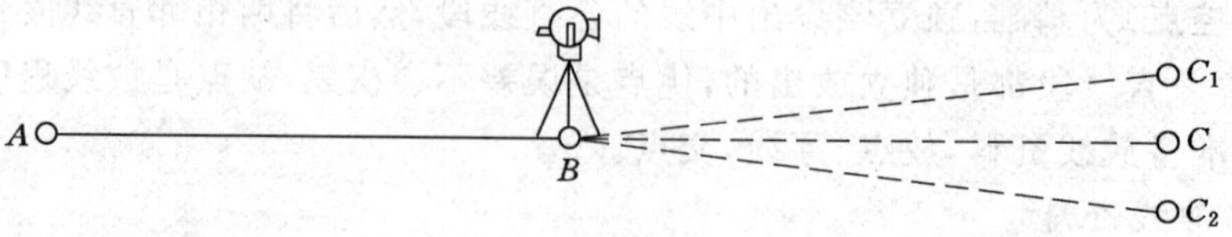

图 10-7 支距法放线示意图(2)

(3) 交点

相邻两直线段在实地测设出来之后,将它们延长即可测设出直线的交点 JD。交点是确定中线的直线段方向和测设曲线的重要控制点。如图 10-8 所示,将经纬仪安置在直线Ⅰ的转点 ZD 上,延长直线Ⅰ,估计在与直线Ⅱ相交处的前后打下 a、b 木桩,并在桩顶钉一小钉,拉上细线,此两桩称骑马桩。再用经纬仪将直线Ⅱ延长,在视线与骑马桩上的细线相交处钉上方木桩。然后悬吊垂球沿细线移动,当垂球线与直线Ⅱ的视线方向重合时,即可定出交点位置,钉一小钉标示;亦可先将直线Ⅰ的方向沿细线用铅笔投画在桩顶上,利用垂球移动定出与直线Ⅱ的交点。当受地形、地物限制交点不能测设,或交点过远测设不便时,常用副交点代替交点。

3. 极坐标法放线

极坐标法放线是利用光电测距仪测距速度快、精度高的特点,在一个导线点上安置测距仪,同时测设几条直线上的若干个点,如图 10-9 所示。测距仪安置在导线点 C_4 上,可同时测设出 $A, B, \cdots, G$,大大提高了放线的效率。其距离、角度应通过坐标反算来确定,而且最后亦要经过穿线来确定直线段的位置。

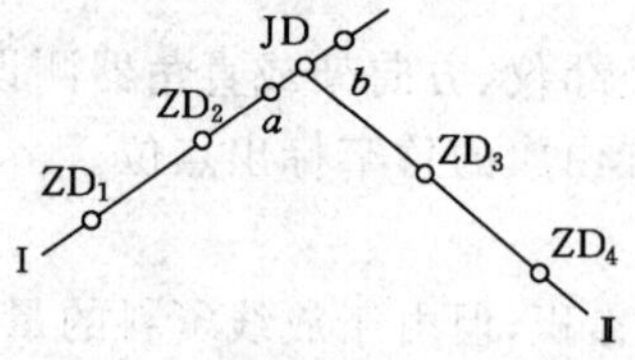

图 10-8 支距法放线示意图 3

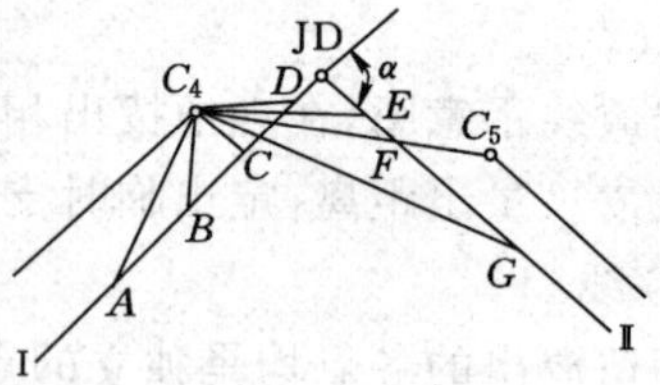

图 10-9 极坐标法放线示意图

(二) 中线测设

放线工作完成之后,地面上已有了控制中线位置的转点桩 ZD 和交点桩 JD。依据 ZD 和 JD 桩,即可将中线桩详细测设在地面上,这项工作通称中线测设。它包括直线和曲线两部分,这里主要介绍直线测设。中线上应钉设千米桩、百米桩和加桩。直线上中桩间距不宜大于 50 m;在地形变化处或按设计需要应另设加桩,加桩一般设在整米处。中线距离应用光电测距仪或钢尺往返测量,在限差以内时取平均值。百米桩、加桩的钉设以第一次量距为准。中桩桩位误差,按要求不超过下列限差:纵向为 $\left(\frac{s}{2\ 000}+0.1\right)$m,横向为 10 cm。其中,$s$

为转点至桩位的距离，以米计。定测控制桩直线转点、交点，曲线主点桩，一般都应用固桩。固桩可埋设预制混凝土桩或就地灌注混凝土桩，桩顶埋入铁钉。

三、路线高程测量

路线的初测和定测阶段都要进行高程测量，它包括水准点高程测量和中桩高程测量。

（一）路线水准点高程测量

路线水准点高程测量现场称基平测量。它的任务是沿线布设水准点、施测水准点的高程，作为路线及其他工种测量工作的高程控制点。

1. 水准点的布设

定测阶段水准点的布设应在初测水准点布设的基础上进行。首先对初测水准点逐一检核，其不符值在$\pm 30\sqrt{K}$ mm（K为水准路线长度，以千米为单位）以内时，采用初测成果；确认超限，方能更改。其次，若初测水准点远离路线，则重新移设至距路线 100 m 的范围内。水准点的布设密度一般为 2 km 设置一个。

长度在 300 m 以上的桥梁和 500 m 以上的隧道两端和大型车站范围内，均应设置水准点。水准点设置在坚固的基础上或埋设混凝土的标桩，以 BM 表示并统一编号。

2. 水准点高程测量

水准点高程测量方法与要求同初测水准点高程测量。

3. 跨河水准测量

在铁路水准点测量中，当跨越河流或深谷时，由于前、后视线长度相差悬殊及水面折光的影响，不能按通常的方法进行水准测量。当跨越大河、深沟视线长度超过 200 m 时，应按跨河水准测量进行。

（二）中桩高程测量

初测时，中桩高程测量是测定导线点及加桩桩顶的高程，为地形测量建立图根高程控制。定测时，则是测定中线上各控制桩、百米桩、加桩处的地面高程，为绘制路线纵横断面提供资料。

1. 中桩水准测量

中桩水准测量采用一台水准仪单程测量，水准路线应起闭于水准点，限差为$\pm 50\sqrt{L}$ mm（L为水准路线长度，以千米计）。中桩高程宜观测两次，其不符值不应超过 10 cm，取位至厘米；中桩高程闭合差在限差以内时不作平差。中桩高程测量方法如图 10-10 所示。

将水准仪安置于Ⅰ，读取水准点 BM_1 上的尺读数，作为后视读数。然后依次读取各中线桩的尺读数，由于这些尺读数是独立的，不传递高程，故称为中视读数。最后读取转点 Z_1 的读数，作为前视读数。再将仪器搬至Ⅱ，后视转点 Z_1，重复上述方法，直至闭合于 BM_2。中视读数读至厘米，转点读数读至毫米。记录、计算见表 10-9。中桩高程计算采用仪器视线高法，先计算出仪器视线高 H_i

$$H_i = \text{后视点高程} + \text{后视读数}$$

$$\text{中桩高程} = H_i - \text{中视读数}$$

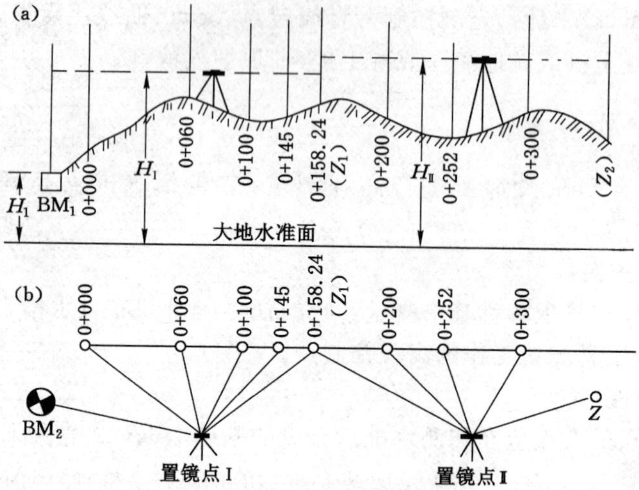

图 10-10　中桩高程测量

表 10-9　　**中桩水准测量记录与计算**

测点	水准尺读数/m			仪器高程/m	高程/m	备注
	后视	中视	前视			
BM$_1$	3.769			56.229	52.460	水准点高程
0+000		2.21			54.02	BM$_1$——52.460 m
0+060		0.58			55.65	BM$_2$——55.471 m
0+100		1.52			54.71	实测闭合差
0+145		2.45			53.78	f_h=55.450−55.471=−21 mm
0+158.24(Z_1)	0.659		0.415	56.473	55.814	容许闭合差
0+200		1.37			55.10	$F_h=\pm 50\sqrt{2.1}=\pm 70$ mm
0+252		2.79			53.68	精度合限
0+300		1.80			54.67	
Z_2	1.458		2.610	55.321	53.863	
⋮	⋮	⋮	⋮	⋮	⋮	
ZH_2+046.15	3.978		2.410	56.696	52.718	
BM$_2$			1.246		55.450	
$\sum$	+30.559		27.609		55.450	
	−27.609				−52.460	
	+2.990				+2.990	

根据表 10-9，并参考图 10-10，测站Ⅰ的视线高为：

$$H_Ⅰ = 52.460 + 3.769 = 56.229\ (\mathrm{m})$$

中线桩 DK+000 的高程为：

$$H_Ⅰ - 2.21 = 54.019\ (\mathrm{m})$$

采用 54.02 m。

转点 ZD_1 的高程为：

$$H_I - 0.415 = 55.814\ (m)$$

隧道顶部和个别深沟的中桩高程，可以采用三角高程测量法测定。

2. 跨深谷的中桩水准测量

路线中桩水准测量，往往需要跨越深谷，如图 10-11 所示。为避免因仪器通过谷底的多次安置中产生的误差，可在测站 1 先读取沟对岸的转点 2＋200 的前视读数，后以支水准路线形式测定谷底中桩高程；再将仪器搬至测站 4 读取转点 2＋200 的后视读数。为了削减由于测站 1 前视距离长而产生的测量误差，可将测站 4 的后视距离适当加长。另外，由于沟底中桩水准测量是支水准路线，故应另行记录。当跨越的深谷较宽时，亦可采用跨河水准测量方法。

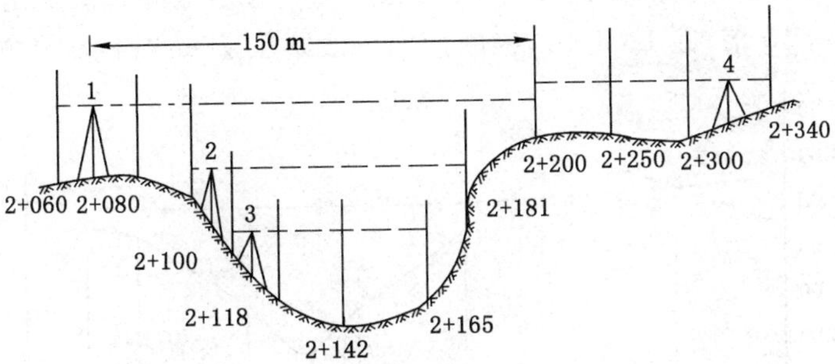

图 10-11　跨深谷中桩水准测量

3. 中桩光电三角高程测量

中桩高程测量可与水准点光电三角高程测量一起进行，亦可与路线中线光电测距同时进行。若单独进行中桩高程测量或与中线测设同时进行，则应起闭于水准点上，满足限差＝$\pm 50\sqrt{L}$ mm 的要求及检测限差±100 mm 的要求。直线转点、曲线起终点及长度大于 500 m的曲线中点，均应作为中桩高程测量的转点。中桩光电三角高程测量技术要求见表 10-5。

（三）路线纵断面图

纵断面图是沿路线中心线的竖直立面图，它是路线纵向坡度、桥涵位置、隧道洞口位置设计的基础。路线纵断面测量从初测的水准点开始，采用水准仪或全站仪测量，水准施测方法与普通水准测量方法大体相同，可采用双面尺法或两次仪器高法。取一个前视点作为高程传递的转点，其余各点作为中视点，只求出高程值而不传递高程，如图 10-12 所示。到下一水准点应使水准路线附合一次，闭合差应满足允许闭合差要求。

在地形复杂地区，现在普遍采用全站仪测量纵断面，与定线测量同时进行，即利用全站仪的三维坐标测量功能测出中桩高程。资料表明，如果全站仪竖直角观测精度为 2″，边长不超过 2 km，采用对向观测，测定高差的精度可达到四等水准测量的限差要求。因此，只要满足上述条件，三维导线测量的结果完全可代替基平测量。由于中平测量中桩地面高程的精度要求为 0.1 m，采用全站仪测量精度完全能达到，这样就使路线测量的外业工作大大减少，尤其是在山区和水准测量困难地区。

纵断面测量完成后，就可绘制纵断面图，如图 10-13 所示，以路线的里程为横坐标，中桩

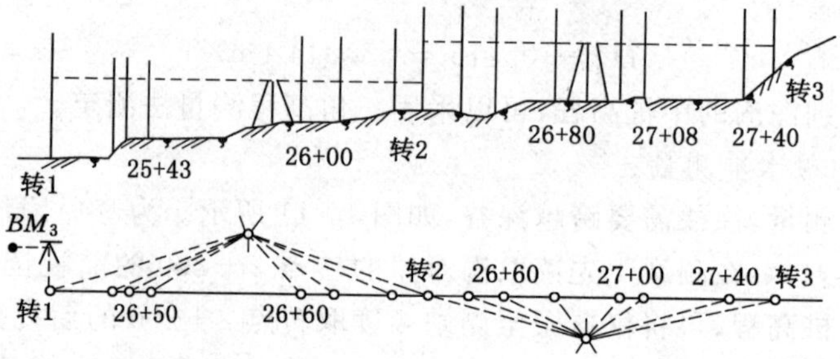

图 10-12　里程桩及加桩高程测量

的高程为纵坐标。水平方向的比例尺为 1∶1 000，为了显示地面起伏变化，竖直方向比例尺一般是水平方向的 10 倍，即 1∶100。纵断面图一般绘在毫米方格纸上，方法如下：

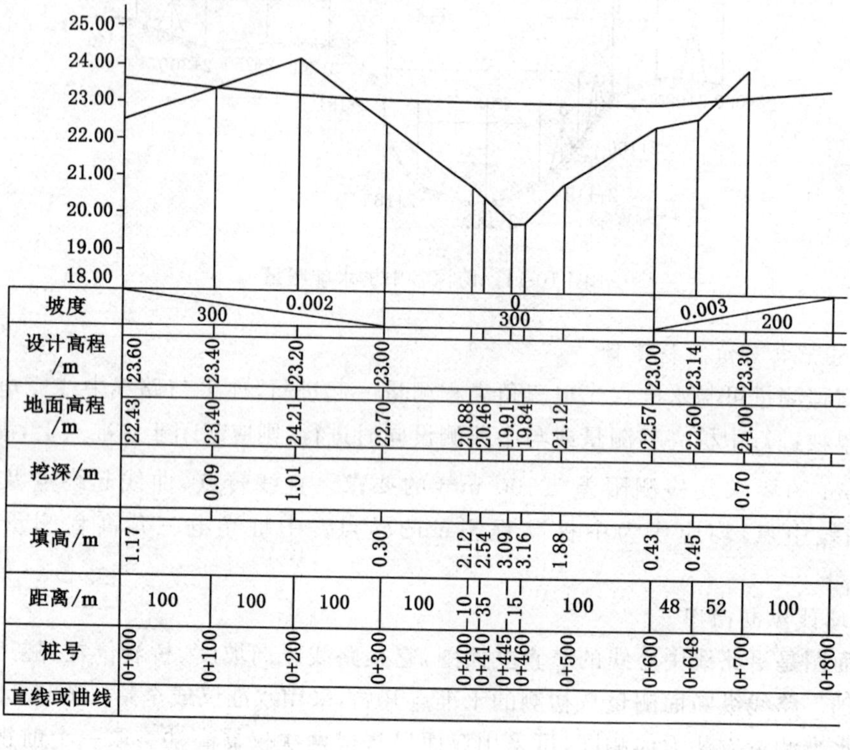

图 10-13　纵断面图的绘制

(1) 在距离栏内，由左至右绘出百米桩及加桩的位置，以竖直线表示。

(2) 在高程栏内，填上相应桩的高程。

(3) 绘制高程坐标线及纵断面线，合理选择高程起点基准。

(4) 绘制其他要素。有的断面图上要求绘制沿线地貌，可依据带状地形图进行。

四、路线横断面测量

横断面是指沿垂直路线中线方向的地面断面线。横断面测量的任务，是测出各中线桩处的横向地面起伏情况，并按一定比例尺绘出横断面图。横断面图主要用于路基断面设计、土石方数量计算、路基施工放样等。

（一）横断面测量的密度和宽度

横断面施测的密度和宽度，应根据地形、地质情况和设计需要而定。一般应在百米桩和路线纵、横向地形明显变化处及曲线控制桩处测绘横断面。在大桥桥头、隧道洞口、挡土墙重点工程地段及地质不良地段，横断面应适当加密。横断面测绘宽度，根据地面坡度、路基中心填挖高度、设计边坡及工程上的需要来决定。应满足路基、取土坑、弃土堆及排水沟设计的需要和施工放样的要求。

（二）横断面方向的测定

路线横断面方向，在直线上应垂直于路线中线；在曲线地段，则应与测点处的切线相垂直。确定直线地段横断面的方向，可以用经纬仪或方向架直接测定。若用方向架法（图10-14）测定，可将方向架立于中线测点上，用一个方向瞄准中线上远方定向标杆，则方向架瞄准的另一个方向就是横断面的方向。曲线上的横断面方向，若用方向架法测定，则如图 10-15 所示，将方向架立于待测断面 B 上，使其一个方向照准曲线上的 A 点，在另一方向上可标定出 1 点；再用方向架照准与 A 等距的 C 点，同法可标定出 2 点，使 $B1=B2$，则 1、2 的中点 N 与 B 的连线即为横断面的方向。若用经纬仪标定方向，则应拨角 $90°\pm\delta$（δ 为后视点偏角）。

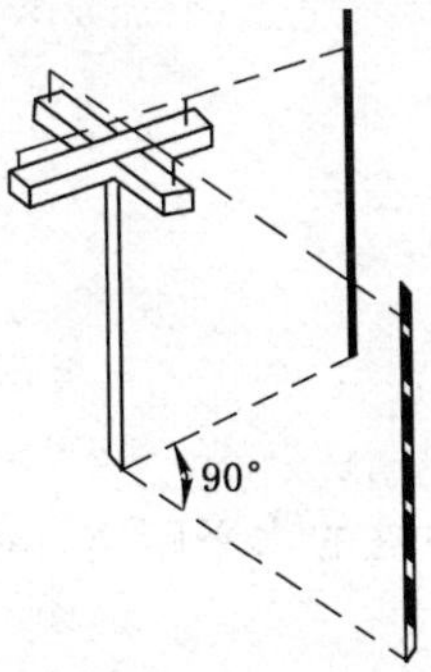

图 10-14　方向架法(1)

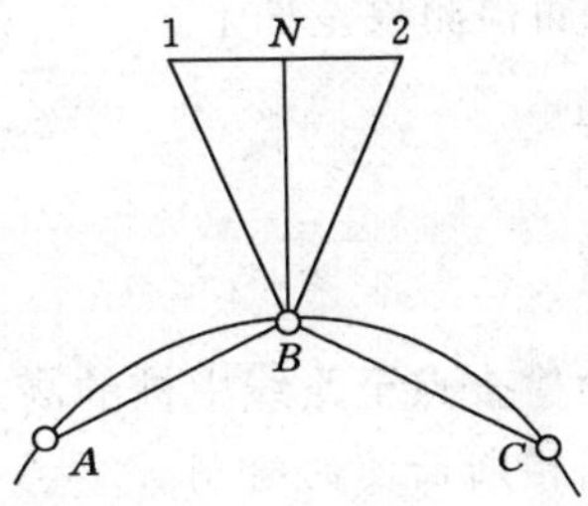

图 10-15　方向架法(2)

（三）横断面测绘方法

横断面的测量方法很多，应根据地形条件、精度要求和设备条件来选择。下面介绍几种常用的方法。

1. 经纬仪视距法

将经纬仪安置在中线上，利用视距方法直接测出横断面上各地形变化点相对于测站的距离和高差。这种方法速度快，精度亦可满足路基设计要求，尤其在横向坡度较陡地区，其优点更明显，所以它是路线横断面的常用测量方法。

2. 经纬仪测距法

将经纬仪安置在中线点上，在横断面上地形变化处立标杆。用经纬仪照准标杆上仪器高标记读取竖直角，用皮尺量出仪器到标杆标记处的斜距，如图 10-16 所示。根据竖直角和斜距，在现场即可绘出横断面图。这种方法是工效高且质量也较好的一种测绘方法。

3. 水准仪法

水准仪法是用方向架定方向，用皮尺量距，用水准仪测高程。这种方法精度最高。仅适用于地形较平坦地段，但只安置一次仪器，可以测各个断面，如图 10-17 所示。

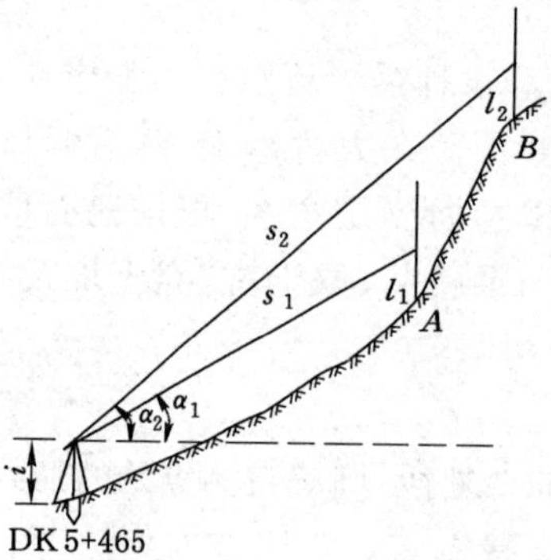

图 10-16　经纬仪测距法

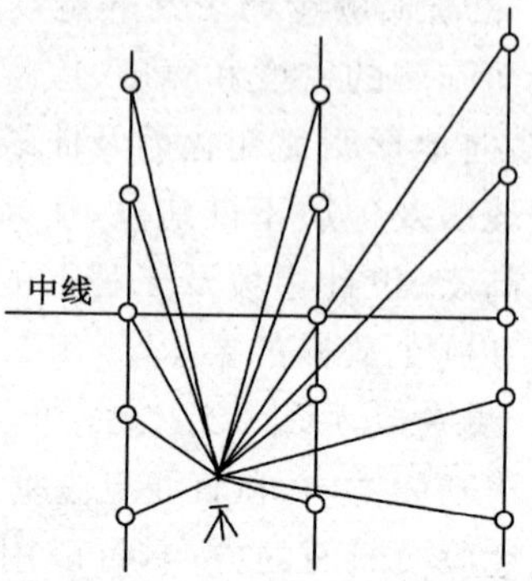

图 10-17　水准仪法

4. 光电测距仪法

利用光电测距仪测量横断面，不仅速度快、精度高，而且安置一次仪器可以测多个断面，所以在有条件的单位，应大力推广使用这种方法。值得注意的是，由于视线长，为防止各断面点互相混淆，应画草图，做好记录。

（四）横断面测量的精度要求

横断面检测限差如下：

高程　　$\pm\left(\frac{h}{100}+\frac{l}{200}+0.1\right)$　m

距离　　$\left(\frac{l}{100}+0.1\right)$　m

式中，h 为检查点至路线中桩的高差，m；l 为检查点至路线中桩的水平距离，m。

（五）横断面图的绘制

横断面图一般绘在毫米方格纸上，为便于路基断面设计和面积计算，其水平距离和高程采用相同比例尺，一般为 1∶300，如图 10-18 所示。横断面图最好采取现场边测边绘的方法，这样既可省去记录，又可实地核对检查，避免错误。若用全站仪测量、自动记录，则可在室内通过计算绘制横断面图，大大提高工效。

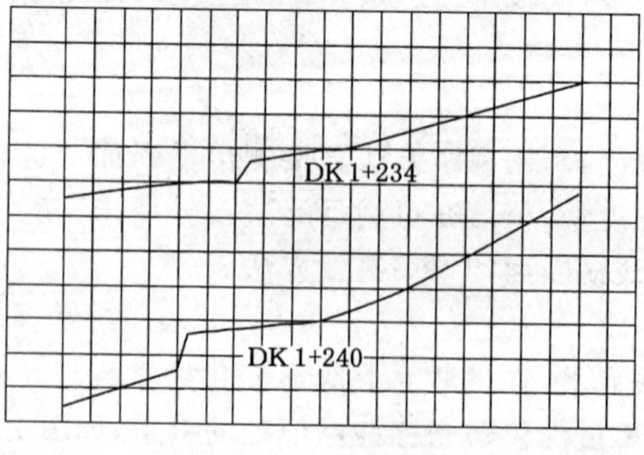

图 10-18　横断面图绘制

第四节　道路曲线测量

在铁路、公路设计中，为了满足行车的需要，在两条直路线相交处必须用曲线加以连接，这种在平面方向上设置的曲线称为平曲线。常采用的平曲线有圆曲线、缓和曲线、回头曲线和复曲线等，如图 10-19 所示。缓和曲线是直线与圆曲线之间或半径相差较大的两个转向相同的圆曲线之间插入的一段半径由无穷大逐渐变化到 R 或半径由 R_1 变化 R_2 的一种线型，它起缓和及过渡的作用。

在纵向变坡处也必须用曲线连接不同的坡度，这种曲线称为竖曲线。

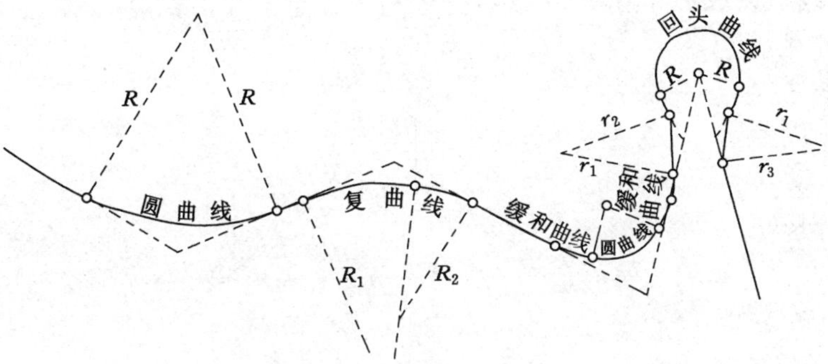

图 10-19　路线曲线的形式

一、圆曲线的测设

（一）圆曲线要素及其计算

测设一般分两步进行，先测设曲线主点，然后依据主点详细测设曲线。为了测设圆曲线的主点，要先计算出圆曲线的要素。如图 10-20 所示，JD 为交点，是两直线的交点；ZY 为直圆点，是按路线前进方向由直线进入圆曲线的分界点；YZ 为圆直点，是按路线前进方向由圆曲线进入直线的分界点；QZ 为曲线中点；T 为切线长，是交点直至圆点或圆直点的长度；L 为曲线长，是自 ZY 经 QZ 至 YZ 的弧线长度；E 为外矢距，是 JD 至 QZ 的距离；R 为曲线半径；α 为路线转向角，是沿路线前进方向，下一条直线段与上一直线段的夹角。R、T、L、E、q、α 称为圆曲线要素。

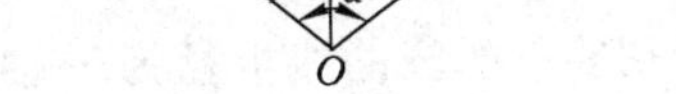

图 10-20　圆曲线测设

圆曲线要素有下列关系：

$$T = R\tan\frac{\alpha}{2} \tag{10-1}$$

$$L = R\cdot\alpha\cdot\frac{\pi}{180^\circ} \tag{10-2}$$

$$E = R(\sec\frac{\alpha}{2} - 1) \tag{10-3}$$

$$q = 2T - L \tag{10-4}$$

（二）主点里程计算

$$ZY = JD - T$$
$$YZ = ZY + L$$
$$QZ = YZ - L/2$$

检核计算：$JD = QZ + q/2$

（三）主点的测设

如图 10-21 所示，在交点 JD 上安置经纬仪，瞄准直线Ⅰ方向上的一个转点，在视线方向量取切线长 T 得 ZY 点，瞄准直线Ⅱ方上的一个转点，量取 T 得 YZ 点；将视线转至内角 $(180°-\alpha)$ 平分线上量取 E_0，用盘左、盘右分中得 QZ 点。在 ZY、QZ、YZ 点均要打方木桩，钉上小钉以示点位。

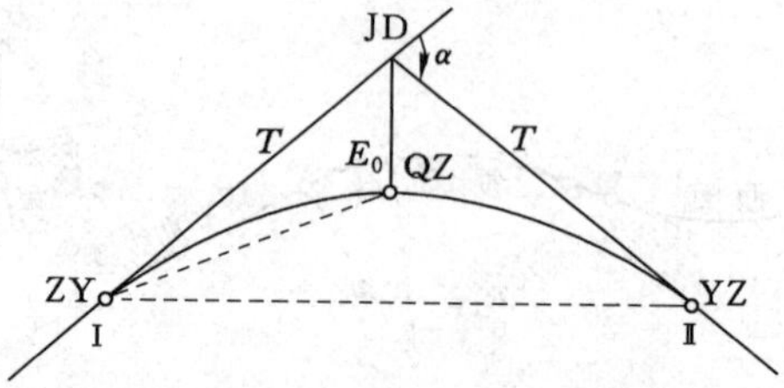

图 10-21　圆曲线主点的测设

（四）圆曲线的细部测设

只将曲线主点测设于地面上，还不能满足设计和施工的需要，为此，应在两主点之间加测一些曲线点，这种工作称圆曲线的详细测设。曲线上中桩间距宜为 10 m；若地形平坦且曲线半径大于 800 m，圆曲线内的中桩间距可为 20 m，且圆曲线的中桩里程宜为 10 m 的整倍数。在地形变化处或按设计需要应另设加桩，则加桩宜设在整米处。常用的方法有直角坐标法和偏角法。

1. 直角坐标法

(1) 直角坐标系的建立

如图 10-22 所示，以圆曲线 ZY 点为坐标系原点，以过圆曲线 ZY 点的切线为 X 轴，以过 ZY 点的圆曲线半径为 Y 轴建立直角坐标系。

(2) 求圆曲线各中桩的坐标

由图 10-22 可知，圆曲线直角坐标法测设圆曲线上任一点 i 的坐标为：

$$\left.\begin{aligned} x_i &= R\sin\theta_i \\ y_i &= R - R\cos\theta_i \end{aligned}\right\} \tag{10-5}$$

式中，$i=1,2,\cdots,n$。

$$\varphi_i = \frac{L_i 180°}{R\pi}$$

式中，φ_i 为弧长相对应的圆心角；L_i 为圆曲线第 i 中线点到 ZY 点的弧长。

(3) 实地测设

安置全站仪于 ZY 点，测站点坐标输入(0,0)，以 JD 点定向，用极坐标法或直角坐标法

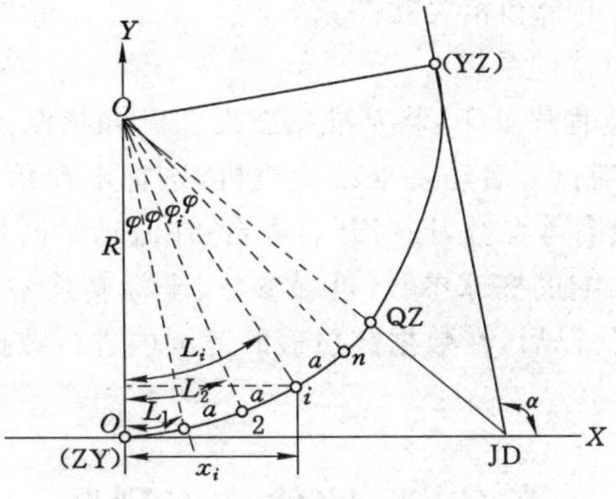

图 10-22　圆曲线的细部测设

放样各点。如果遇到仪器在 ZY 点不能全部测设完中桩点，可以在 YZ 点安置仪器进行测设。

2. 偏角法

偏角法是以曲线起点 ZY 或 YZ 到曲线任一中桩点的弦长 C_i 和偏角 θ_i 来测设圆曲线细部的。所以偏角法测设元素有弦长 C_i 和弦切角 θ_i。

(1) 计算测设元素

偏角 θ_i 为：

$$\theta_i = \frac{\varphi_i}{2} = \frac{1}{2} \cdot \frac{L_i}{R} \cdot \frac{180^\circ}{\pi} \tag{10-6}$$

弦长 C_i 为：

$$C_i = 2R \cdot \sin\frac{\varphi_i}{2} \tag{10-7}$$

(2) 实地测设

在 ZY 点安置全站仪或经纬仪，以 JD 点定向，转角 θ_i，在视线上量取到仪器为距离 C_i，用偏角法测设圆曲线的长度定出 i 点的位置。无论采用哪种方法，测设完都要进行检查，量取桩间的实际距离，然后与计算值比较。

二、综合曲线的测设

由圆曲线、缓和曲线、回头曲线和复曲线组成的曲线为综合曲线。缓和曲线、回头曲线和复曲线的计算可编程进行，测设同样可以采用极坐标法进行。

另外，采用 GPS-RTK 技术，即实时动态差分系统可高效高精度测设点位。其工作原理是：基准站接收机设在具有已知坐标的点位上，连续接收所有可视 GPS 卫星信号，检测 GPS 的系统误差，并按规定的时间间隔将基准站坐标、观测数据、卫星跟踪状态及接收机的工作状态通过无线电传输设备将数据链发送出去，流动站在接收 GPS 卫星信号的同时，接收来自基准站的数据，通过 OTF 解算载波相位整周模糊度，然后根据相对定位原理获取流动站的三维坐标和相对基准站的精度指标。根据此原理，GPS-RTK 系统的配置由三部分组成：

(1) GPS 接收设备，分别用于基准站和流动站。为了提高作业效率，一般是一个基准站和两个流动站。

(2) 数据传输系统，即电台和相关软件。

(3) 支持 RTK 测量的软件系统。

GPS-RTK 测量的作业程序如下：将基准站架设在已知控制点上，一般是国家等级三角点或用静态 GPS 测量的控制点，启动基准站接收机，选择电台信号、通信频率，输入基准站的已知坐标和 GPS 的天线高等参数，同时开启电台；在流动站的控制器中设置项目，建立作业文件，选择与基准站相匹配的椭球参数、投影参数、坐标转换参数、电台频率等，然后进入 RTK 作业模式，完成初始化以后，在数据链覆盖的范围内进行数据采集，用其放样功能放出曲线点位。

第五节　路线施工测量

一、路线施工复测

路线从定测到施工往往还有一段时间，在这一期间部分中线桩可能被碰动或丢失，因此，施工前必须进行一次复测，以恢复中线的位置。中线复测的主要任务是检查尚存的标桩，并将丢失的和被碰动的交点桩、中线桩恢复和校正。复测的方法是按照定测的资料寻找，检查相邻两转点间的中线桩实地距离是否和设计值一致，若直线段的中线桩丢失或移位，可在交点上重新测设。路线中线桩恢复以后，要求将所有的交点桩、曲线主点桩、直线桩和里程桩等加以保护。必须设固定桩，并设保护桩，以便随时检查和恢复固定桩的位置。保护桩的布置形式如图 10-23 所示。

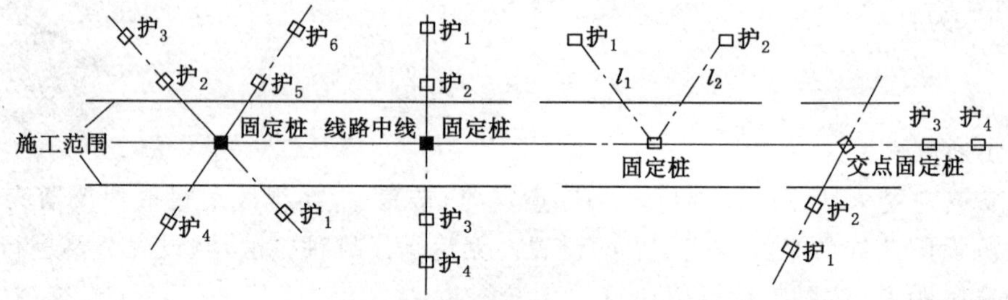

图 10-23　保护桩示意图

除了路线的中心线复测外，路线水准也要进行复测。已破坏的水准点应进行恢复，将施工影响范围以内的水准点引测到影响范围以外。

二、路基施工测量

路基施工测量主要是测设路基横断面的边桩，标出路堤的坡角和路堑的坡顶位置。

(一) 直接丈量法

如图 10-24(a)所示，在平坦地面上边坡的放样，路堤边坡桩 A 点至路基中心 O 点的水平距离

$$l = \frac{b}{2} + a = \frac{b}{2} + m_1 h \tag{10-8}$$

图 10-24(b)中路堑的边桩 A 点至路基中心桩 O 点的水平距离

$$l = \frac{b}{2} + s + m_1(2h' + h) \tag{10-9}$$

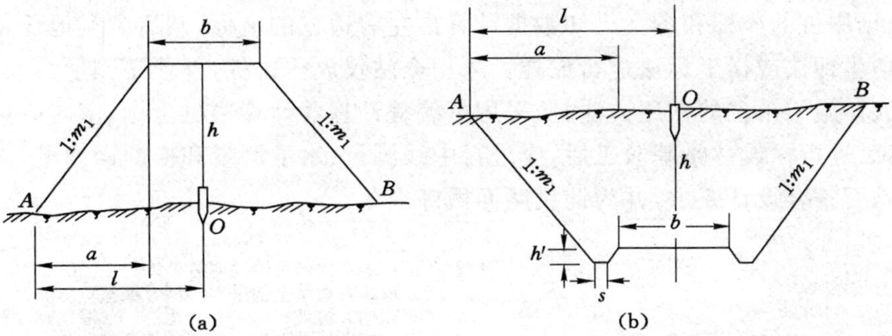

图 10-24　直接丈量法标定路基边桩

算出 l 后，自中桩 O 点起，沿横断面方向量取水平距离 l，即可放出边桩 A 和 B。

(二) 逐渐接近法

逐渐接近法是通过计算来放边桩的。当中线两侧地面起伏不平时，地面的高程随着距中线桩平距的不同而变化，因此不能直接测设边坡点。必须首先根据设计的路线中心标高和地面的变化情况，估计边桩与中桩之间的高差，并计算边界点的位置在现场标定该点。随后用水准仪测出该点与中线桩的实际高差，并与估计的高差相比较，调整中线到边桩点的平距。如此反复进行，直到估计高差与实际高差一致，定出的点位即为边桩位置。如图 10-25 所示，放样具体步骤如下：

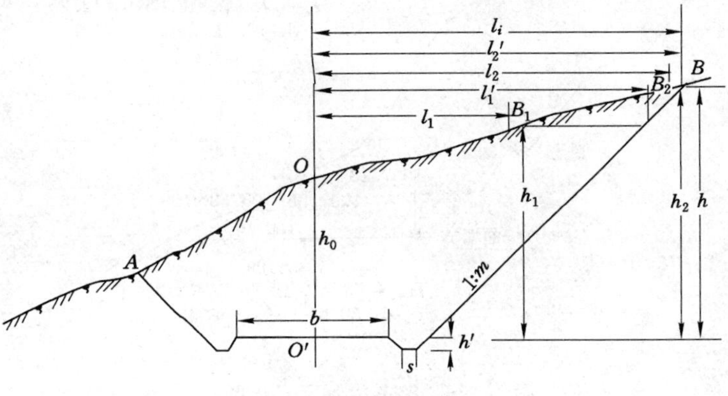

图 10-25　逐渐接近法

(1) 在路基横断面设计图上按比例尺量出路基中心 O 点至边坡点 B 或 A 的距离 l_i；

(2) 自 O 点起沿横断面方向量取水平距离 l_1 定出 B_1 点，用水准仪测出 O'点和 B_1 点的高差 h_1；

(3) 用公式(10-9)计算 l'之值，若结果大于 l_1，则应将 B_1 点向外移，如图 10-25 中 B_2 点；

(4) 量出 O 点与 B_2 点之间的水平距离 l_2，测出 O'点与 B_2 点间的高差 h_2，然后计算 l'；

(5) 若结果大于 l_1，则应将 B_1 点继续向外移直到 B 点；

(6) 丈量的距离 l' 与 l 相等时，即为边桩的位置。

（三）用全站仪放样边坡桩

图 10-26 所示为一路基横断面设计图，边桩在图上已经给出，有关数据在图上也已给出，可以根据中桩的坐标和图上已知数据计算出左右边桩的坐标，然后到实地任意一个导线点上用直角坐标法或极坐标法进行放样。采用全站仪放样边桩，外业工作量大大减少，但坐标计算量大。施工单位的常用方法是：采用可编程计算器计算边桩坐标，室内或现场计算标设要素，然后进行标设。路基竣工后，应进行中线测量、水准测量和横断面测量，以便检查路基的施工是否符合设计要求，并为铺设路面做好准备。

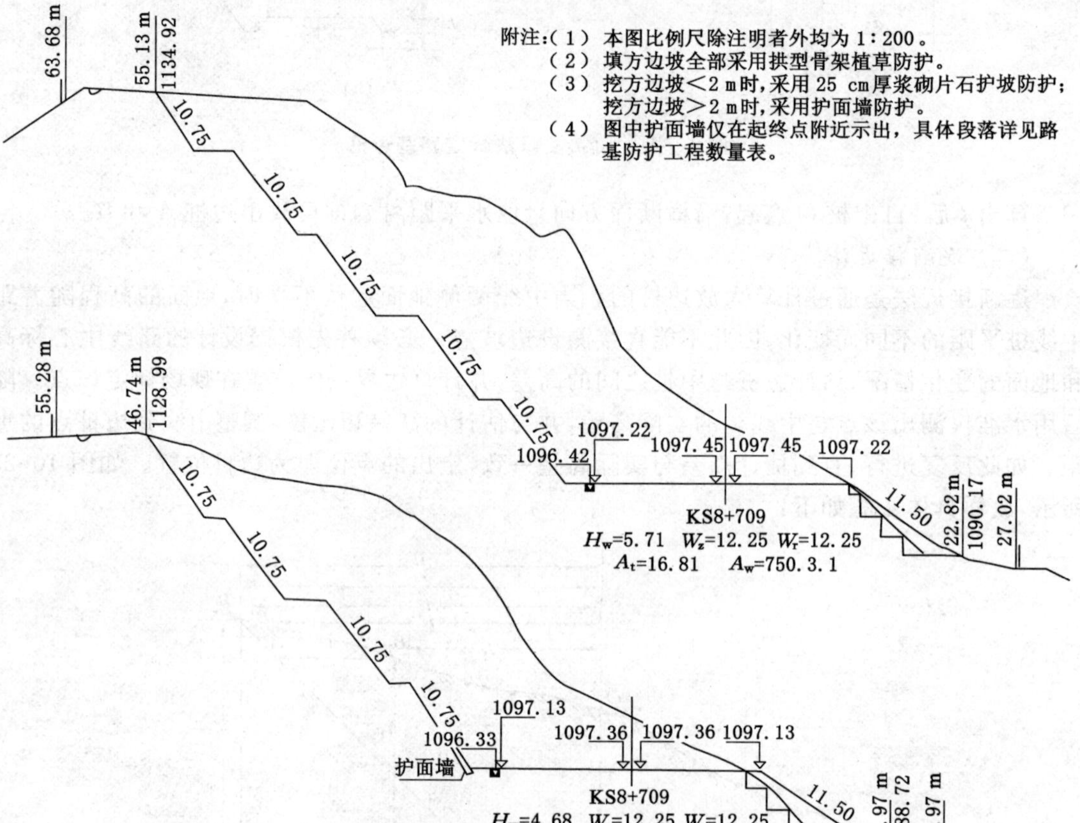

图 10-26 路基横断面设计图

三、路基放样

路基的形式基本上可分为路堤和路堑两种。路基放线是根据设计横断面图和各桩的填、挖深度 h 测设坡脚 A、P，坡顶 C、D 和路中心 O 等（图 10-27），构成路基的轮廓，作为填、挖的依据。以下分别介绍路堤和路堑的放线方法。

（一）路堤放线

如图 10-27(a)所示，在平坦地面路堤放样时，路基上口 b 和边坡坡度 $1 : m$ 均为设计数

值，填方高度 h 可由纵断面图上查得，由图中可以看出路基下口宽度即坡脚 A、P 间距

$$B = b + 2mh \tag{10-10}$$

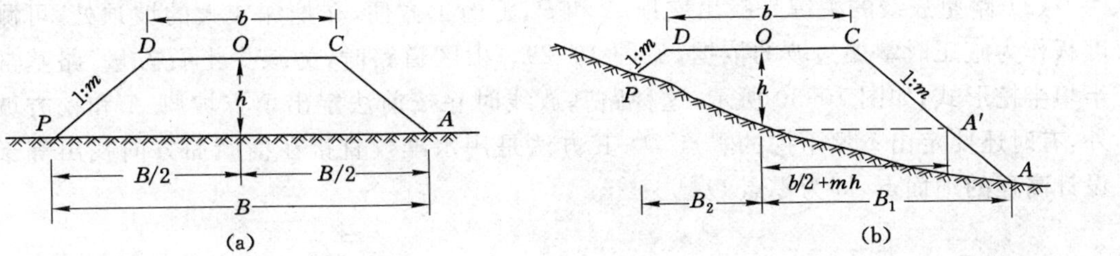

图 10-27　路堤放样

当算出 $B/2$ 后，即可由路中心桩沿横断面方向两侧各量 $B/2$，即得到坡脚 A 和 P 点位；在中心桩及距中心桩 $b/2$ 处立小木杆，用水准仪在杆上测设出该横断面的设计高程，即得坡顶 C、D 及路面中心 O；最后用小线将 A、C、O、D 和 P 点连接，即得到路基的轮廓。在相邻断面坡脚的连线上撒出白灰线作为填方的边界线。

由于自然地面的起伏变化多样，路堤放线应根据具体地形情况灵活运用上述方法。若在斜坡上进行路堤放样时，如图 10-27(b)所示，由于坡脚 A、P 距中心桩的距离 B_1、B_2 与 A、P 处地面的高低有关，故不能用上法进行。通常采用的是坡度尺定点法和横断面图解法。

坡度尺定点法是先做一个符合设计边坡坡度 1 ∶ m 的坡度尺，如图 10-28 所示，当竖向转动坡度尺使直立边平行于垂球线时，其斜边即为设计坡度。用坡度尺测设坡脚的方法是先用前一方法测出坡顶 C 和 D，然后将坡度尺的顶点 Z 分别对在 C 和 D 点，用小线顺着坡度尺斜边延长至地面，就可分别得到坡脚 A 和 P。当填方高度 h 较大时，由 C 点测设 A 点有困难，则可用前一方法测设出与中心桩在同一水平线上的边坡点 A'，再由 A'用坡度尺测设出坡脚 A。

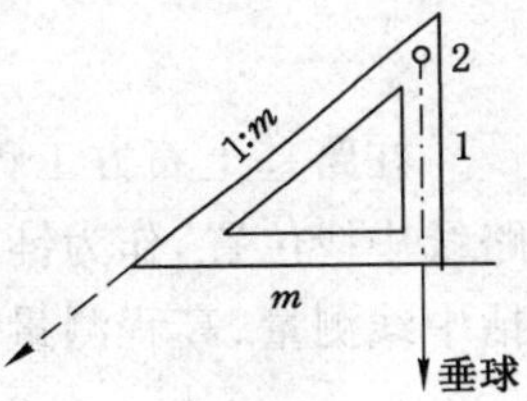

图 10-28　坡度尺

横断面图解法是先在透明纸上绘出设计好的横断面图，然后将透明纸按各桩填方高度蒙在相应的现状横断面图上，则设计横断面的边坡与现状地面的交点即为坡脚，用比例尺自图上量得坡脚距中心桩的水平距离，即可在实地相应的断面上测设出坡脚位置。

（二）路堑放样

图 10-29 所示为在平坦地面和斜坡上路堑放线的情况，其原理与路堤放线基本相同，但在具体做法上有两点区别。

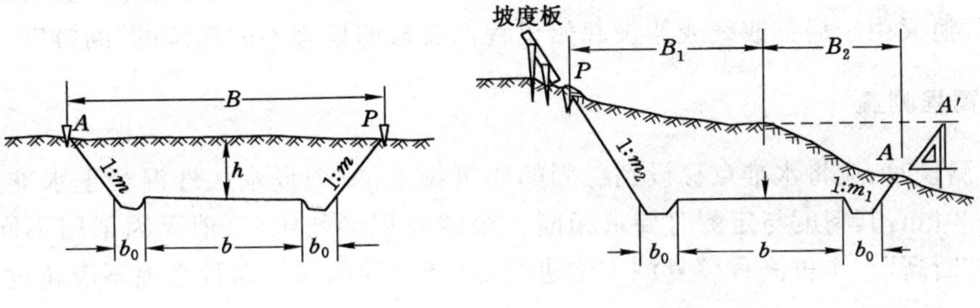

图 10-29　路堑放样

(1) 计算坡顶宽度 B 时，应考虑排水沟的宽度 b_0，即

$$B = b + 2(b_0 + mh) \tag{10-11}$$

(2) 路堑放线的关键是找出坡顶 A 和 P，为施工方便，在挖深较大的坡顶处，可测设坡度板作为施工时掌握边坡的依据，见图 10-29。山区道路时，为减少土石方量，路基常采用半填半挖形式，如图 10-30 所示，这种路基放线时除按前法定出填方坡脚 A 和挖方坡顶 P 外，有时还要定出不填不挖的零点 O'，其方法是用水准仪直接在横断面方向找出等于路基设计高程的地面点，即为零点 O'。

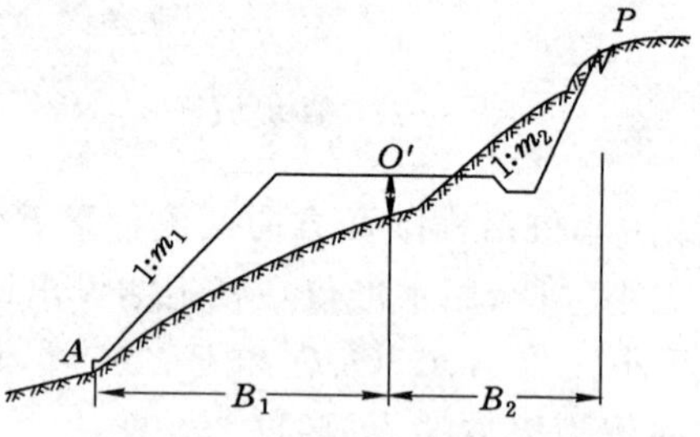

图 10-30 半填半挖路基

第六节 竣 工 测 量

在路基土石方工程完工之后，铺轨之前应当进行路线竣工测量。它的任务是最后确定路线中线位置，作为铺轨的依据；同时，检查路基施工质量是否符合设计要求。它的内容包括中线测量、高程测量和横断面测量。

一、中线测量

首先根据护桩将主要控制点恢复到路基上，进行路线中线贯通测量。在有桥梁、隧道的地段，应从桥梁、隧道的路线中线向两端引测贯通。贯通测量后的中线位置，应符合路基宽度和建筑物接近限界的要求，同时中线控制桩和交点桩应固桩。对于曲线地段，应支出交点，重新测量转向角值；当新测角值与原来转向角之差在允许范围内时，仍采用原来的资料；测角精度与复测时相同。曲线的控制点应进行检查，曲线的切线长、外矢距等检查误差在 1/2 000 以内时，仍用原桩点；曲线横向闭合差不应大于 5 cm。中线上，直线地段每 50 m、曲线地段每 20 m 测设一桩；道岔中心、变坡点、桥涵中心等处均需钉设加桩；全线里程自起点连续计算，消灭由于局部改线或假设起始里程而造成的里程不能连续的“断链”。

二、高程测量

竣工测量时，应将水准点移设到稳固的建筑物上，或埋设永久性混凝土水准点，其间距不应大于 2 km，其精度与定测时要求相同。全线高程必须统一，消灭因采用不同高程基准而产生的“断高”。中桩高程按复测方法进行，路基高程与设计高程之差不应超过 5 cm。

三、横断面测量

横断面测量主要检查路基宽度，侧沟、天沟的深度、宽度与设计值之差不得大于 5 cm；路堤护道宽度误差不得大于 10 cm。不符合要求者应进行整修。

第七节　桥梁工程测量

桥梁工程测量是在桥梁工程的规划、勘测设计、施工建造和运营管理的各个阶段进行的测量。其内容包括：勘测阶段，进行桥梁线长度测量和测绘桥址纵断面图、桥梁位置图、桥址地形图、水下地形图以及水面纵断面图，为优选桥址和进行桥梁设计提供必要而详细的测绘资料；控制网布设和施测阶段，进行桥轴线长度测量、桥梁控制网的布设与施测及平差、为满足交会墩位之需而在桥梁控制网中插点，为进一步施工放样和竣工测量、变形监测提供精度能满足要求的控制网，并为便于对长度测量仪器或工具及时进行校核而应在工地建立基线场；墩、台定位和轴线的测设，进行直线桥梁或曲线桥的墩、台定位，墩、台纵横轴线的测设和沉井定位测量；桥梁细部放样，进行明挖基础和桩基础的施工放样、管柱定位及倾斜测量、沉井施工测量和架桥测量；竣工测量，在桥梁竣工和阶段性竣工时，测定墩距，量取墩、台各部尺寸和测定支撑垫石及墩帽的高程以及在架梁后测定主梁弦杆的直线性及梁的拱度、立柱的竖直性和各个墩上梁的支点与墩、台中心的相对位置；桥梁变形监测，在建造过程中及建成运营阶段，定期观测墩、台及其上部结构的垂直位移、倾斜位移和水平位移，掌握随时间推移而发生的变形规律，以便在未危及行车安全时采取补救措施。

根据不同的桥梁类型和不同的施工方法，测量的工作内容和测量方法也有所不同。桥梁的测量工作概括起来有：桥轴线长度测量；施工控制测量；墩、台中心的定位；墩、台细部放样及梁部放样；等等。近代的施工方法，日益走向工厂化和拼装化，梁部构件一般都在工厂制造，在现场进行拼接和安装，这就对测量工作提出了十分严格的要求。

一、桥轴线长度所需精度的估算

在选定的桥梁中线上，于桥头两端埋设两个控制点，两控制点间的连线称为桥轴线。由于墩、台定位时主要以这两点为依据，所以桥轴线长度的精度直接影响墩、台定位的精度。为了保证墩、台定位的精度要求，首先需要估算出桥轴线长度需要的精度，以便合理地拟定测量方案。根据梁的结构形式、施工过程中可能产生的误差，推导出了如下的估算公式：

(1) 钢筋混凝土简支梁

$$m_L = \pm \frac{\Delta_D}{\sqrt{2}}\sqrt{N} \tag{10-12}$$

(2) 钢板梁及短跨($l \leqslant 64$ m)简支钢桁梁

单跨：

$$m_l = \pm \frac{1}{2}\sqrt{\left(\frac{l}{5\ 000}\right)^2 + \delta^2} \tag{10-13}$$

多跨等跨：

$$m_L = \pm m_l \sqrt{N} \tag{10-14}$$

多跨不等跨：

$$m_L = \pm \sqrt{m_{l1}^2 + m_{l2}^2 + \cdots} \tag{10-15}$$

(3) 连续梁及长跨($l \geqslant 64$ m)简支钢桁梁

单联(跨)：

$$m_l = \pm \frac{1}{2}\sqrt{n\Delta_l^2 + \delta^2} \tag{10-16}$$

多联(跨)等联(跨)：

$$m_L = \pm m_l \sqrt{N} \tag{10-17}$$

多联(跨)不等联(跨)：

$$m_L = \pm \sqrt{m_{l1}^2 + m_{l2}^2 + \cdots} \tag{10-18}$$

式中，m_{l1}为单跨长度中误差；m_L 为桥轴线(两桥台间)长度中误差；l 为梁长；N 为联(跨)数；n 为每联(跨)节间数；Δ_D 为墩中心的点位放样限差(设为±10 mm)；Δ_l 为节间拼装限差(±2 mm)；δ 为固定支座安装限差(±7 mm)；1/5 000 为梁长制造限差。

二、桥梁施工控制网

(一) 概述

桥梁施工中，测量的主要任务是准确地测设出桥墩、桥台的位置和跨越结构各部分的尺寸。对于小型桥梁，可以利用勘测阶段的控制网来进行施工放样，但对于大、中型桥梁，由于跨越的河宽、水深，桥墩、桥台间无法进行距离的直接丈量，因此，桥墩、桥台的施工放样，一般采用前方交会法确定。为满足其精度要求，一般应在桥区建立专门的三角网作为平面控制。在建立专门三角网时，应考虑下列问题：

(1) 图形既要简单，又要有一定的图形强度。其目的在于用前方交会法确定桥墩、桥台位置时，要符合桥墩间距离的要求，同时满足插点的要求。

(2) 在两岸桥轴线上离桥台不太远的地方选点作为三角点。目的是使轴线作为三角网的一条边，这样桥轴线就与三角网联系起来，方便桥台的放样，又保证桥台间的距离的精度以及减少交会时的横向误差。

(3) 三角网的边长一般为河宽的 0.5～1.5 倍。直接丈量三角网的边作为基线，基线最好在两岸各设一条。其线长一般为桥台间距离的 0.7 倍，并在基线上多设立一些点，供交会时选用。

(二) 平面控制网的布设及测量

建立平面控制网的目的是测定桥轴线长度和据其进行墩、台位置的放样；同时，也可用于施工过程中的变形监测。对于跨越无水河道的直线小桥，桥轴线长度可以直接测定，墩、台位置也可直接利用桥轴线的两个控制点测设，无须建立平面控制网。但跨越有水河道的大型桥梁，墩、台无法直接定位，则必须建立平面控制网。根据桥梁跨越的河宽及地形条件，平面控制网多布设成如图 10-31 所示的形式。

选择控制点时，应尽可能使桥的轴线作为三角网的一条边，以利于提高桥轴线的精度。如不可能，也应将桥轴线的两个端点纳入网内，以间接求算桥轴线长度。对于控制点，要求地质条件稳定，视野开阔，便于交会墩位，其交会角不致太大或太小。在控制点上要埋设标石及刻有“十”字的金属中心标志。如果兼作高程控制点使用，则中心标志宜做成顶部为半

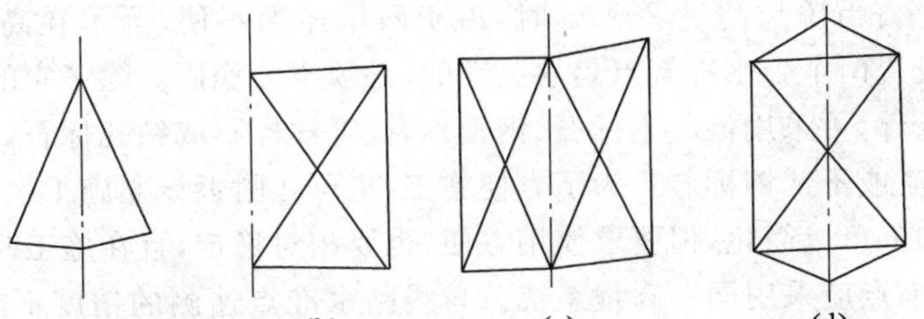

图 10-31　平面控制网

球状。控制网可采用测角网、测边网或边角网。采用测角网时宜测定两条基线。过去测量基线采用因瓦线尺或经过检定的钢卷尺，现在已被光电测距仪取代。测边网是测量所有的边长而不测角度；边角网则是边长和角度都测。一般来说，在边、角精度互相匹配的条件下，边角网的精度较高。

按照桥轴线的精度要求，将三角网的精度分为五个等级，它们对测边和测角的精度规定见表 10-10。

表 10-10　　**测边和测角的精度规定**

三角网等级	桥轴线相对中误差	测角中误差/(″)	最弱边相对中误差	基线相对中误差
一	1/175 000	±0.7	1/150 000	1/400 000
二	1/125 000	±1.0	1/100 000	1/300 000
三	1/75 000	±1.8	1/60 000	1/200 000
四	1/50 000	±2.5	1/40 000	1/100 000
五	1/30 000	±4.0	1/25 000	1/75 000

上述规定是对测角网而言的。由于桥轴线长度及各个边长都是根据基线及角度推算的，为保证桥轴线有可靠的精度，基线精度要高于桥轴线精度 2～3 倍。如果采用测边网或边角网，由于边长是直接测定的，所以不受或少受测角误差的影响，测边的精度与桥轴线要求的精度相当即可。

由于桥梁三角网一般都是独立的，没有坐标及方向的约束条件，所以平差时都按自由网处理。它所采用的坐标系，一般是以桥轴线作为 X 轴，而桥轴线始端控制点的里程作为该点的 X 值。这样，桥梁墩、台的设计里程即为该点的 X 坐标值，便于以后施工放样时数据计算。

在施工时如因机具、材料等遮挡视线，无法利用主网的点进行施工放样时，可以根据主网两个以上的点将控制点加密。这些加密点称为插点。插点的观测方法与主网相同，但在平差计算时，主网上点的坐标不得变更。

（三）高程控制点的布设及测量

在桥梁的施工阶段，作为放样的高程依据，应建立高程控制，即在河流两岸建立若干个水准基点。这些水准基点除用于施工外，也可作为以后变形观测的高程基准点。水准基点布设的数量视河宽及桥的大小而异。一般小桥可只布设一个；在 200 m 以内的大、中桥，宜在两岸各布设一个；当桥长超过 200 m 时，由于两岸连测不便，为了在高程变化时易于检查，则每岸至少设置两个。水准基点是永久性的，必须十分稳固。除了它的位置要求便于保护外，根据地质条件，可采用混凝土标石、钢管标石、管柱标石或钻孔标石。在标石上方嵌以凸出半球状的铜质或不锈钢标志。为了方便施工，也可在附近设立施工水准点，由于其使用时间较短，在结构上可以简化，但要求使用方便，也要相对稳定，且在施工时不致破坏。桥梁水准点与线路水准点应采用同一高程系统。与线路水准点连测的精度不需要很高，当包括引桥在内的桥长小于 500 m 时，可用四等水准连测，大于 500 m 时可用三等水准进行测量。但桥梁本身的施工水准网，则宜用较高精度，因为它直接影响桥梁各部放样精度。当跨河距离大于 200 m 时，宜采用过河水准法连测两岸的水准点。跨河点间的距离小于 800 m 时可采用三等水准进行测量，大于 800 m 时则采用二等水准进行测量。

三、桥梁墩、台定位测量

桥梁墩、台定位测量是桥梁施工测量中的关键性工作。水中桥墩的基础施工定位时，采用方向交会法，这是由于水中桥墩基础一般采用浮运法施工，目标处于浮动中的不稳定状态，在其上无法使测量仪器稳定。在已稳固的墩、台基础上定位，可以采用方向交会法或极坐标法。同样，桥梁上层结构的施工放样也可以采用这些方法。

（一）方向交会法

如图 10-32 所示，AB 为桥轴线，C、D 为桥梁平面控制网中的控制点，P_i 为第 i 个桥墩设计的中心位置（待测设的点）。在 A、C、D 三点上各安置一台经纬仪。A 点上的经纬仪瞄准 B 点，定出桥轴线方向；C、D 两点上的经纬仪均先瞄准 A 点，并分别测设根据 P_i 点的设计坐标和控制点坐标计算出的 α、β，以正倒镜分中法定出方向交会线。

由于测量误差的影响，从 C、A、D 三点指示的三条方向线一般不可能正好交于一点，而构成误差三角形（$\triangle P_1P_2P_3$）。如果误差三角形在桥轴线上的边长（P_1P_3）在允许范围内（对于墩地放样为 2.5 cm，对于墩顶放样为 1.5 cm），则取 C、D 两点指示线方向的交点 P_2 在桥轴线上的投影 P_i 作为桥墩放样的中心位置。

在桥墩施工中随着桥墩的逐渐筑高，中心的放样工程需要重新进行且要求迅速和准确。为此在第一次求得正确的桥墩位置 P_i 以后，将 CP_i 和 DP_i 方向线延长到对岸，设立固定的瞄准位置 C' 和 D'，如图 10-33 所示。以后每次做方向交会放样时，从 C，D 点直接瞄准 C'，D' 点即可恢复对 P_i 点的交会方向。

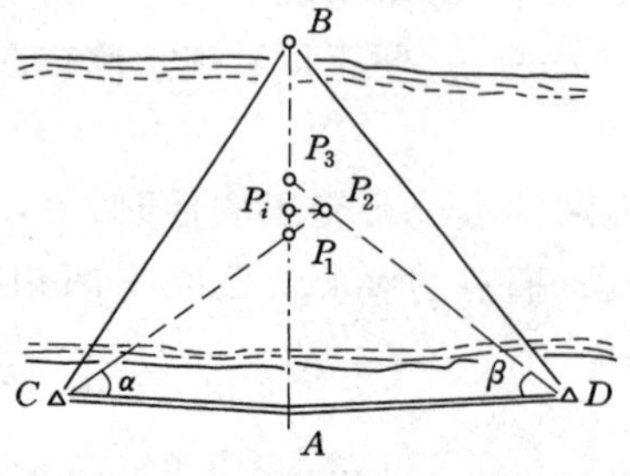

图 10-32　三方向交会中的误差三角形

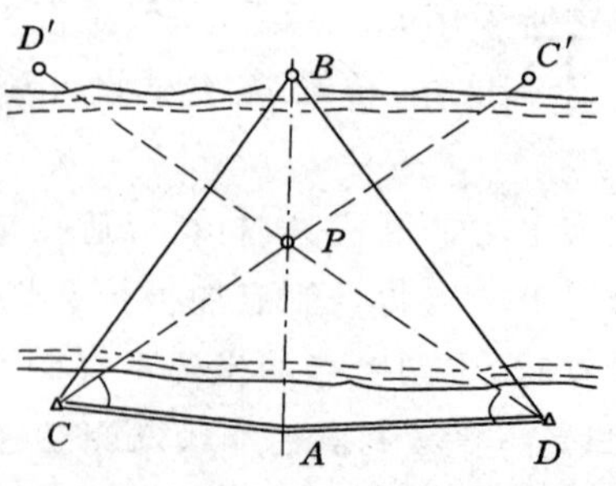

图 10-33　方向交会的固定瞄准标志

(二) 极坐标法

在使用经纬仪加测距仪或使用全站仪并在被测设的点位上可以安置棱镜的条件下，若用极坐标法放样桥墩的中心位置，则更为精确和方便。对于极坐标法，原则上可以将仪器放于任何控制点上，按计算的放样数据——角度和距离测设点位。但是，若是测设桥墩中心位置，最好是将仪器安置于桥轴线点 A 或 B 上，瞄准另一轴线点作为定位，然后指挥棱镜安置在该方向上测设 AP_i 或 BP_i 的距离，则可定桥墩中心位置 P_i 点。

四、桥梁架设施工测量

桥梁架设是桥梁施工的最后一道工序。桥梁梁部结构较复杂，要求对墩、台方向，距离和高程以较高的精度测量，作为架梁的依据。墩、台施工时，对其中心点位、中线方向和垂直方向以及墩顶高度都做了精密测定，但当时是以各个墩、台为单元进行的。架梁需要将相邻墩、台联系起来，考虑和其相关精度，要求中心点间的方向距离和高差符合设计要求。桥梁中心线方向测定，在直线部分采用准直法，用经纬仪正倒镜观测，刻画方向线。如果跨距较大(大于 100 m)，应逐墩观测左右角。在曲线部分，应采用测定偏角的测法。相邻桥墩中心点间距离用光电测距仪观测，适当调整使中心点里程与设计里程完全一致。在中心标板上刻画里程线，与已刻画的方向线正交，形成墩、台中心十字线。墩、台顶面高程用精密水准测量，构成水准路线，附合到两岸基本水准点上。大跨度钢桁架或连续梁采用悬臂或半悬臂安装架设，拼装开始前，应在横梁顶部和底部分中点做出标志，架梁时，用以测量钢梁中心线与桥梁中心线的偏差值。在梁的拼装开始后，应通过不断测量保证钢梁始终在正确的平面位置上，立面位置(高程)应符合设计的大节点挠度和整跨拱度要求。如果梁的拼装是自两端悬臂、跨中合拢，则合拢前的测量重点应放在两端悬臂的相对关系上，如中心线方向偏差、最近节点高程差和距离差符合设计和施工的要求。全桥架通后，做一次方向、距离和高程的全面测量，其成果资料可作为钢梁整体纵横移动和起落调整的施工依据，称为全桥贯通测量。

第十一章 管线工程测量

第一节 概 述

随着我国城市化的发展、科技进步和人民生活水平的提高，城市、工矿企业中敷设的给水、排水、燃气、热力、输电、输油、通讯、电视等管线越来越多。为这些管线设计和施工服务的工程测量称管线工程测量。它的任务有两个方面：一是为管线工程的设计提供地形图和断面图；二是按设计要求将管道位置测设到实地。基本工作内容有：

(1) 收集规划设计区域大比例尺地形图以及原有管道平面图和断面图等资料；

(2) 结合现场勘察，利用已有资料进行规划设计，纸上定线；

(3) 根据初步规划线路，实测(或修测)管线附近带状地形图；

(4) 管道中线测量，即在地面上定出管道中心线位置；

(5) 测量并绘制管道纵横断面图；

(6) 管道施工测量，即管道的实地放样；

(7) 管道竣工测量并绘制反映管道实际敷设情况的竣工图，为日后管理、维修、改扩建提供依据。

管线工程多敷设于地下，且各种管道常常互相上下穿插，纵横交错，如果在设计、施工中出现差错，一经埋设，将会为日后留下隐患或带来严重后果。因此管线测量工作必须采用规划区域内统一的坐标和高程系统，并且严格按设计要求进行测量工作，确保工程质量。

第二节 管道中线测量

管道中线测量就是将设计确定的管道位置测设于实地，用木桩(里程桩)标定，并绘制里程桩手簿。

一、管道主点的测设

管道起点、终点和转向点称为管道的主点。主点的测设方法见第八章。主点测设数据的采集方法，根据管道设计所给的条件和精度要求可采用下述方法。

(一) 图解法

当管道规划设计图的比例尺较大，而且管道主点附近又有明显可靠的地物时，可按图解法来采集测设数据。

如图 11-1 所示，A、B 是原有管道检查井的位置，1、2、3 点是设计管道的主点。欲在地面上定出 1、2、3 等主点，可根据比例尺在图上量出长度 D、a、b、c、d 和 e，即为测设数据。然后沿原管道 AB 方向，从 B 点量出 D，即得 1 点；用直角坐标法从房角量取 a，并垂直于房边量取 b 即得 2 点，再量 e 来校核 2 点是否正确；用距离交会法从两个房角同时量出 c、d 交出 3 点。

图解法受图解精度的限制，精度不高。当管道中线精度要求不高的情况下，可以采用此方法。

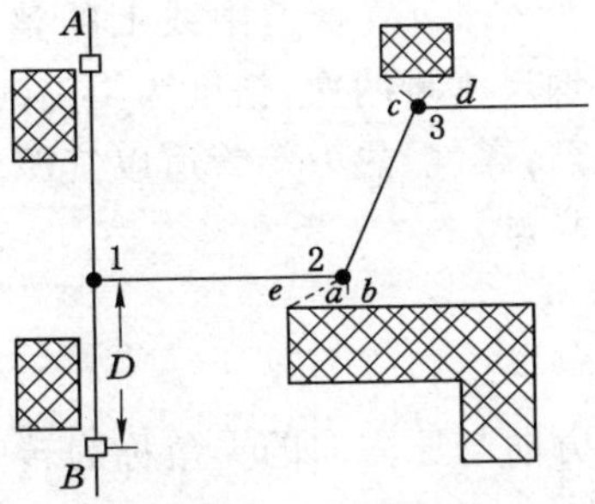

图 11-1　图解法

（二）解析法

当管道规划设计图上已给出管道主点的坐标，而且主点附近又有控制点时，可用解析法来采集测设数据。图 11-2 中，A、B 等为导线点，1、2 点等为管道主点，如用极坐标法测设 1 点，则可根据 A、B 和 1 点坐标，按极坐标计算出测设数据 φ_1 和距离 d_1。测设时，安置经纬仪于 B 点后，后视 A 点，转 φ_1，得出 $B1$ 方向，在此方向上用钢尺测设距离 d_1，即得 1 点。其他主点均可按上述方法进行测设。

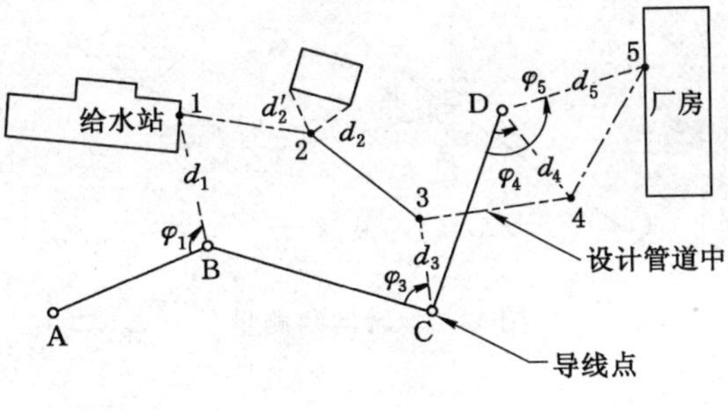

图 11-2　解析法

主点测设工作必须进行校核，其校核方法是：先用主点的坐标计算相邻主点间的长度；然后在实地量取主点间距离，看其是否与算得的长度相符。如果在拟建管道工程附近没有控制点或控制点不够时，应先在管道附近敷设一条导线，或用交会法加密控制点；然后按上述方法采集测设数据，进行主点的测设工作。在管道中线精度要求较高的情况下，均用解析法测设主点。

二、中桩里程桩的测设

为了测定管道的长度、进行管线中线测量和测绘纵横断面图，从管道起点开始，需沿管线方向在地面上设置整桩和加桩，这项工作称为中桩测设。从起点开始按规定每隔某一整数设一桩，这个桩叫整桩。不同管线的整桩之间距离不同，一般为 20 m、30 m，最长不超过 50 m。相邻整桩间管道穿越的重要地物处（如铁路、公路、旧有管道等）及地面坡度变化处要增设加桩。为了便于计算，管道中桩都按管道起点到该桩的里程进行编号，并用红油漆写在木桩侧面，如整桩号为 0+150，即此桩离起点 150 m（"+"号前的数为千米数）；如加桩号 2+182，即表示离起点距离为 2 182 m。故管道中线上的整桩和加桩都称为里程桩。为了避免测设中桩错误，量距一般用钢尺丈量两次，精度为 1/1 000。不同的管道，其起点也有不同规定，如给水管道以水源为起点；煤气、热力等管道以气源为起点；电力电信管道以电源为起点；排水管道以下游出水口为起点。

三、转向角测量

管道改变方向时，转变后的方向与原方向的夹角称为转向角（或称偏角）。转向角有左、右之分，如图 11-3 所示，以 $\alpha_{左}$ 和 $\alpha_{右}$ 表示。测量转向角时，安置经纬仪于点 2，盘左瞄准点 1，在水平度盘上读数，纵转望远镜瞄准点 3，并读数，两读数之差即为转向角；盘右按上法再观测一次，取盘左、盘右的平均数为转向角的结果。转向角也可以通过测量转折角 β 计算获得。但必须注意转向角的左、右方向：如管道主点位置均用设计坐标表示，转向角应以计算值为准；如计算角值与实测角值相差超过限差，应进行检查和纠正。有些管道转向角要满足定型弯头的转向角的要求，当给水管道使用铸铁弯头时，转向角有 90°、45°、22.5°、11.25°、5.625°等几种类型。当管道主点之间距离较短时，设计管道的转向角与定型弯头的转向角之差不应超过 1°～2°。排水管道的支线与干线汇流处，不应有阻水现象，故管道转向角不应大于 90°。

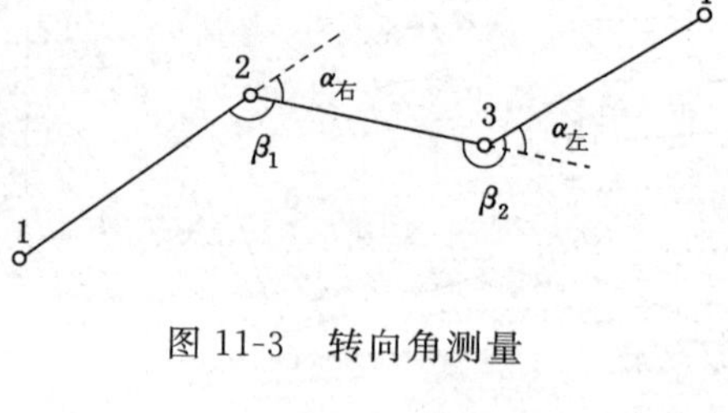

图 11-3 转向角测量

四、绘制里程桩手簿

在中桩测量的同时，要在现场测绘管道两侧带状地区的地物和地貌，这种图称为里程桩手簿。里程桩手簿是绘制纵断面图和设计管道时的重要参考资料。如图 11-4 所示，此图是绘在毫米方格纸上的，图中的粗直线表示管道的中心线，0+000 为管道的起点，0+172.3 处为转向点，转向后的管线仍按原直线方向绘出，但要箭头表示管道转折的方向，并注明转向角值（图中转向角 $\alpha_{右}=30°$）。

测绘管道带状地形图时，其宽度一般为左右各 20 m，如遇到建筑物，则需测绘到两侧建

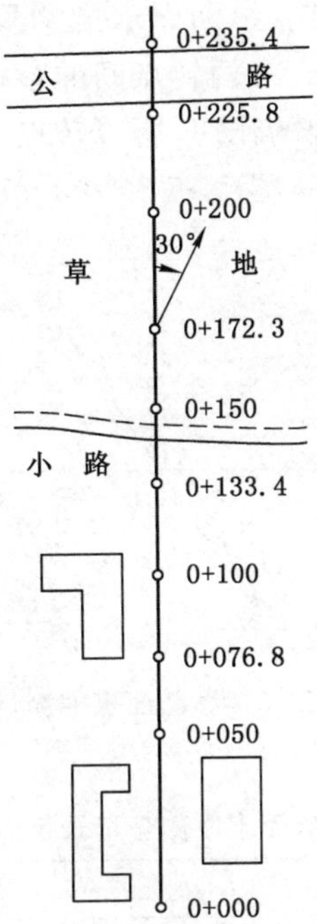

图 11-4　里程桩手簿

筑物，并用统一图式表示。测绘的方法主要用皮尺以交会法或直角坐标法进行，必要时也用皮尺配合罗盘仪以极坐标法进行测绘。

当已有大比例尺地形图时，应充分予以利用，某些地物和地貌可以从地形图上提取，以减少外业工作量，也可以直接在地形图上标示出管道中线和中线各桩位置及其编号。

第三节　管道纵横断面图测绘

一、纵断面图测绘

为了设计管道的埋设深度、坡度及计算土方量，在管道中线测设后，随即用几何水准测量中线上各桩的地面高程。将测得的高程相连，得到表示管线中线方向上地形高低起伏情况的纵断面图。

（一）布设水准点

为了保证全线高程测量的精度，在纵断面水准测量之前，应先沿线设置足够的水准点。当管道路线较长时，应沿管道方向每 1～2 km 设一个永久性水准点。在较短的管道上和较长管道上的永久性水准点之间，每隔 300～500 m，设立一个临时水准点，作为纵断面水准测量分段附合和施工时引测高程的依据。水准点应埋设在不受施工影响、使用方便和易于保存的地方。为重力自流管道而布设的水准点，其高程按四等水准测量的精度要求进行观测；一般管道布设的水准点，水准路线闭合差不超过 $\pm 30\sqrt{L}$ mm（L 以千米为单位）。

（二）纵断面水准测量

纵断面水准测量一般是以相邻两水准点为一测段，从一水准点出发，逐点测量中桩的高程，再附合到另一水准点上，以资校核。纵断面水准测量的视线长度可适当放宽，一般情况下采用中桩作为转点，但也可以另设。在两转点间的各桩，通称为中间点。中间点的高程通常用仪高法求得。由于转点传递高程的作用，所以转点上读数必须读毫米，中间点读数只是为了计算本点的高程，故可读至厘米。图 11-5 和表 11-1 分别是由水准点到 0＋500 桩的纵断面水准测量示意图和记录手簿。

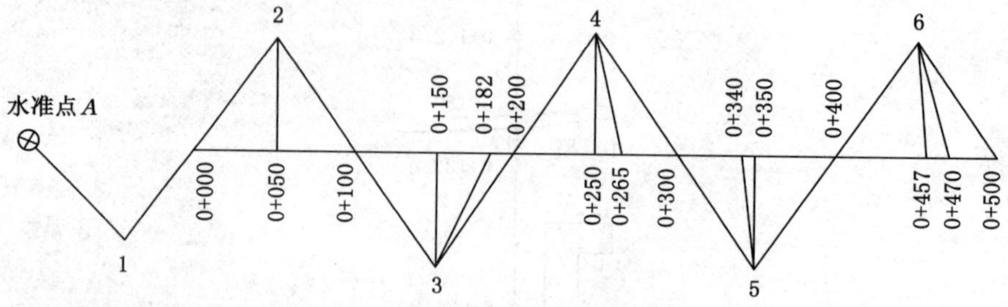

图 11-5 纵断面水准测量

表 11-1 纵断面水准测量记录手簿

测站号	桩 号	水准尺读值			高差		仪器视线高程	高程
		后视	前视	中间视	＋	－		
1	水准点A	2.204						156.800
	0＋000		1.895		0.309			157.109
2	0＋000	2.054					159.163	157.109
	0＋050			1.51				157.650
	0＋100		1.766		0.288			157.397
3	0＋100	1.970					159.367	157.397
	0＋150			2.20				157.170
	0＋182			1.35				158.020
	0＋200		1.848		0.122			157.519
4	0＋200	0.674					158.193	157.519
	0＋250			1.78				156.410
	0＋265			1.98				156.210
	0＋300		1.673			0.999		156.520
5	0＋300	2.007					158.527	156.520
	0＋340			1.63				156.900
	0＋350			1.55				156.980
	0＋400		1.824		0.183			156.703
6	0＋400	1.768					158.471	156.703
	0＋457			1.84				156.630
	0＋470			1.87				156.600
	0＋500		1.919			0.151		156.552
…	…	…	…	…	…	…	…	…

在纵断面水准测量一般起讫于水准点，其高差闭合差，对于重力自流管道不应大于 $\pm 40\sqrt{L}$ mm，对于一般管道，不应大于 $\pm 50\sqrt{L}$ mm。如闭合差在容许范围内，不必进行调整。在纵断面水准测量中，应特别注意做好与其他管道交叉的调查工作，记录管道的交叉口的桩号，测量原有管道的高程和管径等数据，并在纵断面图上标出其位置，以供设计人员参考。

（三）绘制纵断面图

绘制纵断面图一般在毫米方格纸上进行。绘制时，以管道的里程为横坐标，高程为纵坐标。为了更明显地表示地面的起伏，一般纵断面图的高程比例尺应是水平比例尺的 10 倍或 20 倍。自流管道和压力管道纵、横断面的比例尺，可按表 11-2 进行选择，有时可根据实际情况作适当变动。其具体绘制方法如下：

表 11-2　纵、横断面图的水平、高程比例尺参考表

管道名称	纵断面图		横断面图（水平、高程比例尺相同）
	水平比例尺	高程比例尺	
自流管道	1∶1 000 1∶2 000	1∶100 1∶200	1∶100 1∶200
压力管道	1∶2 000 1∶5 000	1∶200 1∶500	1∶100 1∶200

(1) 如图 11-6 所示，在方格纸上适当位置，绘出水平线。水平线以下各栏注记实测、设计和计算的有关数据，水平线上面绘制管道的纵断面图。

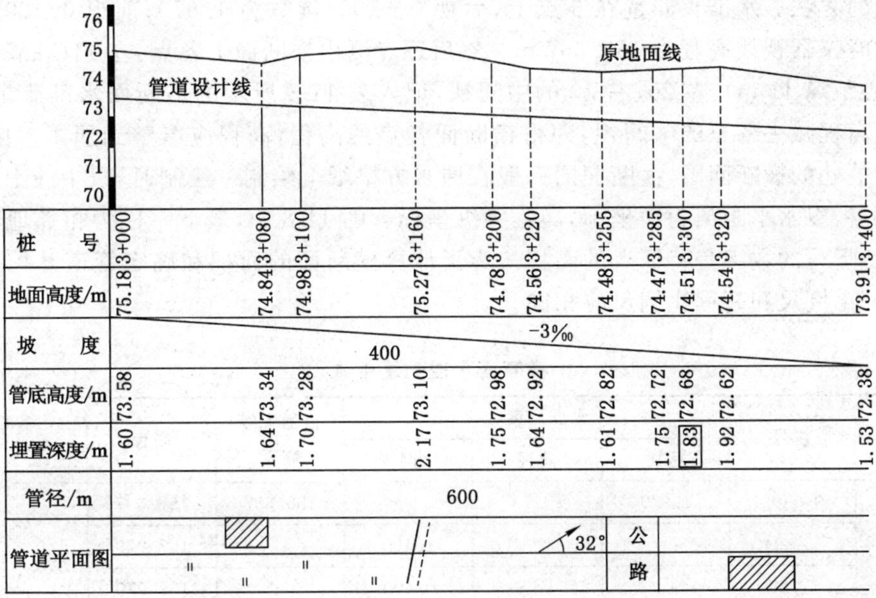

图 11-6　纵断面图

(2) 根据水平比例尺，在管道平面图栏内，标明整桩和加桩的位置。在距离栏内注明各桩之间的距离，在桩号栏内标明各桩的桩号；在地面高程栏内注记各桩的地面高程，并凑整到厘米（排水管道技术设计的断面图上高程应注记到毫米）。根据里程桩手簿绘出管道平面图。

(3) 在水平线上部，按高程比例尺，根据整桩和加桩的地面高程，在相应的垂直线上确定各点的位置，再用直线连接相邻点，即得纵断面图。

(4) 根据设计要求，在纵断面图上绘出管道的设计线，在坡度栏内注记坡度方向，用"/""\"和"—"分别表示上、下坡和平坡。坡度线之上注记坡度值，以千分数表示，线下注记该段坡度的距离。

(5) 管底高程是根据管道起点的管底高程、设计坡度以及各桩之间的距离，逐点推算出来的。例如 0＋000 的管底高程为 155.31 m（管道起点的管底高程一般由设计者决定），管道坡度 i 为＋5‰（＋号表示上坡），求得 0＋050 的管底高程为

$$155.31 + 5‰ \times 50 = 155.31 + 0.25 = 155.56 \text{ m}$$

(6) 地面高程减去管底高程即是管道的埋深。

在一张完整的纵断面图上，除上述内容外，还应把本管道与旧管道连接处和交叉处，以及与其交叉的地道和地下构筑物的位置在图上绘出。

二、横断面图测绘

在设计时，为计算土方量及施工的开挖边界，在各中桩处测定正交于中线方向上特征点的高程，连接成横断面图。横断面施测的宽度，由管道的直径和埋深来确定，一般每侧为 20 m。测量时，横断面的方向可用十字架（图 11-7）定出。用小木桩或测钎插入地上，以标识地面特征点。特征点到管道中线的距离用皮尺丈量。特征点的高程与纵断面水准测量同时施测，作为中间点看待，但要分开记录。现以图 11-5 中的测站 3 为例，说明 0＋100 横断面水准测量的方法。水准仪安置在 3 点上，后视 0＋100，读数为 1.970；前视 0＋200，读数为 1.848，此时仪器视线高程为 159.367 m。然后逐点测出横断面上各点：左 11（在管道中线左面，离中心距离 11 m）、左 20、右 20 的中间视，记入表 11-3 所示的横断面水准测量手簿中；仪器视线高程减去各点的中间视，即得横断面各点的高程，高程应凑整到厘米。图 11-8 是 0＋100整桩处的横断面图，横断面图一般在厘米方格纸上绘制。绘制时，以中线上的地面点为坐标原点，以水平距离为横坐标，高程为纵坐标。图 11-8 中，最下一栏为相邻地面特征点之间距离，竖写的数字是特征点的高程。为了计算横断面的面积和确定管道开挖边界的需要，其水平比例尺和高程比例尺应相同。

表 11-3　　横断面水准测量手簿

测站	桩号	水准尺读数			仪器视线高程	高程	备注
		后视	前视	中间视			
3	0＋100	1.970			159.367	157.397	
	左 9			1.400		157.970	
	左 20			0.400		158.970	
	右 20			2.970		156.400	
	0＋200		1.848			157.519	

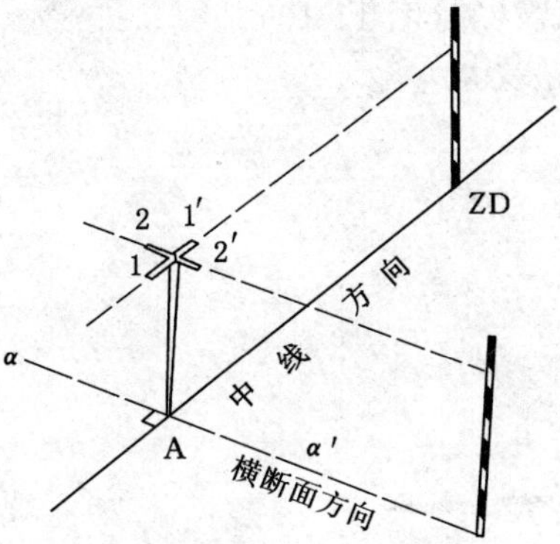

图 11-7　横断面图方向

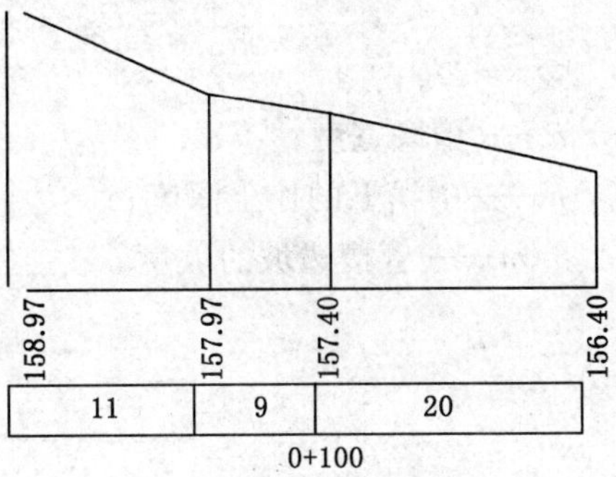

图 11-8　横断面图

如果各点施工时开挖管槽不宽,管道两侧地势平坦,则横断面测量可不进行。计算土方量时,横断面上地面高程可视为与中桩高程相同。

第四节　管道施工测量

一、地下管道施工测量

(一) 校核中线桩并测设施工控制桩

管道中线测量所打的各桩,等到施工时,一部分将会被丢失或破坏,为保证中线位置正确可靠,应根据设计和测量数据进行复核,并补齐已丢失的桩。在施工时,由于中线上各桩要被挖掉,为了便于恢复中线和其他附属构筑物的位置,应在不受施工干扰、引测方便和易于保存桩位处测设施工控制桩。施工控制桩分中线控制桩和位置控制桩两种,测设中线控制桩,是在中线的延长线上打设木桩;测设位置控制桩是与中线垂直方向打桩,以控制里程桩和井位等的位置,如图 11-9 所示。

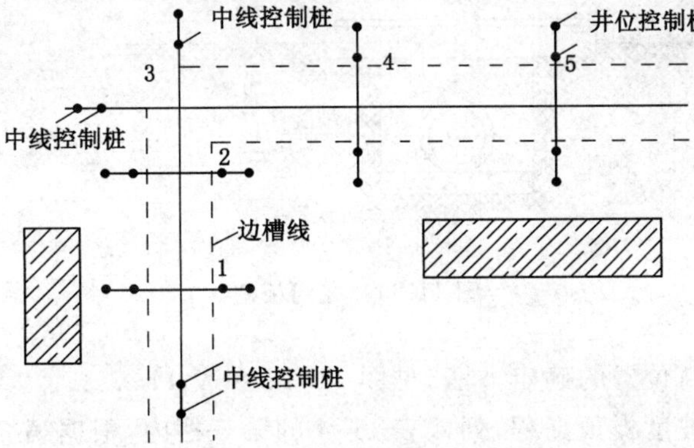

图 11-9　管道的施工控制桩

(二) 槽口放线

根据管径大小、埋置深度以及土质情况,决定开槽宽度,并在地面上定出槽边线的位置。

若横断面上坡度比较平缓，开挖管道宽度可用下列公式计算(图 11-10)。

$$D = D_{左} + D_{右} = (b/2 + m \times h) \times 2 \quad (11\text{-}1)$$

式中 $D_{左} = D_{右}$；

b——槽底宽度；

h——中线上的挖土深度；

$1/m$——管槽边坡的坡度。

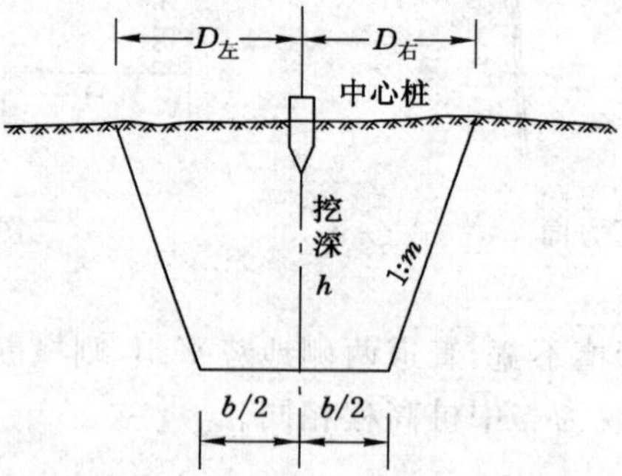

图 11-10 槽口放线

(三) 基槽管底的中线与高程放样

1. 龙门板法

龙门板由坡度板和高程板组成，如图 11-11 所示。坡度横板上钉一小钉，称中线钉，标明该处管道中线的位置。坡度立板上钉一小钉，称坡度钉，标明该处管底下返数 C(小钉至管底设计高度之差，一般取分米整数)。中心钉的位置可根据中线控制桩，用经纬仪投点得到。

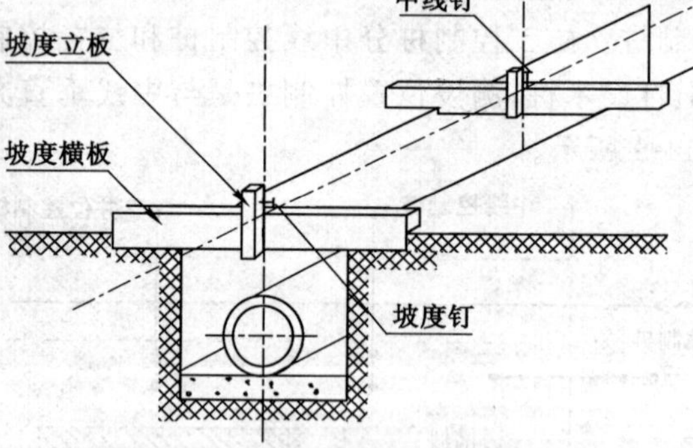

图 11-11 龙门板法

现举例说明坡度钉位置的确定方法，见图 11-12 和表 11-4。

用水准仪测出各坡度板顶高程，列入表 11-4 的第 5 栏内，根据第 2 栏、第 3 栏计算出各坡度板处管底设计高程，列入第 4 栏。如 0+000 高程为 42.800(图 11-12)，坡度 $i = -3‰$，0+000 到 0+010 距离为 10 m，则 0+010 管底设计高程为：

$$42.800 + (-3‰) \times 10 = 42.800 - 0.030 = 42.770\ (\text{m})$$

同法可以计算出其他各处管底设计高程。第 6 栏为坡度板顶高程减去管底设计高程，例如

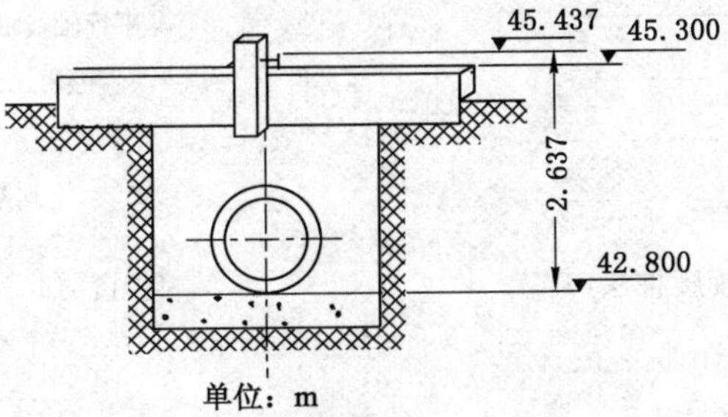

图 11-12　确定设计高程

0+000 为：

$$H_{板顶} - H_{管桩} = 45.300 - 42.800 = 2.500\ (\mathrm{m})$$

表 11-4　坡度钉测设手簿

板号	距离	坡度	管底高程 $H_{管底}$	板顶高程 $H_{板顶}$	$H_{板顶}-H_{管底}$	选定下反数 C	调整数 δ	坡顶钉高程
1	2	3	4	5	6	7	8	9
0+000		−3‰	42.800	45.300	2.500	2.637	0.137	45.437
0+010	10		42.770	45.383	2.613		0.024	45.407
0+020	10		42.740	45.364	2.624		0.013	45.377
0+030	10		42.710	45.315	2.605		0.032	45.347
0+040	10		42.680	45.310	2.630		0.007	45.317
0+050	10		42.650	45.226	2.596		0.041	45.267
0+060	10		42.620	45.268	2.648		−0.011	45.257
⋮	⋮		⋮	⋮	⋮		⋮	⋮

依此类推，该施工段选定下返数 C 为 2.637 m，列在第 7 栏内。第 8 栏称为调整数 δ，δ 为第 7 栏 C 值减去第 6 栏之差值，即：

$$\delta = C - (H_{板顶} - H_{管底}) \tag{11-2}$$

调整数 δ 为正数时，坡度钉钉在坡度板顶上方 δ 处，反之则反。如 0+000 调整数为：

$$\delta = 2.637 - 2.500 = 0.137\ (\mathrm{m})$$

则坡度钉钉在坡度板顶上方的位置如图 11-12 所示。

2. 平行轴腰桩法

平行轴腰桩法适用于精度要求较低的管道进行施工时的中线和坡度控制。平行轴线作为开挖基槽中线控制线。开工之前，在中线一侧或两侧开挖槽边线外测设置一排平行于管道中线的轴线桩。各桩间距以 10～20 m 为宜。各检查井的位置也应在平行轴线上设相应桩位，见图 11-13。腰桩作为开挖基槽的管底高程控制桩，见图 11-14。腰桩上钉一小钉，小钉与管底设计高程之差 C 称下返数(通常取 1 m 左右的整分米数)。设置腰桩时，先根据管底设计高程及选定的下返数 C，计算各腰桩点的高程，然后根据前述测设已知高程点的方法测设出各腰桩位置。

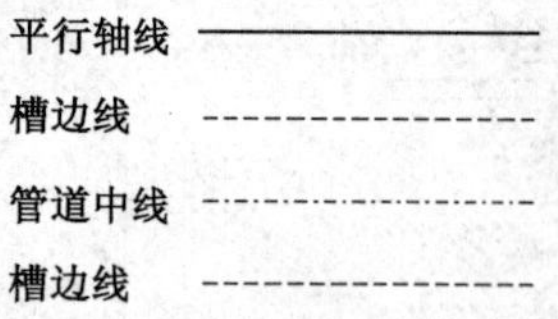

图 11-13 平行轴腰桩法(1)

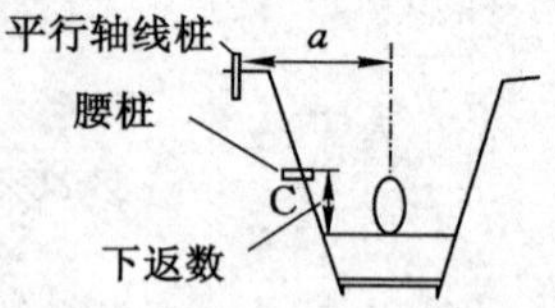

图 11-14 平行轴腰桩法(2)

二、顶管施工测量

管道穿越铁路、公路或重要建筑并且不允许在地面开沟槽时，可采用顶管施工的方法。即在事先挖好的工作坑内安放导轨，将管材沿着要求敷设的方向用顶镐顶进土中，然后把管内的土方掏出来。顶管的施工测量，就是掌握管道顶进时的中线方向、高程和坡度。

(一) 顶管测量的准备工作

1. 顶管中线桩的设置

首先根据设计图上管线的要求，在工作坑的前后钉立两个桩，称为中线控制桩(图 11-15)，然后确定开挖边界。开挖到设计高程后，将中线引到坑壁上，并钉立大钉或木桩，此桩称为顶管中线桩，以标定顶管的中线位置。

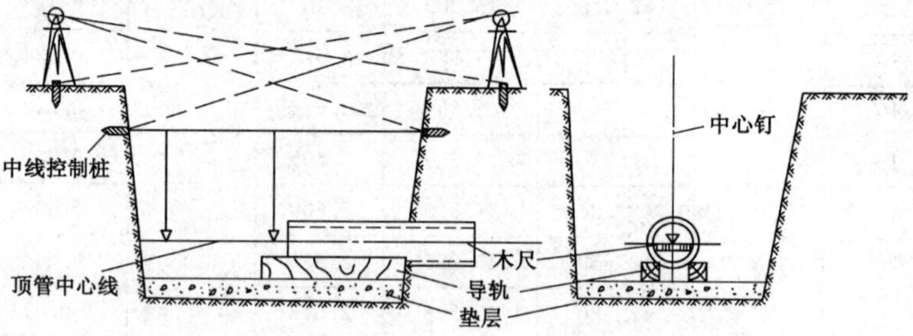

图 11-15 顶管中线桩测设

2. 设置临时水准点

为了控制管道按设计高程和坡度顶进，需要在工作坑内设置临时水准点。一般要求设置两个，以便相互检核。

3. 导轨的安装

导轨一般安装在方木或混凝土垫层上。垫层面的高程及纵坡都应当符合设计要求(中线高程应稍低，以利于排水和防止摩擦管壁)。根据导轨宽度安装导轨，根据顶管中线桩及临时水准点检查中心线和高程。无误后，将导轨固定。

(二) 顶进过程中的测量工作

1. 中线测量

如图 11-16 所示，通过顶管中线桩拉一条细线，并在细线上挂两垂球，其连线即为管道水平方向。在管内前端横放一木尺，尺长等于或略小于管径，使它恰好能放在管内。木尺上的分划是以尺的中央为零向两端增加的。将尺子在管内放平，如果两垂球的方向线与木尺上的零分划线重合，则说明管子中心在设计管线方向上；如不重合，则管子有偏差，其偏差值可直接在木尺上读出。偏差超过±1.5 cm，则需要校正管子。

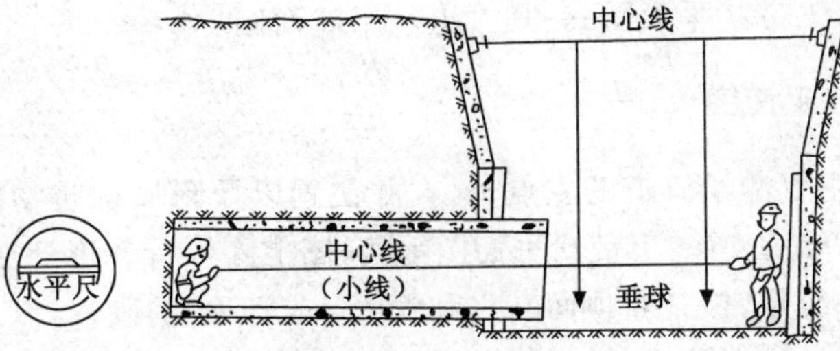

图 11-16 中线测量

2. 高程测量

水准仪安装在工作坑内，以临时水准点为后视，以顶管内待测点为前视（使用一根小于管径的标尺）。将算得的待测点高程与管底的设计高程相比较，其差数超过±1 cm时，需要校正管子。在顶进过程中，每 0.5 m 进行一次中线和高程测量，以保证施工质量。表 11-5 所示的手簿是以 0+390 桩号开始进行顶管施工测量的观测数据。第 1 栏是根据 0+390 的管底设计高程和设计坡度推算出来的；第 3 栏是每顶进一段（0.5 m）观测的管子中线偏差值；第 4 栏、第 5 栏分别为水准测量后视读数和前视读数；第 6 栏是待测点应有的前视读数。待测点实际读数与应有读数之差，为高程误差。表中此项误差均未超过限差。

表 11-5　　顶管施工测量手簿

设计高程（管内壁）	桩号	中心偏差/m	水准点读数（后视）	待测点实际读数（前视）	待测点应有读数值	高程误差/m	备注
1	2	3	4	5	6	7	8
42.564	0+390.0	0.000	0.742	0.735	0.736	−0.001	水准点高程为：42.558 m $i=+5‰$ 0+390 管底高程为：42.564 m
42.560	0+390.5	左 0.004	0.864	0.850	0.856	−0.003	
42.569	0+391.0	左 0.003	0.769	0.757	0.758	−0.001	
42.571	0+391.5	右 0.001	0.840	0.823	0.827	−0.004	
…	…	…	…	…	…	…	
42.664	0+410.0	右 0.005	0.785	0.681	0.679	+0.002	
…	…	…	…	…	…	…	

短距离顶管（小于 50 m）可按上述方法进行测设。当距离较长时，需要分段施工，每 100 m设一个工作坑，采用对向顶管施工方法，在贯通时，管子错口不得超过 3 cm。有时，顶管工程采用套管，此时顶管施工精度要求可适当放宽。当顶管距离太长，直径较大，并且采用机械化施工的时候，可用激光水准仪进行导向。

第五节　管道竣工测量

在管道工程中，竣工图反映了管道施工的成果及其质量，是管道建成后进行管理、维修和扩建时不可缺少的资料。同时，它也是城市规划设计的必要依据。管道竣工图有两个方面的内容：一是管道竣工带状平面图；一是管道竣工断面图。

一、管道竣工带状平面图

竣工带状平面图主要测绘管道的主点、检查井位置以及附属构筑物施工后的实际平面位置和高程。图 11-17 是管道竣工带状平面图示例，图上除标有各种管道位置外，还根据资料在图上标有：检查井编号、检查井顶面高程和管底（或管顶）的高程，以及井间的距离和管径等。对于管道中的阀门、消防栓、排气装置和预留口等，应用统一符号标明。当已有实测详细的大比例尺地形图时，可以利用已测定的永久性的建筑物用图解法来测绘管道及其构筑物的位置。当地下管道竣工测量的精度要求比较高时，根据图根导线的技术要求测定管道主点的解析坐标，其点位中误差（指与相邻的控制点）不应大于 5 cm。地下管道平面图的测绘精度要求：地下管线与邻近的地上建筑物、相邻管线、规划道路中心线的间距中误差，如用解析法测绘，1∶500～1∶2 000 图不应大于图上±0.5 mm；而用图解法测绘，1∶500～1∶2 000图不应大于图上±0.7 mm。

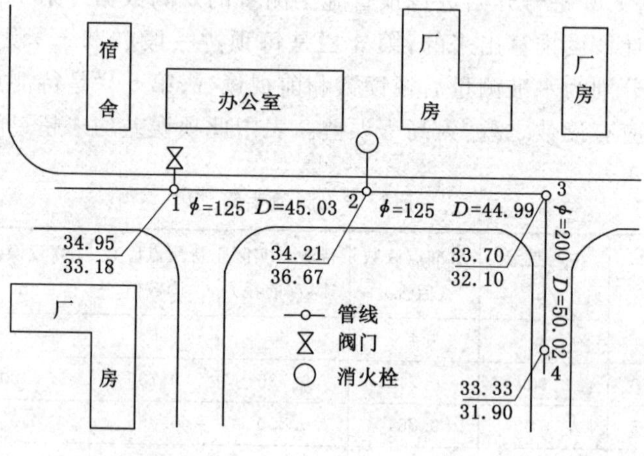

图 11-17 管道竣工带状平面图示例

二、管道竣工断面图

管道竣工断面图测绘，一定要在回填前进行，根据图根水准测量精度要求测定检查井口顶面和管顶高程，管底高程由管顶高程和管径、管壁厚度算得。但对于自流管道应该直接测定管底高程，其高程中误差（指测点相对于邻近高程起始点）不应大于±2 cm；井间距离应用钢尺丈量。如果管道互相穿越，在断面图上应表示出管道的相互位置，并注明尺寸。图 11-18 与图 11-17 是同一管道的管道竣工图。

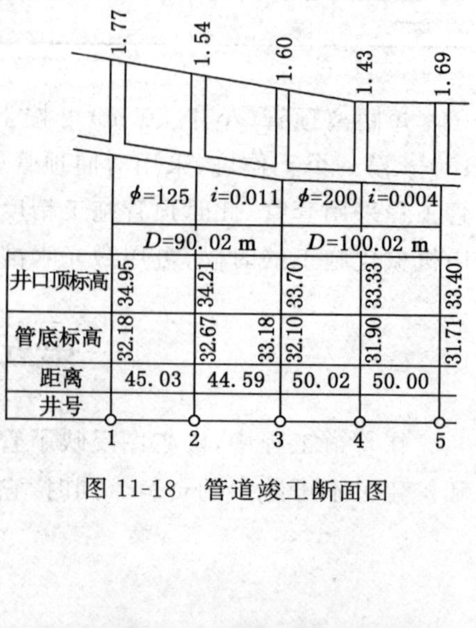

图 11-18 管道竣工断面图

第十二章

地质勘探工程测量

第一节　勘探工程测量

一、勘探线、勘探网的测设

勘探线、勘探网的设计必须由地质人员通过现场实地踏勘后，依据地形条件和矿体走向来确定。

（一）勘探线、勘探网的布设形式

勘探线的布设形式如图 12-1 所示，斜线区域是矿体分布范围，曲线是地形等高线，编号为 0—0′，1—1′等的单线表示勘探线，它们是一组等间距的平行线，一般垂直于矿体总体走向。

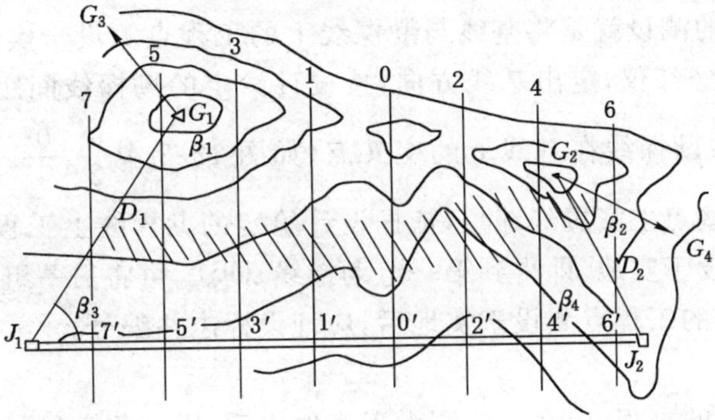

图 12-1　勘探线的布设

勘探网是由两组勘探线相交而成的，其形状及密度主要依据矿床的种类和产状确定，通常布设成正方形、菱形、矩形等。为了控制勘探线和勘探网的测设精度，必须遵循由整体到局部的原则，首先沿矿体走向布设一条基线，然后在此基础上布设其他勘探线。图 12-2 中 MN 即为基线，基线两端点 M、N 应与控制点连接。勘探网的编号以分数形式（以 MN 线为分数线）表示，分母代表线号，分子代表点号。以通过基点 P 的零号勘探线为界，西边的勘探线用奇数号表示，东边的则用偶数号表示；以基线为界，以北的点用偶数号，以南的点用奇数号表示。

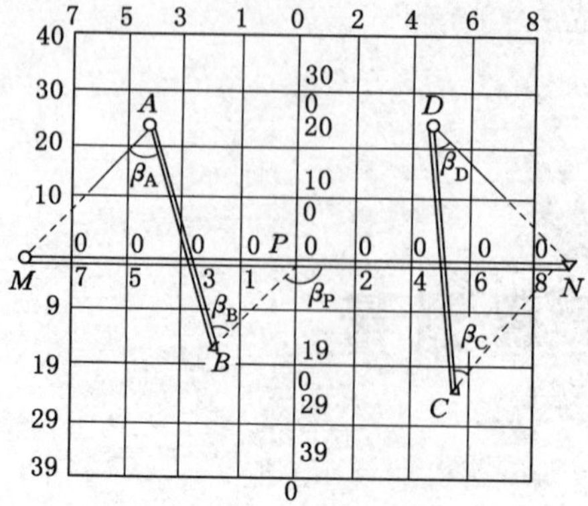

图 12-2 勘探网的布设

(二) 勘探线、勘探网的测设

1. 基线的测设

如图 12-2 所示，A、B、C、D 为已知控制点。首先根据图上设计的 M、N、P 点和已知控制点坐标，计算出测设所需要水平角及水平距离。然后依据测设数据采用第九章中所讲述的建筑方格网的 A、O、B 为主轴线的主点的测设方法，将待定点 M、N、P 测设于实地。

当基线两端点 M、N 和基点 P 初步确定后，应将经纬仪安置在其中任一点上，检查三点是否在一条直线上。如误差在允许范围，则在基线两端点 M、N 埋设标石，然后采用单三角形或前方交会等方法，重新测定其坐标。求出它们与设计坐标的差值，若小于 1/2 000，可取平均值作为最终坐标，否则应进行检查，必要时重新施测。

2. 勘探线、勘探网测设

勘探线、勘探网的测设就是将基线与勘探线上的工程点测设于实地。其常规的测设方法是：在基点 P 安置经纬仪，定出基线方向，按设计给定的勘探线间距，采用钢尺量距或精密视距的方法定出各勘探线在基线上的交叉点（如图 12-2 中$\frac{0}{2}$、$\frac{0}{4}$、$\frac{0}{6}$、$\frac{0}{8}$及$\frac{0}{1}$、$\frac{0}{3}$、$\frac{0}{5}$、$\frac{0}{7}$等）。然后分别在这些点上安置经纬仪，依据设计给定的勘探线上工程点的点距，采用点位测设的方法，将其测设于实地，即得到第一组勘探线；同法，可将另一组勘探线上的工程点测设于实地。勘探线上的工程点测设于实地后，应埋设标志并编号。

3. 高程测量

基线端点和基点的高程，应在点位测设于实地之后，用三角高程测量的方法与平面位置同时测定。实际高程与设计高程如在规定限差之内取其平均值即可，否则应查找原因。勘探线、勘探网高程的测定，可采用三角高程测量或水准测量的方法进行，并布置成闭合或附合路线，以便于检核。

随着测距仪的应用，勘探网的测设可不再布设控制基线，而只在勘探区已有控制点的基础上，用测距导线建立一批加密控制点，均匀分布于勘探区内。然后依据这些控制点用极坐标法测设勘探工程点。这样不仅提高了测距精度，而且提高了测设速度。

二、物探网的测设

物探是一种重要的矿产资源勘查手段。物探的方法包括电法、磁法、地震及重力等。但不管采用哪种方法都必须先布设物探网，而后在物探网上进行物探工作。

(一) 物探网的设计

物探网的设计，必须在现场实地踏勘，并综合物探的目的、要求和探测区内已有控制点等情况之后进行。

如图 12-3 所示，物探网一般是由平行的测线与基线相交而构成的规则网形。基线间距为 500～1 000 m，测线的间距可以是 20～200 m，但在同一物探网中基线和测线各自的间距应相等。其基线与测线的交点为基点，基线的两个端点称控制点，基线的起始基点布设在测区中央的制高点上。物探网的编号一般以分数表示，分母表示线号，分子表示点号。从物探网西南角的基点开始，向北、向东按顺序编号。为了避免物探网向西南方向扩展时出现负数编号，一般起始点编号不为 0，而用一较大的正整数。对于小范围物探网的编号，也可用序号表示点、线位置。

物探网设计方案确定后，即可依据技术规范提出测设方法和精度要求，从图上量取或计算出各种测设数据。

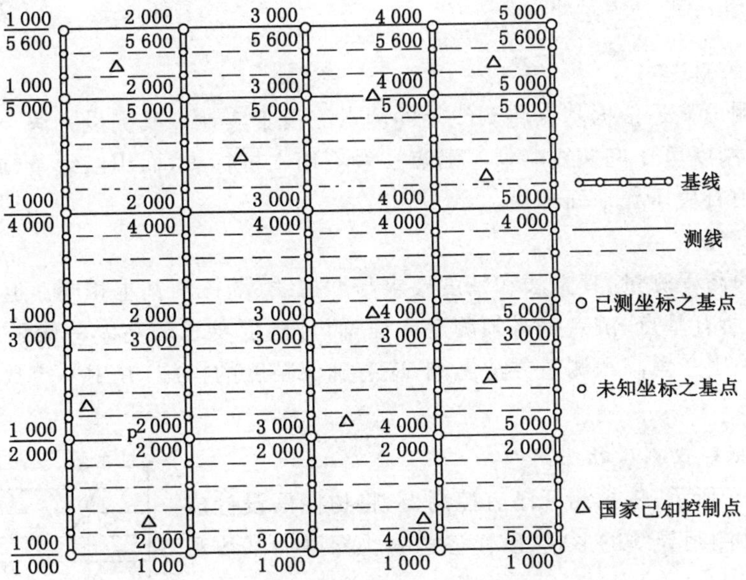

图 12-3　物探网的设计

(二) 用常规方法测设物探网

物探网的测设包括基线、测线的测设和高程测设。

1. 基线的测设

(1) 起始基点和控制基点的测设

根据测设数据和地面控制点及地形等情况，采用极坐标、角度交会或距离交会等方法测设。基点被测设于实地并埋设标石后，应用单三角形或前方交会等方法重新测定其坐标，并与设计坐标值进行比较，其值应满足《GBT 18341—2001 地质矿产勘查测量规范》要求，否则应重新施测。

(2) 基线的测设

基线的测设就是将基线上的全部基点测设于实地。当控制基点测设后，将仪器安置在基线一端的控制点上，用望远镜瞄准基线另一端控制点，固定望远镜。按视距法测设水平距离的方法，逐一将各基点测设于实地，打入木桩，并写上编号。

测设基点也可采用钢尺、皮尺、测距仪等方法进行。当基线遇障碍物不通视时，可采用90°转站法或等腰三角形法设立转站点，通过转站点绕过障碍物，见图12-4、图12-5。基线测设完毕后应进行检核。其方法与勘探网基线检核相同。

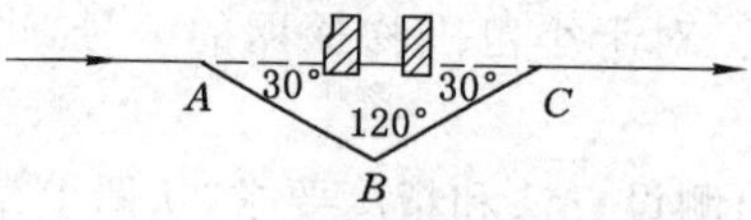

图12-4　等腰三角形法

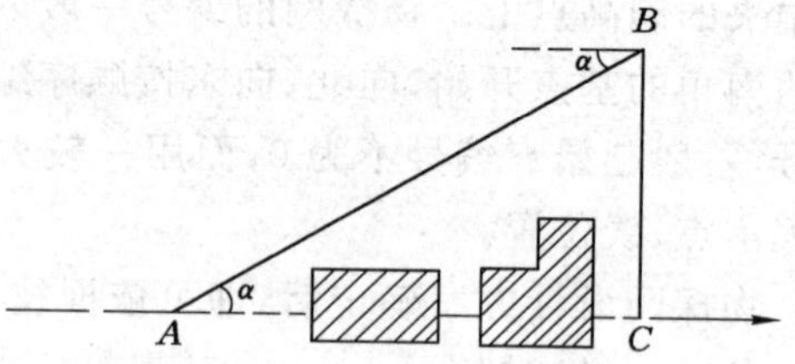

图12-5　90°转站法

2. 测线的测设

测线的测设就是依据基点将测线上的测点测设于实地。其测设方法与勘探线的测设基本相同，测设精度可比勘探线略低。测点一般不用木桩标志，而用红纸条(或红布条)编号标于草棵上或用石块压在地面即可。

3. 高程测量

物探网的高程测量，其方法和精度要求与勘探线、勘探网基本相同。但采用高精度重力物探方法时，所有基点、测点都必须测定高程，而且精度要求较高。一般采用水准测量的方法进行。若采用三角高程测量方法施测，应有确保精度的措施，并用一定数量的水准高程点进行检核。

(三) 用测距仪测设物探网

如图12-6所示，依据测区已有控制点，将物探网设计成10″和20″两种测距导线的形式，以代替普通物探网的基线和测线。

(1) 测距导线布设形式

10″控制导线，一般依据已知控制点垂直于测线方向布设成附合、闭合导线形式，导线的条数和间隔，应依据测区宽度与10″导线容许长度确定；20″导线沿测线方向布设成附合、闭合导线形式，其线路与边长视需要确定，在必要时也可采用支导线形式，但对支导线的点数和边长应严格限制。

(2) 用测距仪测设物探网

依据控制点和测设数据，先施测10″导线，经平差计算，将实际坐标与设计坐标进行对比检查，合格后即可在此基础上施测20″导线。每个20″导线点应当场计算出其坐标，作为测设点的依据，然后用极坐标法测设测点。当20″导线达到另一

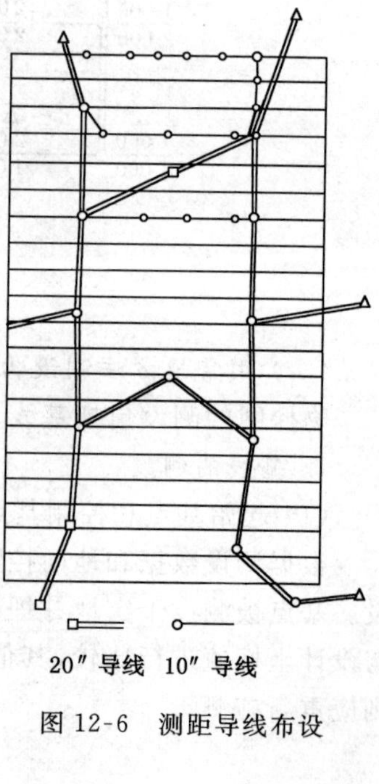

图12-6　测距导线布设

导线点或起始点时，进行联测，并对 20″导线进行简易平差计算，利用平差计算成果重新计算各测点的坐标，作为测点的正式成果。10″、20″导线点和测点均应以标石或木桩标记。

10″、20″导线点的高程，一般用三角高程测量方法测定。对于高精度重力物探网，10″导线点的高程必须用四等水准测量方法测定。测点的高程可用三角高程测量方法单向观测，计算时加入球气差改正。

（四）绘制物探网实际材料图

物探网测设完毕后，除提交外业观测手簿、内业计算资料及成果表以外，还必须提交一份实际材料图。实际材料图上应反映出控制点、起始基点、控制基点、基点、测站点、测点和水准点的分布及控制网的图形、导线和水准路线的等级内容。

三、探槽、探井、钻孔等勘探工程测量

（一）轻型山地工程测量

探槽、探井是轻型山地工程，主要用于揭露覆盖较浅的地质现象。探槽、探井工程测量分初测和定测两步，初测就是将图上设计的工程位置用极坐标法或交会法测设到实地上，勘探阶段的探槽一般要求标定其两个端点。定测是在探槽、探井施工结束后，测定其实际位置，并将它们绘到实际材料图上。

勘探坑道是一种勘探施工手段，一般为揭露地质现象和界线而施工的坑道都很短，其测设、测定的方法与探槽、探井相同。为圈定高级储量而施工的大规模坑道工程，属于大型地下工程，其测量方法与矿井测量相近，可参阅矿井测量一章的有关内容。

（二）钻探工程测量

钻探工程测量分初测、复测、定测三个步骤。

（1）初测

根据钻孔的设计坐标，将钻孔位置用极坐标法或交会法测设到实地上，用木桩标记出孔位。为防止平整机台时将已标定的孔位破坏掉，可以用 4 个木桩固定 4 个校正点构成十字线的 4 个端点。平整机台后利用 4 个木桩拉十字线恢复被破坏的钻孔位置。也可用其他可行的方法建立校正点。

（2）复测

钻孔位置的复测是在平整机台之后、正式开钻之前，利用校正点与记录的原始数据，对钻孔位置进行校核，其偏差应符合勘探规程的要求。

（3）定测

由于施工及其他原因，实际施工的钻孔位置与标定的钻孔位置往往不完全一致，因此，在钻孔封孔后，还必须测定钻孔标石或封孔套管中心的位置。平面位置可用极坐标法或交会法测定，高程位置采用三角高程测量方法或水准测量的方法测定。测量后及时计算出钻孔的平面坐标和高程，并填绘到实际材料图上。

第二节　地质剖面测量

地质剖面测量，通常是沿着给定的勘探线方向进行的。剖面测量的内容，是测定此方向线上的剖面点（如钻孔、探井等勘探工程点以及地质点、地物点、地形特征点等）的点位，并按

比例尺展绘成地质剖面图。

一、剖面定线

剖面定线的目的是在实地确定剖面线的位置和方向，现分两种情况加以说明。

第一种情况，如剖面线是由地质人员根据设计资料结合实地情况选定的，那么选定后的剖面线端点的坐标和高程，就由测量人员用经纬仪交会法或用导线与附近控制点联测确定，如图 12-7(a)所示。

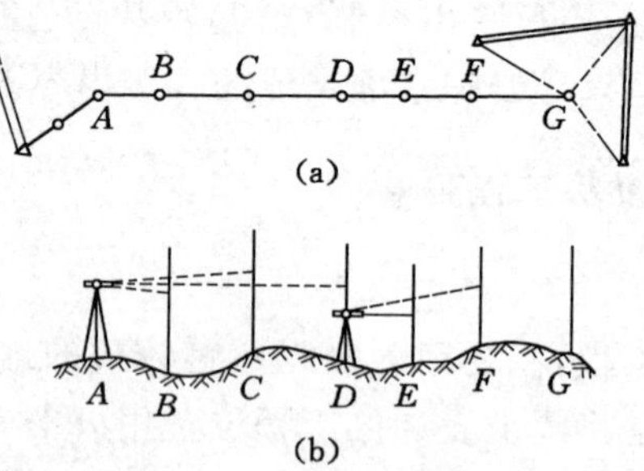

图 12-7　剖面定线与测量

第二种情况，如果剖面线端点需要根据设计坐标测设，那么测量人员可根据附近控制点的坐标和端点的设计坐标，计算测设数据，并按布设孔位的方法测设剖面线端点。如果两端点之间距离过长或不通视，则要在剖面线上适当地点增设控制点和转点，并用木桩标志，其布设方法与端点相同。观测时，在端点、控制点和转点通常都要插立标杆，作为照准和标定方向用。

二、剖面测量

剖面测量方法以及所使用的仪器，应根据剖面图的比例尺和地形条件等进行选择。一般来说，如剖面图的水平比例尺为 1∶10 000 或更大，则必须用经纬仪视距法施测。其施测方法如图 12-7(b)所示，安置经纬仪于 A 点，照准剖面上的端点或转点，标定出视线方向，测出剖面线上的 B、C、D 等点相对于 A 点的平距和高差，测量方法与地形测图中测定地形点的方法相同。

当视线过长或不通视时，则迁站于 D 点(转点)，仍按上述步骤进行，直到剖面线的末端为止。

剖面点的密度，取决于剖面的比例尺、地形条件和必要的地质点，通常是剖面图上距离约 1 cm 测一剖面点。

三、剖面图的绘制

外业观测结束后，应对记录手簿进行检查整理，并根据观测成果计算出剖面线上各剖面控制点，测站点，地形特征点及地物、工程、地质界限点至起始端点的水平距离及各点高程，然后按以下步骤和方法绘制剖面图：

(1) 首先在图纸的中间偏下位置，按剖面线的长度绘一基准线，如图 12-8 所示。从基准线左端向上绘出垂直比例尺(垂直比例尺尽可能与水平比例尺相同,特殊情况时才可变通),标出十米或百米整倍数的高程注记,并相应地绘出若干平行于基准线的高程线。

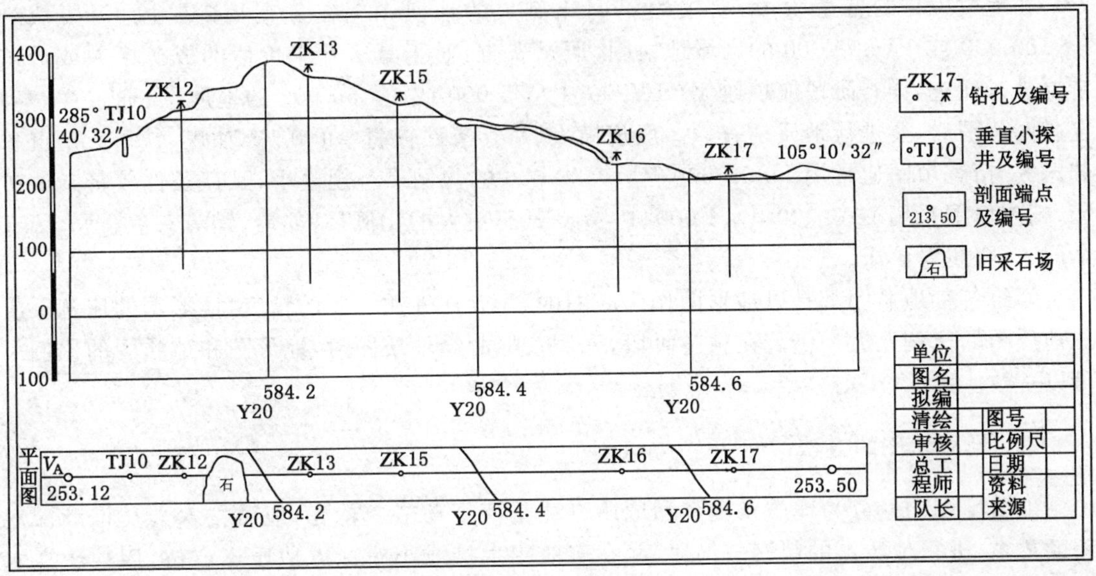

图 12-8　地质剖面图

(2) 根据剖面端点(或测站点)至各工程点间的水平距离,在基准线上以规定的水平比例尺将各工程点标出;再根据各工程点的高程,按垂直比例尺分别在垂直方向上标出各点位置。

(3) 然后参照野外记录和草图,依次将剖面上各工程点用圆滑的曲线连接起来,即成剖面图。

(4) 在剖面线的两端注记剖面线的方位角,对剖面上探槽、探井、钻孔等工程点,应以相应的符号绘出,并注明工程编号。根据地质观察记录,在剖面图上填绘地层、矿体、构造等地质现象。剖面图上还必须绘出与剖面线相交的坐标格网线,并注记其坐标值。

剖面图绘制完毕后,在其下方绘制出相同比例尺的剖面投影平面图。方法是先在投影平面图图廓的中央,绘一条与高程线平行的直线代表剖面的投影线;然后将剖面图上剖面端点、勘探工程点、剖面线与坐标格网线的交点及特殊地形、地物点,以规定的图例符号绘到投影平面图上,并作必要的注记;最后写明剖面图的名称、编号、比例尺、绘图时间和图内用到的图例符号等。

由于地质剖面的情况比较复杂,处理方法各异,因此绘制剖面图的方法也有多种,这里不一一叙述。

第三节　地质填图测量

矿床勘探阶段,必须绘制矿区地形地质图,用以反映矿区的地形、地层、构造、矿体等赋存情况,为研究成矿地质条件、矿床类型、工业开采条件和矿产储量计算提供依据。

一、地质填图的比例尺

在地质工作的各个阶段,要填绘不同比例尺的地质图。在普查找矿阶段,需要填绘1∶100 000或1∶200 000的区域地质图;通过普查,对于具有开采价值的成矿区域或成矿带要进行详查,详查阶段应填绘1∶10 000、1∶25 000或1∶50 000的地质图;通过详查确定矿区范围后,要进行地质精查。一般规模大、赋存条件较简单的矿床,如煤、铁等大型沉积矿床等,精查填图通常用1∶10 000至1∶20 000的比例尺。规模小、赋存条件较复杂的矿床,精查填图采用1∶2 000、1∶1 000、1∶500甚至更大的比例尺,如铅、锌等有色金属、稀有金属、非金属等矿床。

填绘各种地质图都是以地形图作为底图的,为确保地质填图的精度,地形图的比例尺应比地质图的比例尺大一倍。在精查阶段,采用仪器测绘地质图时,地形图和地质图的比例尺可以一致。

二、地质填图的方法

地质填图测量分为地质点观察和地质点测量两个环节。首先,地质技术人员按勘探规程的要求,进行地质点的观察与描述,并在实地用木桩或小旗标志地质点点位,用油漆在木桩上注明编号。紧接着进行地质点测量。勘探阶段的填图测量精度要求较高,地质点测量必须采用仪器来进行,即使用经纬仪测量水平角与垂直角,视距法测量平距。对于1∶500或更大比例尺的填图测量,必须用钢尺、测距仪测距。地质点测量作业方法、过程及要求与地形碎部点测量完全相同。

三、地质填图工程中应注意的问题

(1) 地质填图测量一般以地形图作为底图,在地质点观测时,地质人员应配备矿区地形复制图。在完成每个地质点的观察与描述后,当场将该点标绘到地形复制图上并编号,将相邻的同一界线点合理地连接起来,绘成地质草图。地质草图将给地质点测量带来极大方便。

(2) 勘探阶段地质填图测量,如果与矿区大比例尺地形图的测绘时间间隔很短,则可利用测绘地形图所建立的图根控制点。

(3) 当矿区控制点丢失或严重破坏时,必须重新建立图根控制点和补充测站点,以供填图测量使用。

四、地形地质图的绘制

地形地质图通常采用测图专用聚酯薄膜在室内绘制,绘制的方法是先在坐标格网上注记相应的坐标,接着展绘控制点、图根点和测站点;再依据外业测得的角度和平距,按极坐标法将地质点展绘到图纸上;最后依据地质点观测记录,参照地质草图绘出地形、构造等界线和相应的注记,即构成矿区地质图。如将地质图与地形图合绘到一张图上,就构成了矿区地形地质图。

第十三章 矿山测量

第一节 概 述

一、矿山测量的任务

矿山测量是矿山建设与生产时期全部测量工作的总称。矿山测量为采矿工程提供各种信息和保证，它的主要任务如下：

(1) 建立矿区地面控制网和测绘 1/500～1/5 000 的地形图；

(2) 进行矿区地面与井下各种工程的施工测量和验收测量；

(3) 测绘和编制各种采掘工程图和矿山专用图；

(4) 进行岩层与地表移动的观测与研究，为合理利用矿产资源和安全开采提供资料；

(5) 参加采矿计划的编制，并对资源利用及生产情况进行检查和监督。

二、矿山测量的作用

我国幅员辽阔，矿产资源丰富，矿山开采有着悠久的历史。几十年来，我国的矿山测量工作也有了很大提高，各矿山建立了专门的测量机构，对于保证和促进采矿工业安全、经济、合理地高速发展，起着重要作用。矿山测量的作用主要体现在以下几个方面。

(一) 在编制生产计划方面

现代化的矿山，具有开拓在不同方向上和不同深度的复杂的地下井巷系统，这个系统在时间上和空间上又都在不断地变化着。矿山测量及时地、准确地掌握和提供这个系统的各方面信息，为编制生产计划和指挥生产提供可靠依据。

(二) 在安全生产方面

对于地下具有多个工作面的立体化生产体系，矿山测量为其提供准确的地下工程之间的相互位置，地下工程的地质环境与位置，地上、地下构筑物与工程间的相互位置，对于避免工程事故和对自然灾害进行有效救援起着重要作用。

(三) 在资源利用方面

矿山测量通过对岩层及地表的移动观测，研究开采破坏规律，提出合理的保安设计，使矿产资源得到充分的开采。另外，矿山测量在勘探与生产的各个阶段，亦可以通过准确的测定与测设，使矿产资源得到充分利用，有效地减少开采损失。

（四）在保证工程质量方面

矿山工程和所有建设工程一样，其工程设计的实施、工程质量保证，也离不开准确的测设、质量检查和工程验收等一系列测量工作。所不同的是，在地下开采形成的特殊空间里，由于互不通视，测量工作显得更加重要和必不可少，所以矿山测量被称为采矿工程的“眼睛”。

三、矿山测量工作的特点

矿山测量由于其大量井下作业的特殊性，因此具有下述特点。

（一）测量对象方面

矿山测量的对象与地面测量的对象在实质上并无区别，因为都是解决点位的问题。但是，地面测量的对象具有一定的相对稳定性，而矿山测量的对象则在时间与空间上是不断变化的，测量工作必然受到时间与空间的限制。因此要求矿山测量工作必须跟随采矿工程的进展而进行。

（二）工作条件方面

井下测量的空间是各种巷道与采场。由于巷道狭窄，加之各种管道、车辆乃至行人、风流等都在其中通过或活动，必然对测量工作产生干扰或阻碍，此外还有照明条件差、通视困难等因素，因此在井下测量时，应尽量避开行人、车辆和管道，采用专门的照明设备和特殊的仪器工具，使之适应这样的工作条件。有时甚至需要暂时停产，否则就无法完成测量工作。

露天矿山虽然空间大，但是采场中运输紧张、灰尘大、生产台阶高等因素，会导致通视困难，而且随着台阶的推移，控制点不断遭到破坏，所以测量方法也要与之相适应。

（三）测量精度分布方面

由于空间开阔，地面测量可以根据测量工作的原则，一次完成全面控制网布设并进行统一平差。这样，测区各控制点的精度是基本相同的，同一比例尺图的精度分布也是均匀的。而在井下测量，只能随着采掘工程的进展，从无到有，从小到大，逐渐延伸，所以测量精度的分布就不均匀。当然，随着陀螺经纬仪的使用，其方位精度已得到改善。

第二节　井下控制测量

一、井下控制测量的特点

(1) 由于巷道的空间条件限制，井下的平面控制形式只能采用导线测量。

(2) 由于井下的空间是逐渐延伸而形成的，因此井下的平面与高程控制测量不能照搬地面控制的布设原则，而只能采取“逐渐扩展，先低后高，以高控低，相互交错”的原则和方法。

(3) 由于井下工作条件的限制，井下的控制点一般都设在顶板上。

(4) 井下碎部测量往往与控制测量同时进行。

(5) 井下控制测量的分级，煤矿和冶金矿山执行不同的测量规程。不论是煤矿还是冶金矿山，采用哪一级控制导线作为井下的首级控制，应根据矿井规模的大小来决定。

二、井下平面控制

（一）井下导线的主要技术要求

1. 煤矿

（1）煤矿井下控制导线主要技术要求见表 13-1。

表 13-1　　井下各级经纬仪导线水平角观测所采用的仪器与作业要求

导线类别	仪器使用	观测方法	按导线边长分（水平边长）					
			15 m 以下		15～30 m		30 m 以上	
			对中次数	测回数	对中次数	测回数	对中次数	测回数
7″	DJ_2	测回法	3	3	2	2	1	2
15″	DJ_3	测回法或复测法	2	2	1	2	1	2
30″	DJ_6	测回法或复测法	1	1	1	1	1	1

（2）煤矿井下控制导线水平角观测的主要技术要求见表 13-2、表 13-3。

表 13-2　　井下控制导线水平角观测检核的主要技术要求

巷道倾角	仪器级别	同一测回中半测回互差	检验角与最终角之差	两测回间互差	两次对中测回（复测）间互差
≤30″	DJ_2	20″	—	12″	30″
	DJ_6	40″	40″	30″	60″
＞30″	DJ_2	30″	—	18″	45″
	DJ_6	60″	60″	45″	90″

表 13-3　　井下控制导线水平角观测的主要技术要求

导线类别	井田（采区）一翼长度/km	测角中误差/（″）	一般边长/m	导线全长相对闭合差	
				闭（附）合导线	复测支导线
基本控制导线	≥5	±7	60～200	1/8 000	1/6 000
	＜5	±15	40～140	1/6 000	1/4 000
采区控制导线	≥1	±15	30～90	1/4 000	1/3 000
	＜1	±30	—	1/3 000	1/2 000

（3）煤矿井下控制导线角度闭合差的限差见表 13-4。

表 13-4　　井下控制导线角度闭合差容许值

导线级别	最大闭合差		
	闭合导线	复测支导线	附和导线
7″	$\pm 14''\sqrt{n}$	$\pm 14''\sqrt{n_1+n_2}$	$\pm 2''\sqrt{m_{\alpha 1}^2+m_{\alpha 2}^2+n\cdot m_\beta^2}$
15″	$\pm 30''\sqrt{n}$	$\pm 30''\sqrt{n_1+n_2}$	
30″	$\pm 60''\sqrt{n}$	$\pm 60''\sqrt{n_1+n_2}$	

注：表中 n 为闭(附)合导线的总站数；n_1、n_2 分别为复测支导线往、返测量的总站数；$m_{\alpha 1}^2$、$m_{\alpha 2}^2$ 分别为附和导线起始边和附合边的坐标方位角中误差；m_β 为附和导线测角中误差。

2. 冶金矿山

(1) 冶金矿山井下控制导线主要技术要求见表 13-5。

表 13-5　　井下控制导线主要技术要求

导线等级	测角中误差	边长/m	导线延伸长度/km		相对闭合差	
			竖井开拓	平硐、斜井开拓	闭合、附和导线	支导线
10″	10″	40～140	1.5 1.0 0.5	0.5 1.0～2.0 0.5	1/5 000 1/4 000 1/3 000 1/2 000	1/3 000 1/2 500 1/2 000 1/1 500
20″	20″	20～50	0.5～0.7 0.3	1.1 0.5	1/2 000 1/1 500	1/1 500 1/1 000
40″	40″	20～50	0.4 0.2	0.6 0.3	1/1 000 1/800	1/600 1/500

(2) 冶金矿山井下控制导线水平角观测的主要技术要求见表 13-6(当倾角大于 30°时，各项限差可增大 0.5 倍)。

表 13-6　　井下控制导线水平角观测的主要技术要求

导线等级	使用仪器	中误差对/mm	边长						同一测回半测回互差/(″)	检验角与最终角之差/(″)	一次对中测回互差/(″)	一次对中测回互差/(″)
			20 m 以下		20～30 m		30 m 以上					
			对中次数	每次对中测回数	对中次数	每次对中测回数	对中次数	每次对中测回数				
10″	J_2 J_6	0.6			2 1	1 1	1 1	1 2	20 40	40	30	60
20″	J_6	1.0	2	2	1	1	1	1	40	40	30	60
40″	J_6 $J_{1.5}$	1.2	1	1	1	1	1	1	80	80		

(3) 冶金矿山井下控制导线角度闭合差的限差见表 13-7。

表 13-7　　井下控制导线角度闭合差的限差

导线等级	角度闭合差	
	闭、附和导线	复测支导线
10″	$20''\sqrt{n}$	$20''\sqrt{n_1+n_2}$
20″	$40''\sqrt{n}$	$20''\sqrt{n_1+n_2}$
40″	$80''\sqrt{n}$	$80''\sqrt{n_1+n_2}$

表注：n 为闭、附和导线的总测站数；n_1、n_2 分别为支导线两次总测站数。

(二) 井下经纬仪导线测量的外业

1. 选点

井下导线点分为永久性导线点和临时性导线点两种，永久点应设在稳定的岩石中，每 300～500 m 设置一组，每组至少三个点。无论永久点还是临时点都要进行统一编号，并在点位旁做明显标注，如图 13-1 中(a)为永久点，(b)、(c)为临时点。

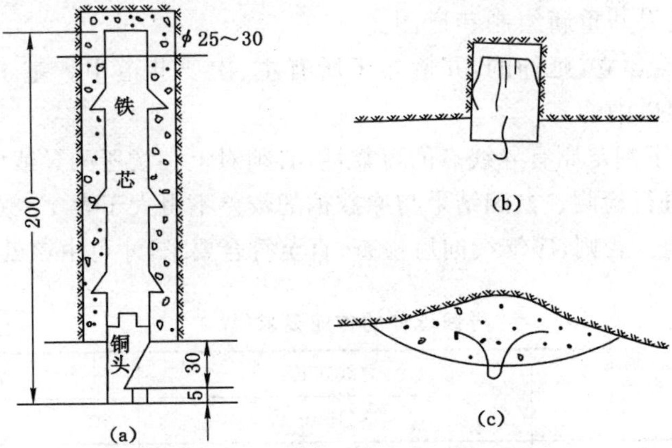

图 13-1　井下水准点

所选点位要注意以下几方面：顶板牢固，无淋水，工作安全；底板处便于安置仪器；避免过长边和过短边相接；便于测角和量距；在巷道交叉处应设点，便于导线的扩展。

2. 水平角测量

井下测量水平角的经纬仪应有镜上中心，以便于点下对中。测角遇短边时要特别注意精确对中，仔细瞄准。水平角观测的各项限差详见本节各表。

3. 边长丈量

(1) 光电测距仪量边

光电测距仪量边速度快、精度高、操作方便。用于煤矿的光电测距仪采用防爆型，满足《煤矿安全规程》有关规定要求。

光电测距仪量边要注意对丈量结果施加气压、温度和倾斜改正。往返丈量互差与平均边长之比不得大于井下首级导线边长相对中误差。

(2) 钢尺量边

钢尺量边时可用经纬仪定线，以大头针在垂线上作标记。定线偏差应小于 5 cm。每尺段变换起点读数三次，读至毫米，长度互差应不大于 3 mm。

导线往返丈量互差，煤矿各级导线分别不得大于平均边长的 1/6 000、1/4 000 和 1/2 000；冶金矿分别不得大于平均边长的 1/4 000、1/2 000 和 1/1 000。丈量相对误差要求小于 1/4 000 时，应使用检定过的钢尺，用弹簧秤对钢尺施以钢尺检定时的拉力，记录下丈量时的温度，并加入尺长改正。

（三）经纬仪导线测量的内业

经纬仪导线的计算方法详见第六章第二节，各等级导线的角度闭合差限差及导线全长相对闭合差限差详见本节中各表。如各项限差满足规定，即可进行调整与计算，最后求出各导线点的坐标。

（四）导线的检查与延伸

井下最低等级导线，称工作导线或采区导线，自井底车场起，每掘进几十米，布设新的导线点。当掘进 300～500 m 后，应从起始边起敷设基本控制导线，对工作导线进行检查和复核，并且作为继续向前布设工作导线的基础。

基本控制导线可以重新埋点，也可以利用原有的工作导线点。当发现原有工作导线有误时，应用改正后成果并重新绘制巷道图。

工作导线是逐点建立、延伸的，并遍布于所有主、次要巷道中。基本控制导线是逐段延伸，敷设于各主要巷道中的。

导线延伸时，为了判定原有导线点的可靠性，必须对上一次所测导线的最后一个水平角及最后一条导线边长进行检测。检测结果与原数据的较差不得大于表 13-8（适用煤矿）和表 13-9（适用冶金矿）之规定。否则，应继续向后检查，直至符合要求，才可由该处向前延伸导线。

表 13-8　导线延伸的作业要求（煤矿）

导线级别	导线边长	水平角不符值
	<15 m	≤30″
7″级	≥15 m	≤20″
15″级	—	≤40″
30″级	—	≤80″

表 13-9　导线延伸的作业要求（冶金矿）

导线级别	水平角较差	边长较差
10″级	30″	1/5 000
20″级	60″	1/5 000
40″级	120″	1/5 000

三、井下高程控制

（一）井下水准测量

井下水准测量分为两级。Ⅰ级由井底车场水准点起，沿各主要巷道布设。Ⅰ级水准点每组至少三个点，应在每组点间进行往返测。Ⅱ级则作为一级的加密和先期控制。井田范围较小时，也可以用Ⅱ级水准作为井下高程的首级控制。Ⅱ级水准测量附和到Ⅰ级点上时，可以只进行单程观测，支水准路线应进行往返观测。

井下Ⅰ级水准测量的精度与地面工程水准（五等水准）精度大致相当，具体技术要求参见各规程，此处不再详述。

井下水准点可埋设在顶底板或巷道两帮的稳定岩石中（见图 13-2），或利用导线点埋设。这样水准测量中有的高程点设在顶板上，水准尺倒立，如图 13-3 所示。此时应注意：计算两点间高差的公式 $h_{AB}=b-a$（即：高差＝后视读数－前视读数）是不变的，只是高程点在顶板上、尺子由上向下倒立时读得的读数，应在读数前加"－"号后再代入公式进行计算。

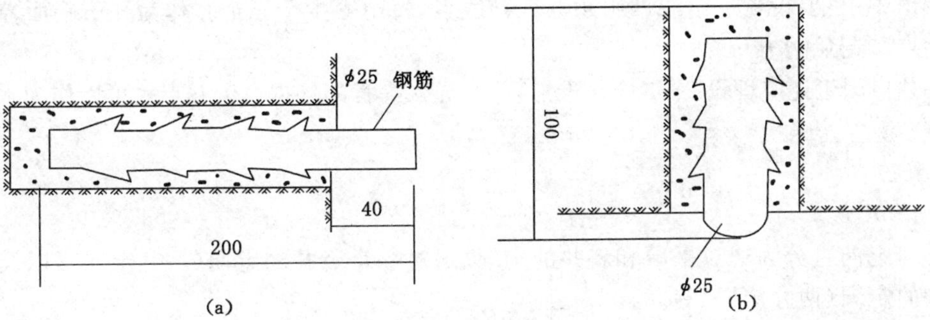

图 13-2 井下水准点埋设形式

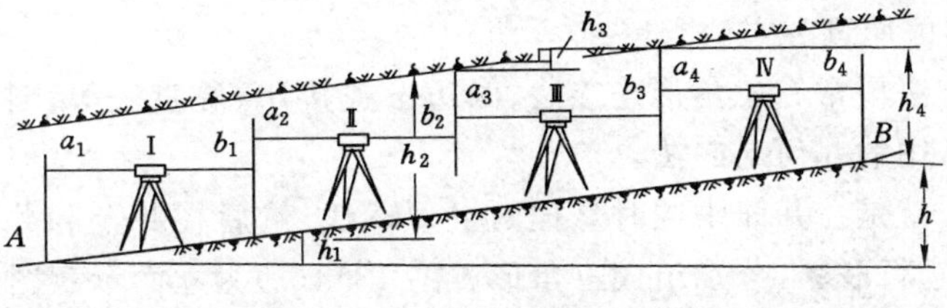

图 13-3 井下水准测量

（二）三角高程测量

井下三角高程测量一般用于倾角大于 8°的倾斜巷道中。三角高程测量亦分为两级。Ⅰ级三角高程可使用 J_6 经纬仪对向观测两个测回，往返测量的高差较差不应该大于 $(10+0.3D)$mm（D 为两点间的平距），其他技术要求参见各规程，此处不再详述。

三角高程亦常将高程点设于顶板，此时无论仪器高（i）还是觇标高（v），只要是从顶板往下量得的值，都要在前面加"－"号后再代入下式计算

$$h = D\times \tan\alpha + i - v$$

式中 D——两点间的平距；

α——竖直角。

第三节 井下联系测量

矿山的井下与地面采用同一个测量坐标系统(平面直角坐标系统和高程系统)而进行的测量工作叫作联系测量。

联系测量对矿井建设、安全生产、矿区地面建设以及矿区与相邻地域的生产、生活、安全都有着至关重要的意义。

联系测量包括将地面平面直角坐标系统传入地下(简称定向)和将地面统一高程系统导入地下(简称导入标高)。

联系测量前,应在井口附近埋设平面控制点(近井点),作为定向的依据。在井下定向水平的巷道中,也要设置一组或两组永久性导线点(每组不少于三个),作为井下平面控制测量的起始点和起始边方位。

在井口附近还应埋设 2～3 个水准点,作为导入高程的依据。近井点也可以作为水准点。

一、平面联系测量

(一) 几何定向

几何定向可分为通过平硐和斜井的定向、通过一个竖井的定向(一井定向),以及通过两个竖井的定向(两井定向)等。

通过平硐和斜井定向,可以由井口直接敷设经纬仪导线至井下,进行坐标传递。定向工作较为简单,而且无甚特殊要求,此处不赘述。

1. 一井定向

(1) 一井定向的原理和方法

一井定向的方法通常有三角形连接法、四边形连接法、瞄直法等。目前,三角形连接法是我国各矿山最常用的几何定向法。

三角形连接法就是在井筒中同时悬挂两根垂球线,然后在井上和井下各选择一个连接点,同时与两垂线进行联系,分别组成三角形。图 13-4(a)为立面示意图;图 13-4(b)为水平

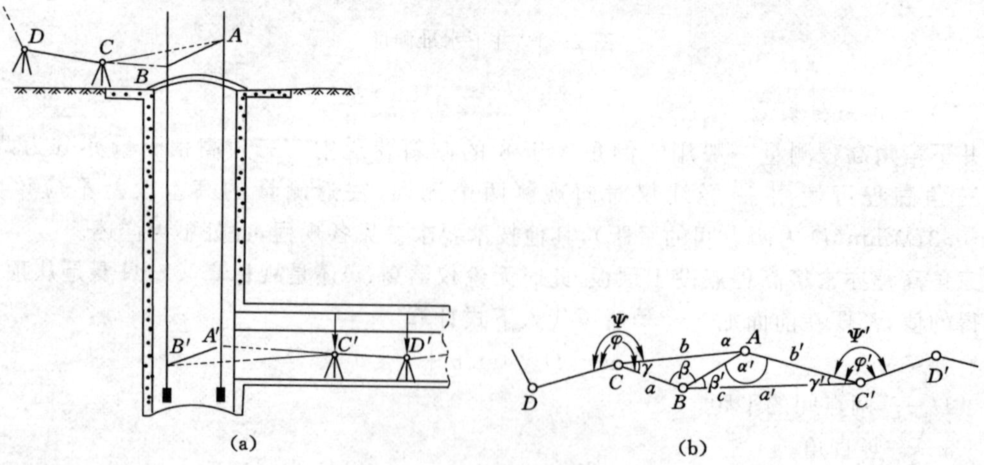

图 13-4 一井定向原理

投影图形。图 13-4(a)中，AA'、BB'为两根垂线，C、C'分别为井上、下连接点，D、D'分别为井上、下控制点。

由于同一垂线上各点的水平投影相同，即坐标 X、Y 相同，因此，井上 AB 的方位角 α_{AB} 与井下 A'、B'的方位角 $\alpha_{A'B'}$ 相等，两垂线间距离井下的 $A'B'$等于井上的 AB。这样，井上与井下两个三角形通过一个共边而组成连接三角形，由此即可按地面平面直角坐标系统，求出井下导线起始点的坐标和起始边的坐标方位角。

(2) 一井定向的外业工作

一井定向的外业工作内容包括投点、测角和量边。

① 投点

在竖井井筒内悬挂两根有重砣的长钢丝，使之自由悬挂到定向水平，供测角和量边时使用。

长钢丝应自由悬挂，呈稳定铅直状态。但是，由于井筒较深，井内气流的侧压力，井内滴水的冲击力以及钢丝本身的扭曲力等影响，钢丝难以呈自由悬挂的静止状态。为了得到静止位置，通常采用稳定投点法，或者摆动投点法投点。

稳定投点法投点如图 13-5 所示，1 为手摇绞车，2 为导向滑轮，3 为定点板，4 为钢丝，5 为定中盘，6 为水桶，7 为重砣。

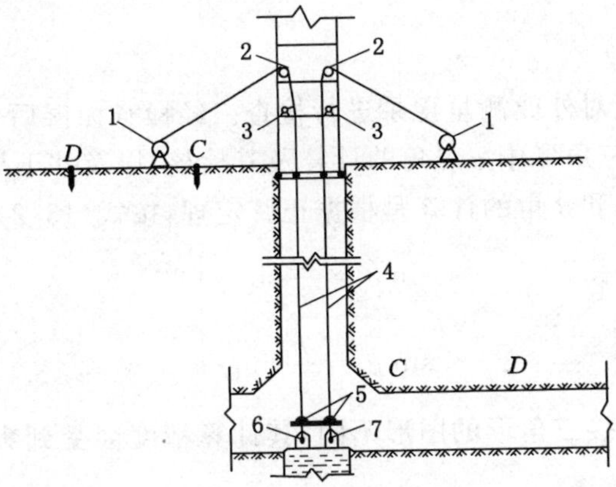

图 13-5 稳定投点法

重砣放入稳定液后，在阻尼作用下而使钢丝趋于稳定。为了避免井筒中滴水冲击稳定液，影响钢丝的稳定，一般可在稳定液的容器上加盖。

采用稳定法投点，当钢丝的摆幅大于 0.4 mm 时，则应考虑采用摆动投点法投点。

摆动投点法投点与上法相反，它是让钢丝自由摆动，用专门的标尺观察和记录摆幅，连续读取 13 个以上的奇数，取左右读数的平均值，作为钢丝呈铅直状态通过标尺的位置。同法进行两次，当较差不大于 1 mm 时，取其平均值为最后结果。然后固定钢丝，进行测角和量边。

② 测角

投点工作符合要求后，应立即同时在井上下进行水平角测量。如图 13-4(b)所示，测角包括井上 γ、φ、Ψ；井下 γ'、φ'、Ψ'。其中有一个多余观测角，用以检核并提高精度。水平角观测的技术要求如表 13-10 所列。当边长 CD 小于 20 m 时，经纬仪需在 C 点对中进行三次观测，取其平均值为最后结果。观测工作要井上、下同时进行，照准部位应高于钢丝与重砣连接处 0.5 m 以上。当连接点 C 处不设固定点时，连接角测量应独立进行两次。

表 13-10　　定向测量水平角观测技术要求

仪器类型	观测方法	测回数	归零差/(″)	测角中误差/(″)	同一方向测回互差	
					一次对中各测回互差/(″)	两次以上对中各测回互差/(″)
J_2	全圆法	3	15	7	15	45
J_6	全圆法	6	30	7	30	60

注：观测方向不多于 3 个时可以不归零。使用前应检查并调整两倍照准差（$2c$ 值），其绝对值不应超过 $2'$。

③ 量边

如图 13-4 所示，量边包括井上，BC、AC、AB（即 a、b、c）边；井下，$B'C'$、$A'C'$、$A'B'$边（即 a'、b'、c'）。

边长丈量应采用经过检定的钢尺，施以检定时的拉力，并记录温度。每边丈量四次，每次丈量后，应将钢尺移动 2～3 cm。每次丈量长度的互差不应大于 2 mm。满足要求后，取其平均值为最后结果。

(3) 一井定向的内业

在内业计算之前，应对外业测量记录进行检查。经检查无误后，再开始计算。

内业计算包括连接三角形中 α、β 角的计算及其检核，以及井下导线起始点的坐标计算。

① 连接三角形中，α 和 β 角的计算是根据正弦定理，按式(13-2)计算的。

$$\left.\begin{aligned} \sin\alpha &= \frac{a}{c}\sin\gamma \\ \sin\beta &= \frac{b}{c}\sin\gamma \end{aligned}\right\} \tag{13-2}$$

实际计算时，由于连接三角形的图形不同，其计算精度会受到影响，因此需要采用下列不同的计算方法。

当 $\gamma<2°$ 时，因小角的正弦可以用其弧度来代替，α、β 角的计算采用下列近似公式

$$\left.\begin{aligned} \alpha &= \frac{a}{c}\gamma \\ \beta &= \frac{b}{c}\gamma \end{aligned}\right\} \tag{13-3}$$

当 $2°<\gamma<20°$ 时，仍按公式(13-2)计算。

当 $\gamma>20°$ 时，可以按公式(13-4)进行计算

$$\begin{aligned} \tan\frac{\alpha}{2} &= \sqrt{\frac{(p-b)(p-c)}{p(p-a)}} \\ \tan\frac{\beta}{2} &= \sqrt{\frac{(p-a)(p-c)}{p(p-a)}} \end{aligned} \tag{13-4}$$

式中，$p=(a+c+b)/2$。

② 连接三角形的检核方法如下：

当 $\gamma<20°$ 时，检核计算公式为

$$c_{计}^2 = a^2 + b^2 + 2ab\cos\gamma \tag{13-5}$$

边长 c 的计算值与测量值之差：井上≤2 mm；井下≤4 mm。

当 $\gamma>20°$ 时，检核计算公式为

$$\tan\frac{\gamma}{2} = \sqrt{\frac{(p-a)(p-b)}{p(p-c)}} \tag{13-6}$$

$$\alpha+\beta+\gamma-180° \leqslant 1'30''$$

③ 坐标计算：由地面控制点 D 起，按导线形式选择一条推算路线，其中包括地面连接点、垂线点、井下连接点以及井下导线起始点。计算方法同第六章经纬仪导线计算，此处不再赘述。

一井定向应独立进行两次，其计算结果应满足井下导线起始边方位角的较差不应超过 2′。当定向条件困难，或矿井一侧巷道长度小于 700 m 时，在满足采矿工程需要的前提下，其较差可以放宽到 4′。

2. 两井定向

(1) 概述

当矿井有两个竖井，且在定向水平有巷道相通，并能进行测量时，就要采用两井定向方法测量。两井定向是在两个井筒内各放一根钢丝，并悬挂重锤，通过地面和井下导线将它们连接起来，从而把地面坐标系统中的平面坐标和方向传递到井下。

两井定向的外业测量与一井定向类似，包括投点、地面和井下连接测量。在两井定向时，每个井筒中只悬挂一根钢丝，这就使投点工作更为方便且缩短了占用井筒的时间。同时两井定向与一井定向相比，两根钢丝间的距离大大增加，从而使投向误差显著减小。因此，条件允许时，应尽量考虑使用两井定向。两井定向的井上、井下连接测量的示意图如图 13-6所示。

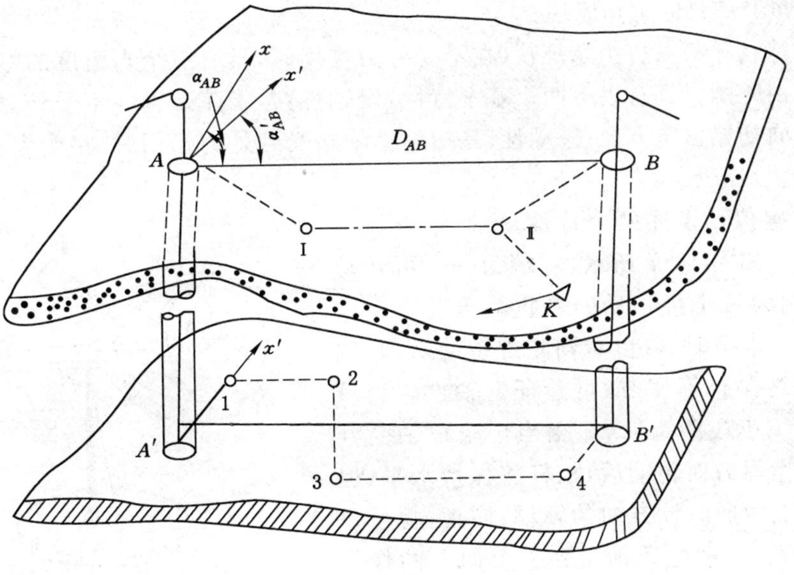

图 13-6　两井定向原理

由于两井定向时，两根钢丝间不能直接通视，而是通过导线连接起来的，因此，在连接测量时必须测出井上、井下导线各边的边长及其连接水平角；同时在内业计算时，必须采用假定坐标系。

(2) 两井定向的内业

① 根据地面连接测量的成果，按照导线的计算方法，计算出地面 A、B 两钢丝的坐标 (x_A, y_A)、(x_B, y_B)。

② 计算 A、B 两钢丝的连线在地面坐标系统中的方位角 α_{AB}。

$$\tan\alpha_{AB} = \frac{y_B - y_A}{x_B - x_A} \tag{13-7}$$

③ 以井下导线起始边 $A'1$ 为 x' 轴，A 点为坐标原点建立假定坐标系统，计算井下导线各连接点在此假定坐标系统中的平面坐标，设 B 点的假定坐标为 (x'_B, y'_B)。

④ 计算 A、B 连线在假定坐标系统中的方位角 α'_{AB}。

$$\tan\alpha'_{AB} = \frac{y'_B - y'_A}{x'_B - x'_A} = \frac{y'_B}{x'_B} \tag{13-8}$$

⑤ 计算井下起始边在地面坐标系统中的方位角 α_{A1}。

$$\alpha_{A1} = \alpha_{AB} = \alpha'_{AB} \tag{13-9}$$

⑥ 根据 A 点的坐标 (x_A, y_A) 和计算出的 $A1$ 边的方位角 α_{A1}，计算出井下导线各点在地面平面直角坐标系统中的坐标和方位角。

按相关规程规定，两井定向必须独立进行两次，两次求得的起始边方位角互差不得超过 $1'$，若满足此条件，则取两次结果的平均值作为最终定向成果。

(二) 陀螺定向

陀螺定向是一种物理定向方法，它运用陀螺经纬仪直接测定井下未知边的方位角。它克服了运用几何定向方法进行联系测量时占用井筒时间长、工作组织复杂等缺点，目前已广泛应用于矿井联系测量中，便于控制井下导线方向误差的积累。

(1) 陀螺经纬仪的工作原理

陀螺经纬仪是根据自由陀螺仪(在不受外力作用时，具有三个自由度的陀螺仪)的原理制成的。自由陀螺仪具有以下两个基本特性：定轴性，是指陀螺轴在不受外力作用时，它的方向始终指向初始恒定方向；进动性，是指陀螺轴在受到外力作用时，将产生非常重要的效应——“进动”。

自由陀螺仪的上述两个特性，可通过以下实验予以证明。如图 13-7 所示，左端为一个可转动的陀螺，右端为一个可移动的悬重。当调节悬重的位置使杠杆水平时，可以看到陀螺转动后，其轴线的方向始终保持不变，即可验证定轴性。当悬重向左移动一小段距离后，即相当于陀螺轴受到一个向下的作用力而转动后，杠杆将保持水平，但将在水平面上做逆时针方向的转动；同理，将悬重右移一小段距离，即陀螺轴受到一个向上的作用力而转动后，杠杆仍保持水平，但将在水平面上做

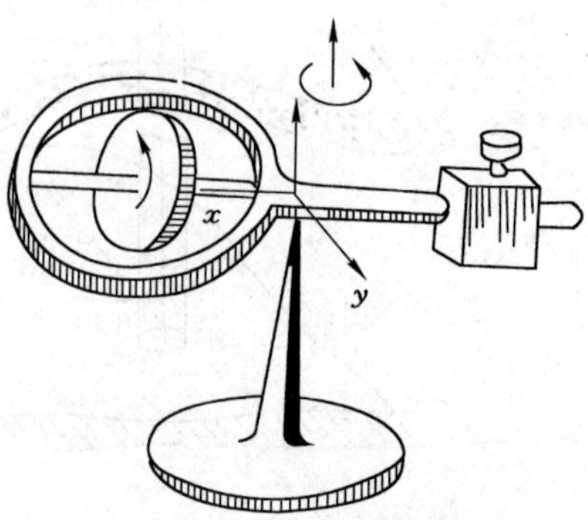

图 13-7 杠杆式陀螺仪

顺时针方向的转动，这样即可验证自由陀螺仪的进动性。

目前，常用的陀螺仪是采用两个完全自由度和一个不完全自由度的钟摆式陀螺仪。它是根据陀螺仪的定轴性和进动性，并考虑陀螺仪对地球自转的相对运动，以及陀螺轴在测站子午线附近做简谐摆动的原理制成的。

(2) 矿用陀螺经纬仪的基本结构

陀螺经纬仪是陀螺仪和经纬仪组合而成的定向仪器，根据连接形式不同分为上架式陀螺经纬仪和下架式陀螺经纬仪两大类。上架式陀螺经纬仪即陀螺仪安放在经纬仪之上，下架式陀螺经纬仪即陀螺仪安放在经纬仪之下。

现在常用的矿用陀螺经纬仪大都是上架式陀螺经纬仪。这里以 JT-15 型陀螺经纬仪为例来说明陀螺经纬仪的基本结构。

JT-15 型陀螺经纬仪是将陀螺仪安放在 6″级经纬仪之上而构成的，陀螺仪的部分基本结构如图 13-8 所示。

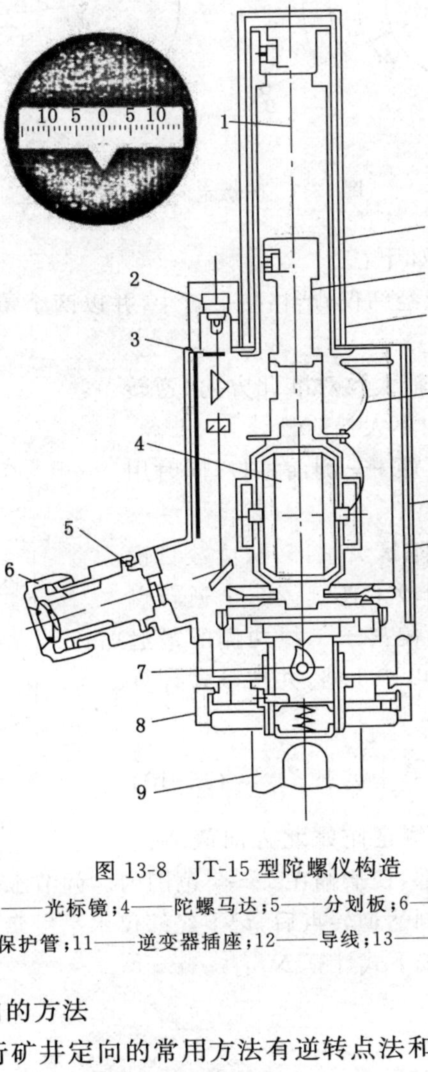

图 13-8 JT-15 型陀螺仪构造

1——悬挂带；2——光源；3——光标镜；4——陀螺马达；5——分划板；6——目镜；7——凸轮；8——限幅盘；9——连接支架；10——上部保护管；11——逆变器插座；12——导线；13——磁屏蔽；14——支架；15——悬挂柱

(3) 陀螺经纬仪定向的方法

运用陀螺经纬仪进行矿井定向的常用方法有逆转点法和中天法两种。它们间的主要区别是在测定陀螺北方向时，逆转点法的仪器照准部处于跟踪状态，而中天法的仪器照准部是固定不动的。本书以逆转点法为例来说明测定井下未知边方位角的全过程。

① 在地面已知边上采用 2～3 个测回测定仪器常数 $\Delta_{前}$。由于仪器加工等多方面的原因，实际中的陀螺轴的平衡位置往往与测站真子午线的方向不重合，它们之间的夹角我们称之为陀螺经纬仪的仪器常数并用 Δ 表示，如图 13-9 所示。在地面已知边上测定 Δ，关键是要测定已知边的陀螺方位角 $T_{AB陀}$，如图 13-9(a)所示。

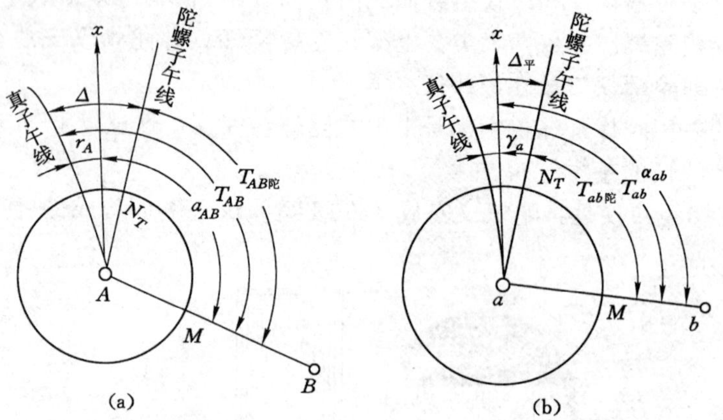

图 13-9　陀螺定向示意图

测定 $T_{AB陀}$ 的方法和步骤如下：

第一步，在 A 点安置陀螺经纬仪，严格整平对中，并以两个镜位观测测线方向 AB 的方向值——测前方向值 M_1。

第二步，将经纬仪的视准轴大致对准北方向（逆转点法要求偏离陀螺子午线方向不大于 60′）。

第三步，测量悬挂带零位置——测前零位，同时用秒表测定陀螺摆动周期。

测定零位的方法是：下放陀螺灵敏部，从读数目镜中观测灵敏部的摆动，在分划板上连续读三个逆转点（即陀螺轴围绕子午线摆动时偏离子午线两侧的最远位置）的读数（图13-10），估读以 0.1 格，并按下式计算零位：

$$L=\frac{1}{2}\left(\frac{a_1+a_3}{2}+a_2\right) \tag{13-10}$$

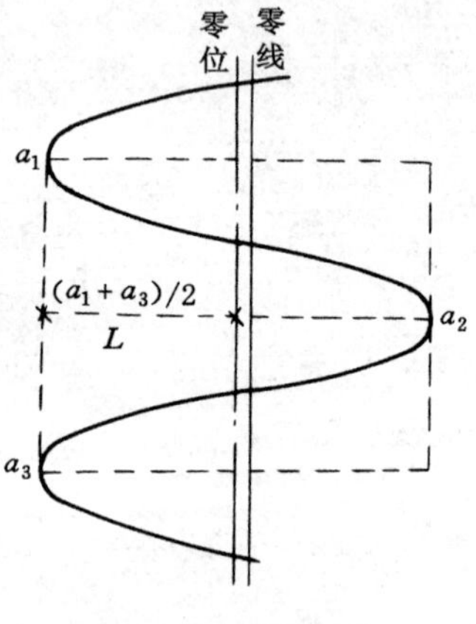

图 13-10　零位观测

第四步，用逆转点法精确测定陀螺北方向值 N_T。启动陀螺马达，缓慢下放灵敏部，使摆幅在 1°～3°范围内。调节水平微动螺旋使光标像与分划板零刻度线随时保持重合，到达逆转点后，记下经纬仪水平度盘读数。连续记录 5 个逆转点的读数 u_1、u_2、u_3、u_4、u_5，并按下式计算 N_T：

$$\left.\begin{aligned} N_1 &= \frac{1}{2}\left(\frac{u_1+u_3}{2}+u_2\right) \\ N_2 &= \frac{1}{2}\left(\frac{u_2+u_4}{2}+u_3\right) \\ N_3 &= \frac{1}{2}\left(\frac{u_3+u_5}{2}+u_4\right) \\ N_T &= \frac{1}{3}(N_1+N_2+N_3) \end{aligned}\right\} \tag{13-11}$$

第五步：进行测后零位观测，方法同测前零位观测。

第六步，以两个镜位测定 AB 边的方向值——测后方向值 M_2。

第七步，计算 $T_{AB陀}$：

$$T_{AB陀} = \frac{M_1+M_2}{2} - N_T \tag{13-12}$$

于是可得：

$$\Delta_{前} = T_{AB} - T_{AB陀} = \alpha_{AB} + \gamma_A - T_{AB陀} \tag{13-13}$$

② 在井下定向边上采用两测回测定陀螺方位角 $T_{AB陀}$，如图 13-9(b)所示。

③ 返回地面后，及时再在已知边 AB 上测定仪器常数 $\Delta_{后}$。

④ 计算井下未知边的坐标方位角 α_{ab}，如图 13-9(b)所示。α_{ab} 的计算公式如下：

$$\alpha_{ab} = T_{AB陀} + \Delta_{平} - \gamma_a, \quad \Delta_{平} = \frac{\Delta_{前}+\Delta_{后}}{2} \tag{13-14}$$

式中　γ_a——a 点的子午线的收敛角。

采用逆转点法进行陀螺定向时，测定仪器常数的记录格式和计算方法如表 13-11 所示；测定井下未知边方位角的计算方法如表 13-12 所示。

表 13-11　　陀螺经纬仪定向记录(逆转点法)(井上)

测线名称：基 5—基 6　　　　记录者：

仪器号：JT15-79563　　观测者：　　日期：

	左方	中值	右方
逆转点读数	1°15.0′		
	(1°14.1′)	0°00.35′	358°46.6′
	1°13.2′	0°00.38′	(358°47.55′)
	(1°12.25′)	0°00.38′	358°48.5′
	1°11.3′		
	平均值	0°00.37′	
	周期	8 min 38 s	

测前零位			测后零位		
左方	中值	右方	左方	中值	右方
+1.25					−1.86
(+1.245)	−0.178	−1.60	+1.50	−0.178	(−1.855)
+1.24					−1.85
周期	38.0 s		周期	38.1 s	

续表 13-11

				附注
测线方向	正镜	4°25.5′	4°25.6′	
	倒镜	184°25.2′	184°25.3′	
	平均	4°25.35′	4°25.45′	天气：
计算	测线方向值	4°25′24″		气温：
	陀螺北方向值	0°00′22.2″		风力：
	零位改正数			振动：
	陀螺方位角	4°25′0.18″		开始时间：
	仪器常数	+4′44.4″		启动时间：
	地理方位角	4°29′46.2″		制动时间：
	收敛角	+4′13.2″		停止时间：
	坐标方位角	4°29′33″		运转时间：

表 13-12　陀螺经纬仪定向记录(逆转点法)(井下)

测绘名称：车 1—车 2　　　　记录者：

仪器号：JT15-79503　　　观测者：　　　日期：

	左方	中值	右方
逆转点读数	358°36.7′		
	(358°38.0′)	359°59.505′	1°21.0′
	358°39.3′	359°59.52′	(1°19.75′)
	(358°40.35′)	359°59.42′	1°18.5′
	358°41.4′		
	平均值	359°59.48′	
	周期	8 min 38 s	

测前零位			测后零位		
左方	中值	右方	左方	中值	右方
+0.40					−0.50
(+0.385)	−0.175	−0.73	+0.15	−0.175	(−0.50)
+0.35					−0.50
周期	38.0 s		周期	38.0 s	

				附注
测线方向	正镜	184°42.6′	184°42.5′	
	倒镜	4°42.5′	4°42.5′	
	平均	184°4.55′	184°42.5′	天气：
计算	测线方向值	184°42′31.2″		气温：
	陀螺北方向值	359°59′28.8″		风力：
	零位改正数			振动：
	陀螺方位角	194°43′20.4″		开始时间：
	仪器常数	+4′49.3″		启动时间：
	地理方位角	184°47′51.7″		制动时间：
	收敛角	+4′32.4″		停止时间：
	坐标方位角	184°43′19.3″		运转时间： 陀城矿北翼大巷

二、高程联系测量

高程联系测量又称导入标高，其目的是建立井上、井下统一的高程坐标系统。采用平硐或斜井开拓的矿井，高程联系测量可采用水准测量或三角高程测量，将地面水准点的高程传递到井下。采用竖井开拓的矿井则需采用专门的方法来传递高程，常用竖井导入标高的方法，有钢尺法、钢丝法和光电测距法。

钢尺法和钢丝法导入标高的原理基本相似，只是钢尺法采用的是经过比长的钢尺，只需直接加上其测量值的各项改正数即可得到其长度；而钢丝法则需要在地面通过专门的设备或仪器测量其长度。本书以钢丝法和光电测距仪法为例来说明导入标高的过程。

（一）钢丝法导入标高

采用钢丝法导入标高时，首先应在井筒中悬挂一根钢丝，在钢丝下端悬以重锤，使其处于自由悬挂状态(图 13-11)；然后，在井上、井下同时用水准仪测得 A、B 处水准尺上的读数 a 和 b，并用水准仪瞄准钢丝，在钢丝上做标记。变换仪器高再测一次，若两次测得的井上、井下高程基点与钢丝上相应标志间的高差互差不超过 4 mm，则可取其平均值作为最终结果。最后，可通过在地面建立的比长台用钢尺往返分段测量出钢丝上两标记间的长度，且往返测量的长度互差不得超过 $L/8\ 000$(L 为钢丝上两标志间的长度)。

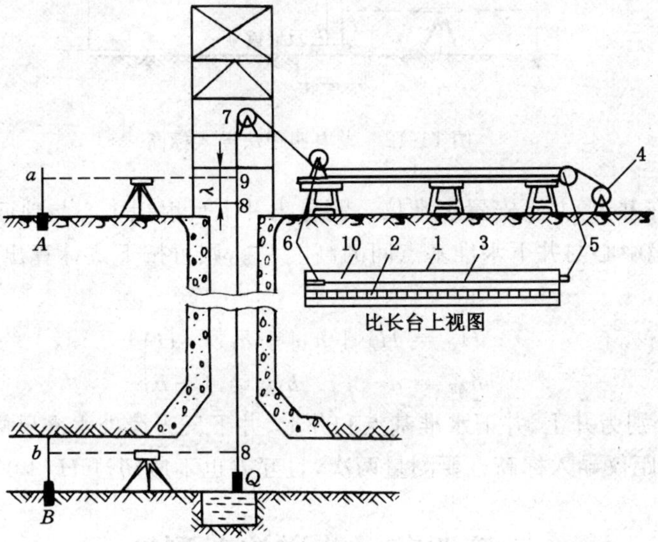

图 13-11　钢丝法导入标高

1——比长台；2——检验过的钢尺；3——钢丝；4——手摇绞车；5、6——小滑轮；7——导向滑轮；8、9——标线夹；10——比长台

这样，井下水准基点 B 的高程 H_B 可以通过下式求得：

$$H_B = H_A - L + (a - b) \tag{13-15}$$

（二）光电测距仪导入标高

运用光电测距仪导入标高，不仅精度高，而且缩短了井筒占用时间，因此是一种值得推广的导入标高方法。

如图 13-12 所示，光电测距仪导入标高的基本方法是：在井口附近的地面上安置光电测距仪，在井口和井底分别安置反射镜；井上的反射镜与水平面成45°夹角，井下的反射镜处于水平状态；通过光电测距仪分别测量出仪器中心至井上和井下反射镜的距离 l、S，从而计算出井上与井下反射镜中心间的铅垂距离 H。

$$H = S - l + \Delta l \tag{13-16}$$

式中　Δl——光电测距仪的总改正数。

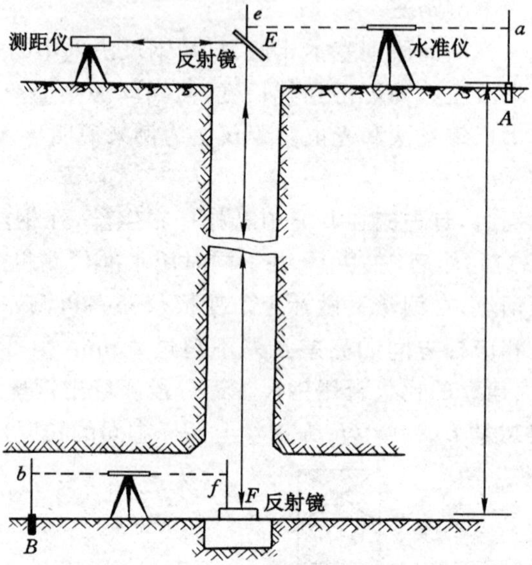

图 13-12　光电测距法导入标高

然后，分别在井上、井下安置水准仪。测量出井上反射镜中心与地面水准基点间的高差 h_{AE} 和井下反射镜中心与井下水准基点间的高差 h_{FB}，则可按下式计算出井下水准基点 B 的高程 H_B。

$$\left.\begin{aligned} H_B &= H_A + h_{AE} + h_{FB} - H \\ h_{AE} &= a - c, \quad h_{FB} = f - b \end{aligned}\right\} \tag{13-17}$$

式中，a、b、e、f 分别为井上、井下水准基点和井上、井下反光镜处水准尺的读数。

运用光电测距仪导入标高也要测量两次，且互差也不应超过 $H/8\,000$。

第四节　巷道施工测量

巷道施工测量的任务是按照矿井设计的规定和要求，在现场实地标定掘进巷道的几何要素（位置、方向和坡度等），并在巷道掘进过程中及时进行检查和校正。通常将这项工作称为给向，或称为给中腰线。

一、中线的标定

（一）概述

为了指示巷道在水平面内的方向，需要标定巷道的几何中心线在水平面上投影的方向即中线方向。在主要巷道中，中线应采用经纬仪标定，在采区次要巷道中可采用罗盘仪等精度较低的仪器标定中线。

中线点应成组设置，每组不得少于 3 个点，相邻两点间的距离一般不应小于 2 m。在巷道掘进过程中，中线点应随掘随给，最前面的一组中线点距掘进头的距离，一般不应超过 30～40 m。

（二）标定巷道中线

标定巷道中线的步骤如下：

(1) 检查设计图纸，主要检查的内容包括：巷道间的几何关系是否符合实际情况，标注的角度和距离是否与设计图一致等。

(2) 确定标定中线时所必需的几何要素。

(3) 标定巷道的开切点和方向。

(4) 随着巷道的掘进及时延伸中线。

(5) 在巷道掘进过程中，随时检查和校正中线的方向。

（三）巷道开切时的标定方法

巷道开切时的标定工作主要包括标定开切点的位置和初步给出巷道的掘进方向两项内容。在图 13-13(a)中，如果从已掘巷道中的 A 点沿虚线开掘一条新巷道，标定的方法如下：

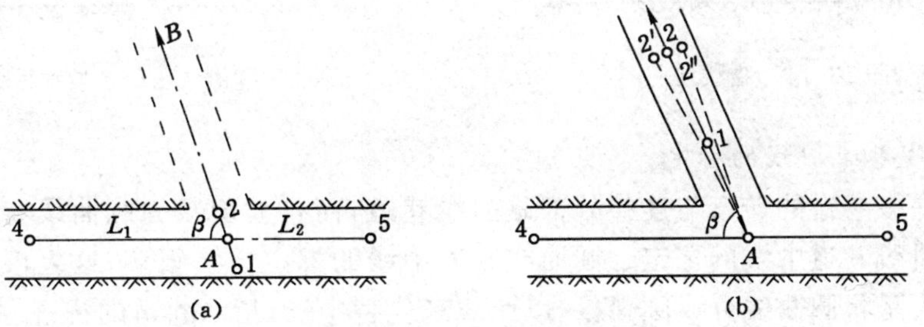

图 13-13 巷道中线的标定

(1) 从设计图上量取 A 点至已知中线点 4、5 的距离 L_1、L_2，并检查 L_1+L_2 是否与 4、5 点间的距离相符，以此检核，同时量取巷道的转向角 β。

(2) 在 4 点安置经纬仪，瞄准点 5，并沿此方向，由点 4 量取 L_1，即可得到点 A 的位置，将之标定于顶板上，然后再量取点 A 至点 5 的距离作检核。

(3) 在点 A 安置经纬仪，后视点 4，用正镜位置给出 β 角，此时，望远镜所指方向即为新开掘巷道的中线方向。在此方向上标出点 2，倒转望远镜，标出点 1，则点 1、A、2 组成一组中线点。

此外，也可用罗盘仪来标定巷道的开切方向。

（四）巷道中线的标定

巷道开切后，最初标定的中线点很容易遭到破坏。当掘进到 4～8 m 时，应检查或重新标定中线。简易的检查方法是看一组中线的三个点是否在一条直线上。重新标定一组中线点时，如图 13-13(b)所示，首先应检查 A 点是否移动，若 A 点已移动应重新标定。当确定 A 点没有移动时，在 A 点安置经纬仪，分别用正、倒两个镜位按 β 角给出 $2'$ 和 $2''$ 点，$2'$ 和 $2''$ 往往是不重合的，这时可取 $2'$ 和 $2''$ 的中点 2 作为中线点。为了检查，还应测定水平角 $\angle 4A2$ 与 β 角比较作检核。经检查确认无误，再瞄准点 2，在点 A 与点 2 中间再标定一个中线点 1。这样，点 A、1、2 就组成了一组中线点。

用一组中线点可指示直线巷道掘进 30～40 m。在由一组中线点到下一组中线点的巷道掘进过程中，可采用瞄线法或拉线法来指示巷道的掘进方向。

1. 瞄线法

如图 13-14 所示，瞄线法是在中线点 1、点 2、点 3 上分别悬挂垂球，测量人员站在中线点 1 后，沿中线方向瞄视，指挥另一测量人员在掘进头移动矿灯的位置，使矿灯正好位于这组中线点的延长线上。此时，矿灯的位置就是巷道中线的位置。

2. 拉线法

如图 13-15 所示，拉线法是在一组中线点 1、点 2、点 3 上分别悬挂垂球后，将细绳的一端系在中线点 l 的垂球线上，另一端拉向掘进头，使细绳与点 2、点 3 处的垂球线相切，这时绳的端点位置即为巷道中线的位置。

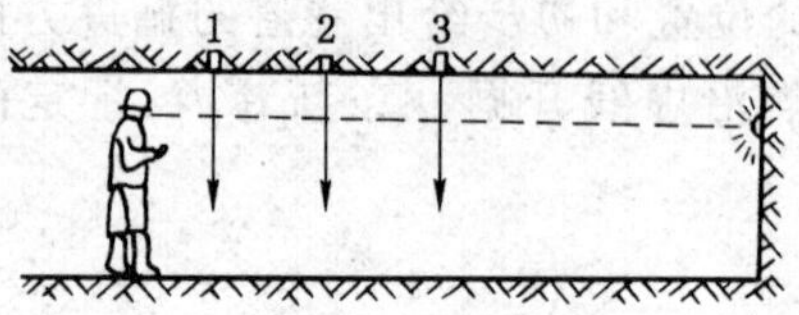

图 13-14 瞄线法

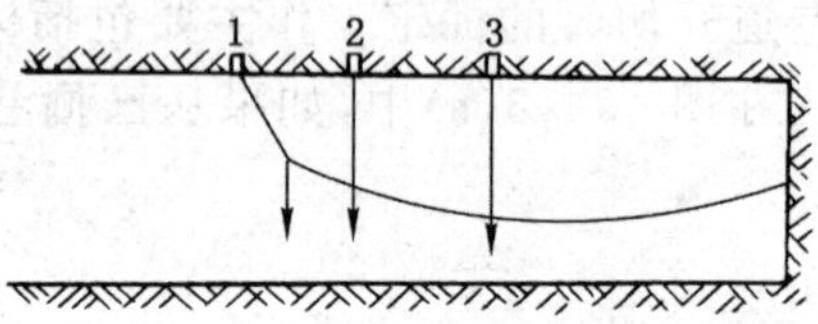

图 13-15 拉线法

（五）曲线巷道中线的标定

井下有许多巷道的转弯与连接处都是曲线巷道，而且大多数为圆曲线巷道，因此，本书主要介绍圆曲线巷道中线的标定。圆曲线巷道中线的标定方法很多，这里仅介绍常用的弦线法。弦线法是将圆曲线分成圆弧段，以弦线来代替中线，指示巷道的掘进方向。它的标定方法和步骤大致与直线巷道类似，下面予以简要叙述。

首先根据圆曲线的设计要素，如图 13-16 中的曲线起点 A、终点 B，曲线半径 R，中心角 α 及将曲线等分的段数 n，计算标定要素。弦的长度 l，起点和终点的转角 β_A、β_B 以及中间点的转角 β_i 的计算公式如下：

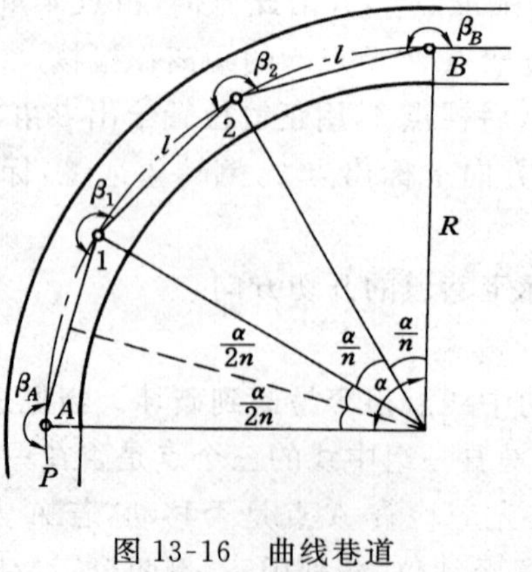

图 13-16 曲线巷道

$$\left.\begin{aligned} l &= 2R\sin\frac{a}{2n} \\ \beta_A &= \beta_B = 180^\circ + \frac{a}{2n} \\ \beta_1 &= \beta_2 = 180^\circ + \frac{a}{n} \end{aligned}\right\} \tag{13-18}$$

然后进行现场标定。在起点 A 安置经纬仪(图 13-17),后视直线巷道中的中线点 P,按转角 β_A,给出弦线 $A1$ 的方向。但由于前面巷道尚未开掘,只能倒转望远镜在其反方向上标设中线点 D、C。这样 C、D、A 三点即组成一组中线点。用它指示巷道掘进到 1 点后,丈量弦长 l,精确标定 1 点,就可按与上述方法继续给出下一弧段的中线。

为了便于指导巷道掘进施工,还应绘制比例尺 1∶50 或 1∶100 的曲线巷道施工大样图。按垂直于弦线的方向或沿径方向标注出巷道两帮至弦线的距离(图 13-18)。

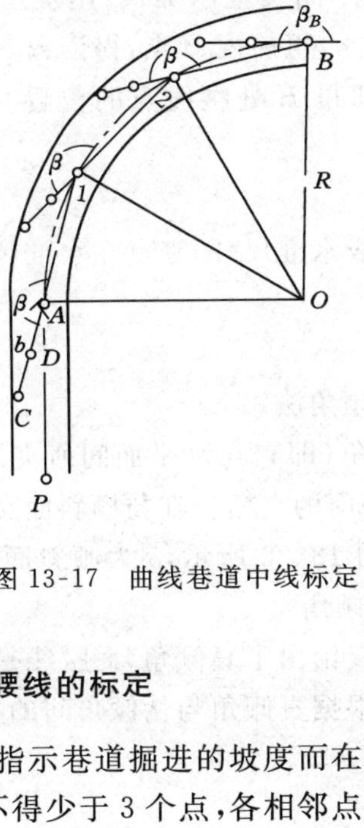

图 13-17　曲线巷道中线标定

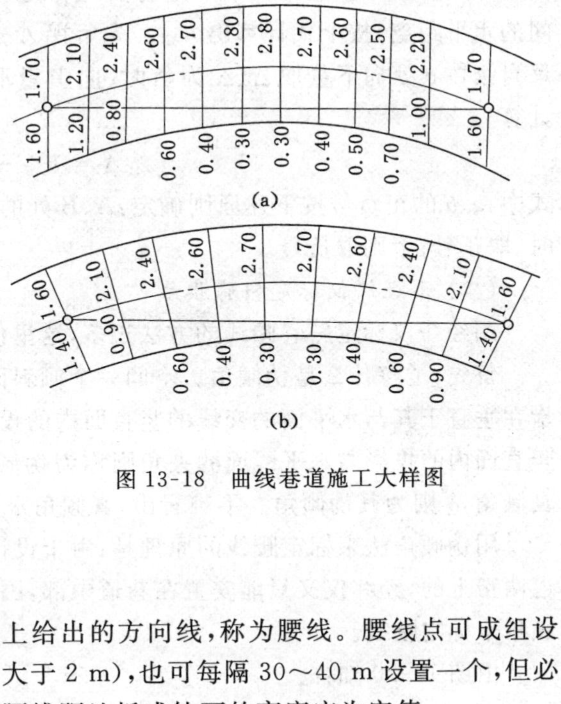

图 13-18　曲线巷道施工大样图

二、腰线的标定

为了指示巷道掘进的坡度而在巷道两帮上给出的方向线,称为腰线。腰线点可成组设置(每组不得少于 3 个点,各相邻点的间距应大于 2 m),也可每隔 30～40 m 设置一个,但必须在巷道两帮上画出腰线,且对于一个矿井,腰线距地板或轨面的高度应为定值。

腰线可用水准仪、经纬仪或半圆仪等来标定。新开掘的巷道掘进到 4～8 m 时,也应检查或重新标定腰线点。巷道掘进时,最前面的腰线点距掘进头的距离不宜大于 30～40 m。

主要运输巷道的腰线应用水准仪、经纬仪或连通管水准器来标定,次要巷道的腰线可用悬挂半圆仪等标定。急倾斜巷道的腰线应尽量用经纬仪来标定,短距离时,也可用悬挂半圆仪等来标定。下面以常用的水准仪标定平巷腰线和用经纬仪标定倾斜巷道的腰线为例,来说明腰线的标定方法。

(一) 用水准仪标定平巷腰线

所谓平巷,并非绝对水平的巷道,一般情况下,坡度小于 8°的巷道,均视为水平巷道。在主要水平巷道中,常常都是用水准仪来标定腰线。如图 13-19 所示,首先根据已知腰线点和设计坡度,计算下一个腰线点 B 与已知腰线点 A 间的高差 h_{AB}

$$h_{AB} = L \times i \tag{13-19}$$

式中 L——A、B 间的水平距离；

h_{AB}——巷道的设计坡度。

h_{AB}的正负号与 i 的正负号相同，巷道上坡时为正，下坡时为负。

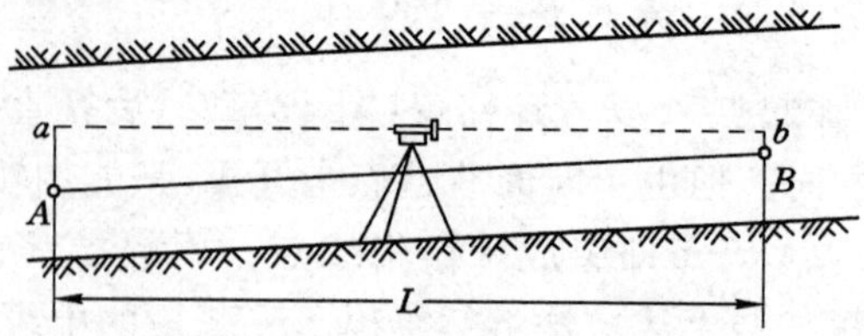

图 13-19 水准仪标定平巷腰线

下一步就是根据计算结果进行实地标定。在 A、B 中间安置水准仪，用皮尺丈量 A、B 间的水平距离，按上式计算出 h_{AB}。先后视 A 点，得读数 a，再前视 B 点，得读数 b，并用小钢尺自读数 b 处向下量取 Δ（Δ 为负时，向上量取 $|\Delta|$），即得 B 处腰线点的位置。Δ 按下式计算

$$\Delta = h_{AB} - (a - b)$$

式中，a、b 的正负号按下述原则确定：A、B 处的小钢尺（或水准尺）的零点在水准仪视线之上时，取正号；否则取负号。

（二）用经纬仪标定斜巷腰线

用经纬仪标定斜巷腰线的方法很多，这里仅介绍伪倾角法。

首先，了解什么是伪倾角。空间一个倾斜面的真倾角（即它与水平面间所夹二面角）是指在垂直于其与水平面的交线的竖直面内的投影与水平面的夹角。在与倾斜面交线斜交的竖直面内的投影与水平线面的夹角则称为伪倾角。如图 13-20 所示，δ 为倾斜面 $CDEF$ 的真倾角，δ' 则为其伪倾角。不难看出，真倾角永远大于伪倾角。

用伪倾角法来标定腰线的原理是：由于设计巷道时仅给出了真倾角，而腰线是标定在巷道两帮上的，经纬仪又只能安置在巷道中部，因此，只能根据真倾角与伪倾角间的关系，按伪倾角来标定腰线。

由图 13-20 知：

$$\tan \delta = \frac{BB'}{AA'}$$

$$\tan \delta' = \frac{CC'}{AC'}$$

$$BB' = CC'$$

$$AB' = AC' \cdot \cos \beta$$

所以

$$\tan \delta' = \cos \beta \cdot \tan \delta$$

有了上述关系式，我们就可根据真倾角 δ 和两个竖直面间所夹角的水平角 β，计算出伪倾角 δ'，从而标定腰线点的位置。

在实地标设时，如图 13-21 所示，将经纬仪安置在中线点 B 下，后视中线点 A，将水平

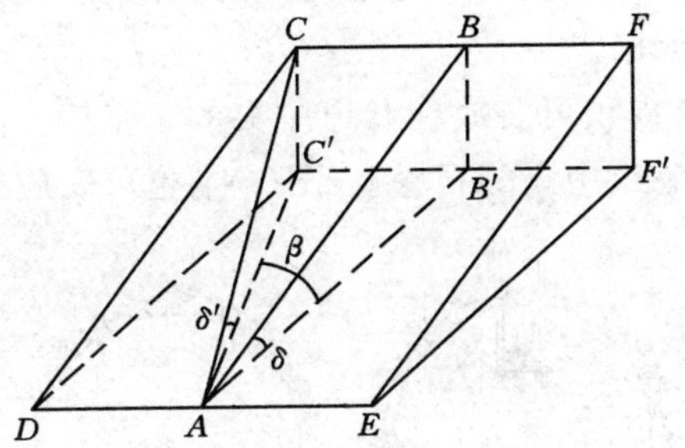

图 13-20 伪倾角法原理

度盘读数调至 0°00′00″,转动照准部,瞄准 A 点附近的腰线点 1 读取水平度盘读数即水平角 β_1。按伪倾角与真倾角间的关系式,计算出伪倾角 δ'_1。并将望远镜竖盘位置准确调至竖直角 δ'_1,在 1 点上或下做一记号,用小钢尺量取腰线点 1 至记号的垂直距离 b。然后,将望远镜瞄准前面一个中线点 C,读取水平度盘读数,再转动照准部,瞄准欲标设的腰线点 2,根据水平度盘读数计算出望远镜转动的水平角 β_2,并按照上述同样的方法,计算出伪倾角 δ'_2。将望远镜的倾角调至 δ'_2,再由此向上或向下量取垂直距离 b,并做上标记,即得腰线点 2。

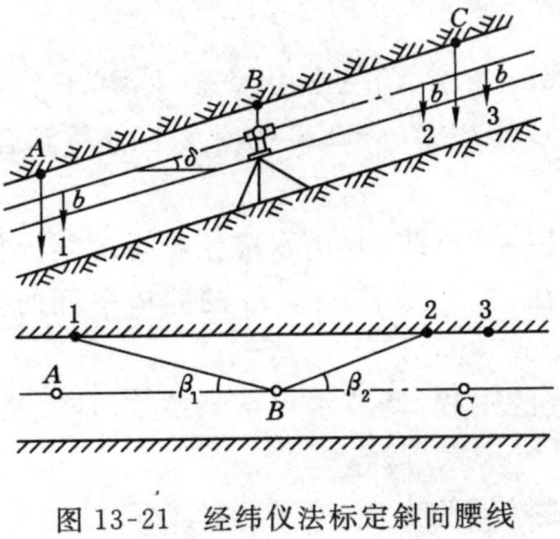

图 13-21 经纬仪法标定斜向腰线

用伪倾角法标定腰线时,可同时标定中线。

三、激光给向

(一) 概述

激光指向仪是利用激光器产生的光源进行指向的仪器。由于激光具有方向性强、单色性好和亮度高等许多优点,因此成为理想的光学仪器光源。运用激光指向仪指示巷道的掘进方向,具有占用巷道时间短、效率高、中线和腰线一次给定等许多优点,目前已广泛应用在各类矿山中。

矿用激光指向仪主要由激光器、光学系统、防爆壳体和悬挂调节机构等部件组成。激光器产生激光光源,经过光学系统聚焦,使激光束更集中地发射;防爆壳体是用铝合金制成的用来隔爆的外壳;悬挂调节机构是用来安置和调整光线方向的。

（二）激光指向仪的安置

每次使用激光指向仪前，首先应对激光指向仪的电源、发光情况以及各调节机构进行检查。检查合格后，方可用其给向。

如图 13-22 所示，激光指向仪可安放在巷道中央的工字钢上[图(a)]，或安放在用四根锚杆固定的框架上[图(b)]，或巷道中央的石垛上[图(c)]；也可安放在两帮的悬臂架上[图(d)]。

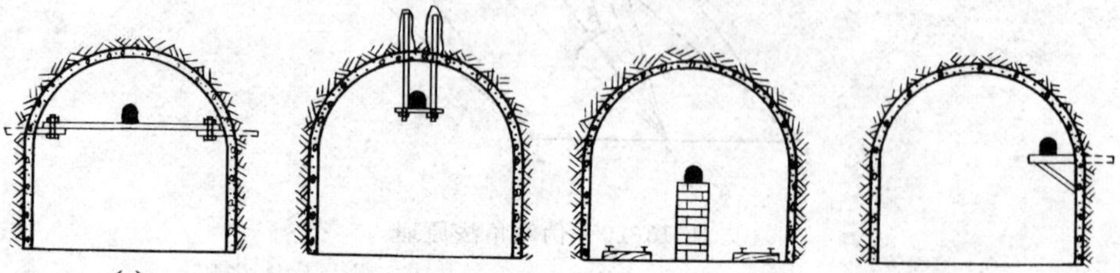

(a)　(b)　(c)　(d)

图 13-22　激光指向仪的安设形式

激光指向仪安置的位置距掘进头应不小于 70 m。若利用它来同时指示巷道中线和腰线时，必须使光束在水平面内位于巷道的中线方向上，在倾斜面内位于巷道的腰线方向上。安置时，必须根据经纬仪和水准仪标定的中线点、腰线点来确定。所用中线点、腰线点一般不应少于 3 个，且各相邻点间的距离应以大于 30 m 为宜。

实地安置步骤如下：

(1) 如图 13-21 所示，选择 A、B、C 三个中线点，其中，B 点距掘进头应大于 70 m，C 接近掘进头，且 C 点和 A 点距 B 点以 30～50 m 为宜。若找不到合适的中线点，应用经纬仪标定。

(2) 在 A、B、C 三点上悬挂垂球线，并用水准仪在垂球线上标出腰线的位置。

(3) 将激光指向仪安置在 B 点之后 3～5 m 的巷道中部的锚杆上，固定后，打开激光指向仪。

(4) 根据 A、B、C 点组成的中线，调节水平微动螺旋，使光束中心准确地通过 B、C 点所挂的垂球线。

(5) 调节垂直方向微动螺旋，使光束中心至 B、C 两处垂球线上腰线位置的距离 d 相等。这样，光束在水平面内的方向即为巷道的中线方向，在倾斜面内的方向即为腰线方向。

运用激光指向仪，一次指示巷道掘进的长度，应根据仪器的性能而定，只要光斑清晰、稳定即可。但是巷道每掘进 100 m，至少应当对中线、腰线进行一次检查测量，并根据检查测量的结果调整中线和腰线。

（三）贯通测量

使掘进井巷按设计要求在预定地点与另一井巷接通的工作，叫作井巷贯通。贯通可分为水平巷道贯通、倾斜巷道贯通、竖井贯通。

贯通测量数据计算包括开切点的坐标及高程、贯通中线的坐标方向角和给向角，贯通巷道的倾角或坡度以及贯通巷道的长度等。

贯通测量数据计算内容因贯通巷道类型及方式不同而不同，今以倾斜巷道贯通为例说明如下。

如图 13-23 所示，在上、下平巷之间要相向贯通三号倾斜巷道，为此，首先布设一条导线

$CDEFG$,测出各点的坐标和高程。A、B 两点为设计倾斜巷道的中线和现有巷道中线的交点,坐标和高程已知。

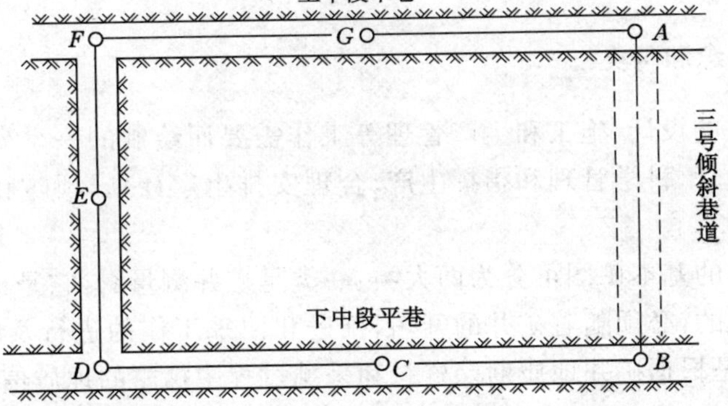

图 13-23 倾斜巷道贯通

(1) A 点标定数据的计算

根据直线所在象限求得 α_{AG},则

$$\alpha_{AG} = \arctan\frac{Y_A - Y_G}{X_A - X_G} \tag{13-20}$$

$$\beta_G = \alpha_{GA} - \alpha_{GF} \tag{13-21}$$

$$D_{GA} = \sqrt{(x_A - x_G)^2 + (y_A - y_G)^2} = \frac{X_A - X_G}{\cos\alpha_{GA}} = \frac{Y_A - Y_G}{\sin\alpha_{GA}} \tag{13-22}$$

(2) 由 A 点开切下山标定数据的计算

$$\alpha_{AB} = \arctan\frac{Y_A - Y_B}{X_A - X_B} \tag{13-23}$$

给向角为:

$$\beta_A = \alpha_{AB} - \alpha_{AG} \tag{13-24}$$

水平距离为:

$$D_{AB} = \sqrt{(x_B - x_A)^2 + (y_B - y_A)^2} = \frac{X_B - X_A}{\cos\alpha_{AB}} = \frac{Y_B - Y_A}{\sin\alpha_{AB}} \tag{13-25}$$

倾斜距离为:

$$D'_{AB} = \sqrt{(x_B - x_A)^2 + (y_B - y_A)^2 + (H_B - H_A)^2} \tag{13-26}$$

坡度为:

$$i_{AB} = \frac{H_B - H_A}{D_{AB}} \tag{13-27}$$

(3) B 点标定数据及开切上山标定的计算

B 点的标定,以及由 B 点开切上山标定数据的计算同 A 点。

相向掘进的两工作面间,应视地质及施工条件,留出相关规程规定之警戒距离,以保证施工安全。贯通后,应立即测量相遇处平面与高程方面的实际偏差值。同时将贯通处导线连测,其闭合差应满足该巷道敷设导线等级的规定精度。

第五节 矿 图

一、矿图的概念和种类

为了满足矿井的设计、施工和生产管理等工作需要而绘制的一系列图纸，统称为矿图。矿图是进行矿井设计、科学管理和指挥生产、合理安排生产计划、预防和治理灾害等必备的基础资料。

生产矿井必备的基本矿图可分为两大类：一类是矿井测量图，它是根据地面和井下实际测量资料绘制而成的，必须随着矿井的开拓、掘进和回采工作的进行及时进行填绘；另一类是矿井地质图，它是根据矿井地质勘探资料和采掘过程中揭露的地质信息而绘制的，是反映矿体及围岩的产状、地质条件、水文地质与矿产品质量等情况的图件。

矿井测量图和矿井地质图有着密切的关系，矿井测量图是绘制矿井地质图的基础，同时矿井测量图又必须根据矿井地质图填绘可靠的地质资料。

在煤矿测量中，规定常用的矿井测量图以下有八种：

(1) 井田区域地形图，比例尺为 1∶2 000 或 1∶5 000；

(2) 工业广场平面图，比例尺为 1∶500 或 1∶1 000；

(3) 井底车场平面图，比例尺为 1∶200 或 1∶500；

(4) 采掘工程(分层)平面图，比例尺为 1∶1 000 或 1∶2 000；

(5) 主要巷道平面图，比例尺 1∶1 000 或 1∶2 000；

(6) 井上、井下对照图，比例尺为 1∶2 000 或 1∶5 000；

(7) 井筒断面图，比例尺为 1∶200 或 1∶500；

(8) 主要保护煤柱图，包括平面图和断面图，比例尺一般与采掘工程平面图一致。

由于冶金矿山矿产赋存状态与采掘方法的不同，其测量图及比例尺与煤矿略有不同，但基本图件还是一致的。此外，生产矿山还有一些用以解决专门问题而测绘的图件，称专用图。

二、井下测量图的投影原理

(一) 巷道平面图

如图 13-24 所示，巷道平面图是以水平面作为投影面，将实际井巷沿铅直方向投影到该面上所绘制的图形。为了反映井巷位置的竖向情况，图上注有各特征点的标高，该图又叫作标高投影图。

如果将巷道平面图按中段水平分层绘制，就叫作中段水平巷道平面图；如果将各中段水平都叠绘在一起，则叫作巷道综合平面图。

根据巷道平面图，可以判断出巷道的位置、方向、坡度、长度，以及巷道间的相互关系。

(二) 巷道纵投影图

如上所述，巷道平面图可以反映出巷道的空间关系，但是，对于倾角较大的矿体或斜巷，沿倾向方向的变形很大，以致使图件的使用不仅不直观，而且很不方便。

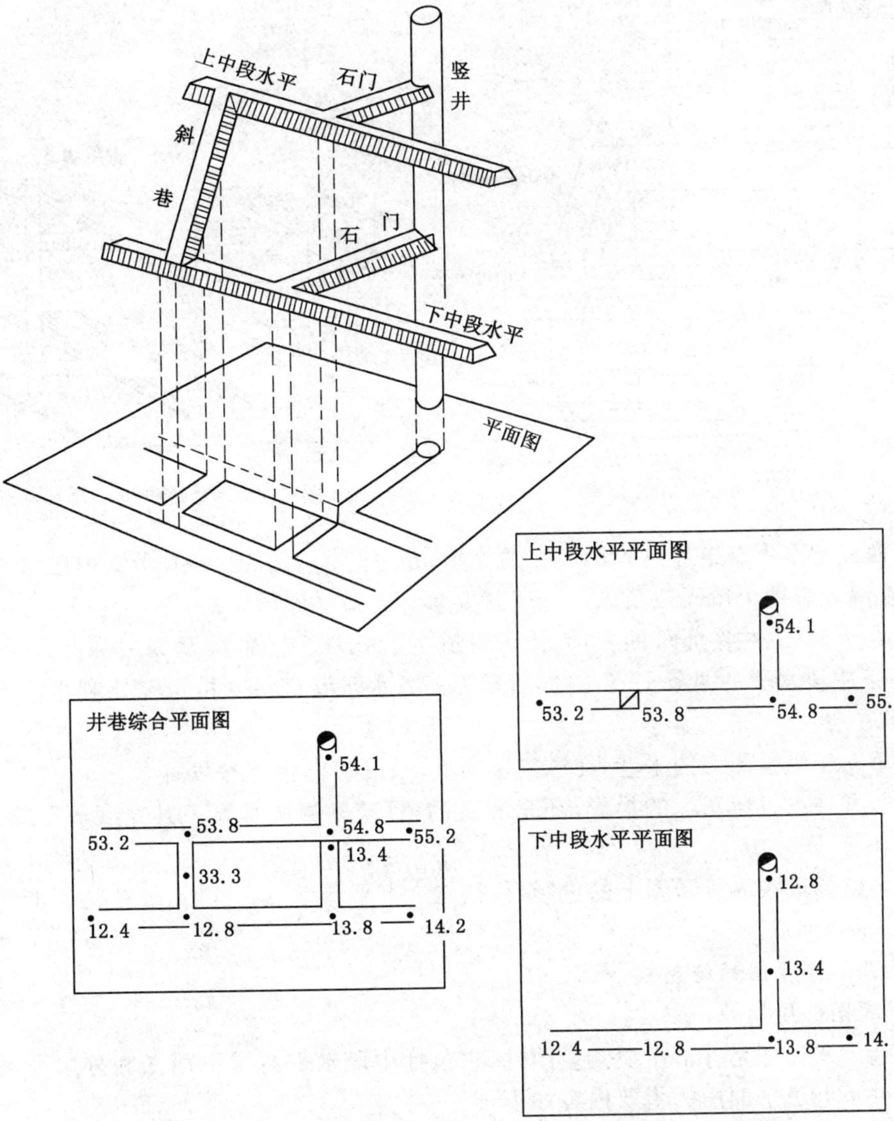

图 13-24　井巷系统及其平面图

如图 13-25 所示，巷道纵投影图是以竖直平面作为投影面，把空间巷道和矿体沿水平方向进行投影而绘制的图形。空间巷道在其上的竖向位置是以标高线表示的，其比例尺一般与巷道平面图的比例尺相同。

将纵投影图与巷道平面图配合使用，可以建立较好的空间概念。若矿体和斜巷倾角较大，它们在巷道平面图上的变形就很大，致使上、下中段平巷几乎挤到一起，倾斜巷道几乎无法辨认。然而，从纵投影图上可看出上、下中段水平和巷道的倾斜状况。

为了不使主要水平巷道在纵投影图上变形，纵投影面一般应和主要水平巷道的走向平行。由于主要水平巷道一般都与矿体走向平行，因此，纵投影面一般也就和矿体的平均走向平行。

纵投影图在绘制与使用上，需要注意以下几点（如图 13-26 所示）。

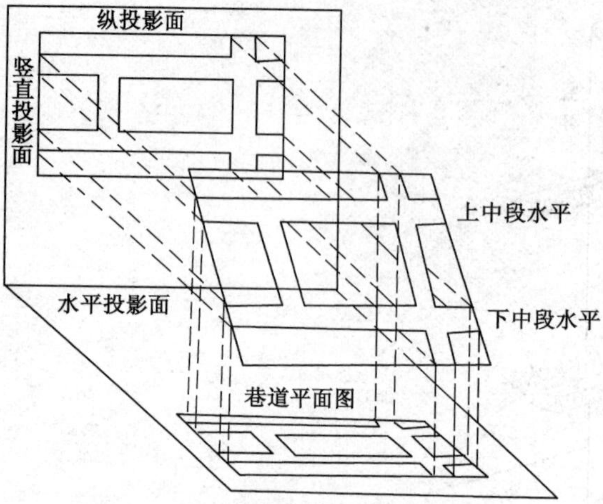

图 13-25 巷道综合投影

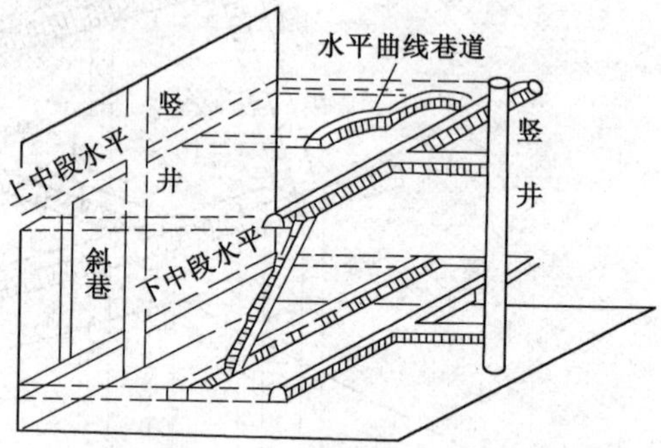

图 13-26 巷道纵投影及其特点

(1) 曲线型水平巷道在纵投影图上的投影,是平直的。如图 3-26 中上中段水平的曲线巷道,它在纵投影图上就无法反映。这时就要参看巷道平面图。

(2) 处于同一水平面内的所有水平巷道,在纵投影上都重叠为一条水平巷道。如图 3-26中下中段水平的两条平巷,投影后成为一条水平巷道,这时,也需要利用巷道平面图加以判断。

(3) 垂直于纵投影面的平巷,在纵投影图上,只反映出巷道的截面。

(4) 竖井在纵投影图上的投影,还是竖直的,且与标高线垂直。其宽度等于竖井直径,井筒深度不变形。

(5) 倾斜巷道在纵投影图上的投影,往往与上下平巷垂直。这时,要注意不能与竖井投影相混淆。

(三) 井下测量图的绘制

1. 平面图的绘制

井下巷道平面图是井下主要测量图件,它包括中段水平巷道平面图和分层采掘工程平面图等。井下巷道平面图的主要内容如下:

① 该水平(或分层)所有采掘巷道;

② 各采场、矿块的划分及编号;

③ 矿体界线、矿柱边界以及主要地质构造界线;

④ 纵横剖面或投影线;

⑤ 巷道内各种固定采矿设备与构筑物(卷扬机机房、水泵房等);

⑥ 主要测量标志(导线点、水准点等);

⑦ 分层采掘工程平面图上可同时表示采场的回采进度线,或分别绘制分层主要巷道平面图和回采工程平面图。

2. 绘制井下巷道平面图的原始资料

① 巷道内各测量控制点的坐标和高程;

② 根据以上各控制点所测巷道轮廓点的碎部资料;

③ 有关的地质资料。

3. 绘图的方法和步骤(如图 13-27 所示)

① 在井下巷道平面图纸上先绘好坐标格网线,如图 13-27(a)所示,格网边长为 10 cm。当采用自由分幅时,一般让图廓平行于矿体平均走向。只有这样,格网线就才能与图廓斜交。

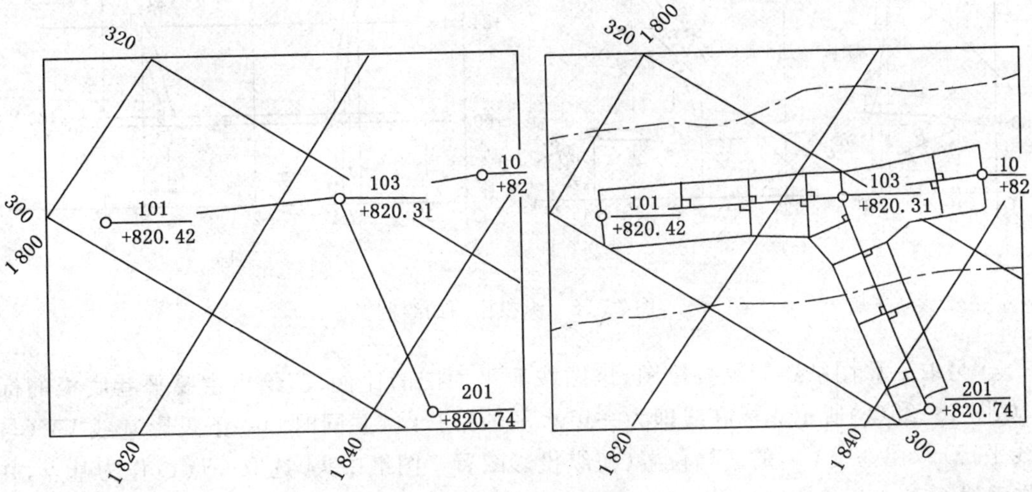

图 13-27 平面图的绘制

② 根据控制点的坐标,将其点位展绘在坐标格网图上。点的右侧面画一条短横线,横线上方注明该点编号,下方注明该点高程。

③ 连接相邻各导线点。

④ 根据所测碎部点资料,逐点展绘。最后连接相邻各点,即为图 13-27(b)所示的巷道平面图。

⑤ 有关地质资料可交由地质人员填绘。

2. 纵投影图的绘制

纵投影图可以根据综合平面图或中段平面图及其碎部测量资料绘制。

(1) 纵投影图中主要内容

① 井筒、各中段水平巷道、穿脉巷道以及采准切割坑道的位置;

② 各采场的轮廓、采掘高度与充填高度;

③ 按投影线或剖面线位置相切的地表实际剖面;

④ 矿岩界线与主要地质构造线;

⑤ 保护矿柱界线。

(2) 绘制的方法和步骤

根据综合平面图绘制纵投影图的方法和步骤,如图 13-28 所示。

① 在综合平面图 13-28(a)上,选定一条纵投影基线 VV(纵投影面与水平投影面的交线),该线又叫迹线。纵投影基线应与主要平巷平行。

② 在基线 VV 上任选一点 O 作为基点,并过 O 作基线的垂线 QO。

③ 将综合平面图上各主要特征点(导线点、中线点、轮廓点等)分别向基线 VV 投影,投影方向平行于 QO 或垂直于 VV。于是,在基线 VV 上即得 $1'$,$2'$,等各点。

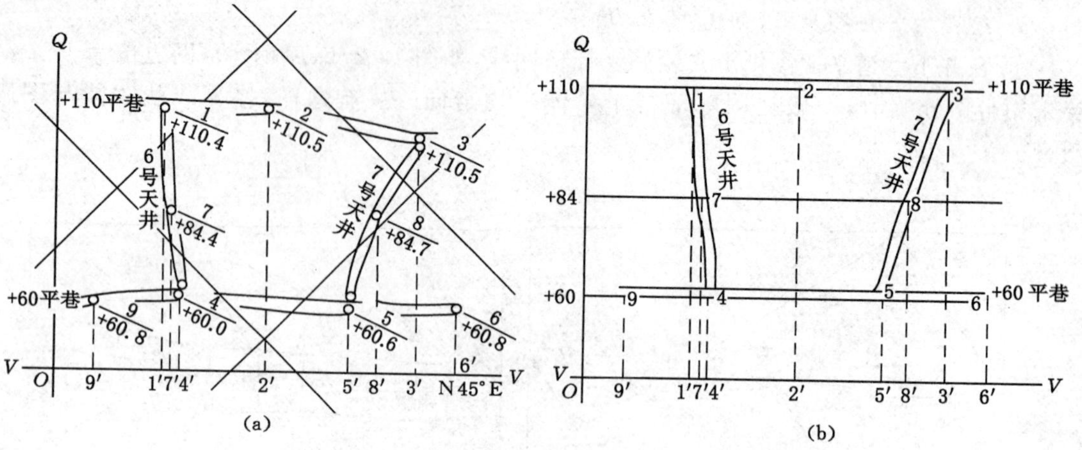

图 13-28 纵投影图的绘制

④ 另取一张图纸绘制纵投影图，该图按照平面图的比例尺，绘出主要平巷底板的标高线，如图 13-28(b)所示。标高线即为一组水平的平行线，并同时画一条投影基线 VV(与标高线平行)。在基线 VV 的适当位置(使纵投影图置于图纸中央)选取一点 O 作为基点，并过 O 作垂线 QO'。

⑤ 在综合平面图的纵投影基线 VV 上，从基点 O 分别量取到各投影点 $1',2',\cdots,n'$ 的长度 $O1',O2',\cdots,On'$，并依次在纵投影图的纵投影基线 VV 上从 O 起分别定出 $1',2',\cdots,n'$ 各点的点位。

⑥ 在纵投影图上，过各投影点作垂线在各点相应标高的标高线处终止，即可得 $1,2,\cdots,n$ 各点。

⑦ 根据巷道碎部测量所测得的巷道顶板高和巷道宽度，连接相应各点，即可绘出纵投影图。

根据各中段平面图绘制纵投影图时，是将各中段分别向纵投影面上投影。各中段平面图上的投影基线 VV 和 QO 应一一对应，不得有任何错动。

当矿体走向以及水平巷道走向有较大变化时，纵投影面的位置也应相应改变，如图 13-29(a)所示，矿体 $ABDC$ 在 CD 处改变走向，变为 $CDFE$。纵投影基线可选择 V_1V_1 和 V_2V_2，然后分别投影。最后将两纵投影面展开为平面，如图 13-29(b)所示。

3. 井下测量图的专用符号

井下测量图的符号十分丰富，且不同类型的矿山(如煤矿和冶金矿)表现同一事物的符号不尽相同，在测图和判读时一定要注意。尽管如此，矿图的符号还是可以大致分为如下三类：

(1) 井巷符号

井巷是地下开采矿山构造的基本元素。如竖井、斜井、平峒、水平巷道、倾斜巷道、溜矿井、通风井等。广义来说，它们既是通道(路、管、风、水)，又是设备空间，也是生产工作面。无论何种，其图示符号的基本图形就是它们的投影轮廓或剖面。

由于井下测量图的比例尺较大，因此井巷轮廓都是按图比例尺绘制。

此外，各种井巷的断面除按实际尺寸(按图比例尺缩小)绘制外，一般用专用符号。

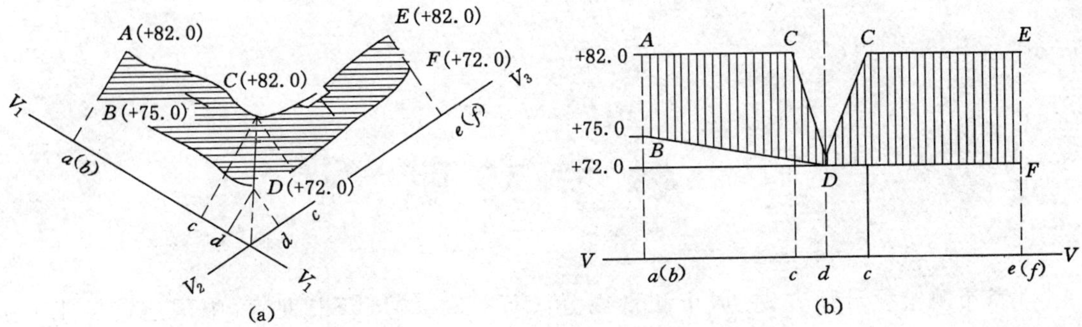

图 13-29 两条投影基线的纵投影

(2) 测量标志符号

井下各种永久性测量标志包括各级导线点、水准点等，这些都应在图上加以标示，以便在设计和施工中运用。测量标志符号不仅显示其点位，而且要显示其性质、用途、编号以及埋设标志材料等。

(3) 地质符号

地质符号主要有以下几种类型：

① 矿体与围岩边界线；

② 矿体的性质、名称；

③ 矿体的倾向与倾角；

④ 断层位置。

4. 矿山测量图的拼接

井下矿山测量图一般比例尺较大，由于图幅的限制，在使用时一般都要由几张图纸拼接一起。其拼接的方法如下：

(1) 按统一分幅编号拼接。按拼接表用图名或图号拼接。

(2) 按坐标格网线拼接。当矿山测量图按自由分幅时，由于图幅大小不一定标准，坐标格网线也不一定与图廓平行，这时图的拼接只能按格网线的坐标注字进行拼接。

(3) 按地址勘探线拼接。地质勘探线就是地质勘探钻孔的排面线，它是在地质普查的基础上，根据勘探设计在地面上标志钻孔的，一般它与矿体走向垂直。勘探线间有一定的距离并统一编号，图上均画有标志，因此使用图时就可以按勘探线进行拼接。

(4) 按标高线拼接。由于纵投影图及剖面图上的标高线是按一定比例尺绘制的，因此，只要图比例尺相同，使用时就可以按标高线拼接或对应转绘。

参 考 文 献

[1] 北京市测绘设计研究院. 城市测量规范:CJJ/T8—2011[S]. 北京:中国建筑工业出版社,2011.

[2] 高井祥. 测量学[M]. 5 版. 徐州:中国矿业大学出版社,2016.

[3] 国家质量技术监督局. 国家三角测量规范:GB/T 17942—2000[S]. 北京:中国标准出版社,2000.

[4] 国家质量技术监督局. 全球定位系统(GPS)测量规范:GB/T18314—2009[S]. 北京:中国标准出版社,2009.

[5] 河海大学《测量学》编书组. 测量学[M]. 2 版. 北京:国防工业出版社,2014.

[6] 华锡生,李浩. 测绘学概论[M]. 北京:国防工业出版社,2014.

[7] 卡普兰. GPS 原理与应用:第 2 版. [M]. 寇艳红,译. 北京:电子工业出版社,2007.

[8] 孔祥元,郭际明,刘宗泉,等. 大地测量学基础[M]. 2 版. 武汉:武汉大学出版社,2010.

[9] 孔祥元,郭际明. 控制测量学:下册[M]. 武汉:武汉大学出版社,2015.

[10] 李朝奎,李爱国. 工程测量学[M]. 长沙:中南大学出版社,2009.

[11] 刘谊,邢费和,马振利,等. 测绘学[M]. 北京:教育科学出版社,2000.

[12] 刘玉梅. 工程测量[M]. 北京:化学工业出版社,2013.

[13] 宁津生. 测绘学概论[M]. 2 版. 武汉:武汉大学出版社,2016.

[14] 潘正风,杨正尧,程效军,等. 数字测图原理与方法[M]. 武汉:武汉大学出版社,2004.

[15] 潘正风. 数字地形测量学[M]. 武汉:武汉大学出版社,2015.

[16] 祁丛林. 龚新亚. 土木工程测量[M]. 南京:东南大学出版社,2014.

[17] 王劲松,鲁有柱. 土木工程测量[M]. 北京:中国计划出版社,2008.

[18] 王铁生,袁天奇. 测绘学基础[M]. 郑州:黄河水利出版社,2008.

[19] 许娅娅,雒应,沈照庆. 测量学[M]. 4 版. 北京:人民交通出版社,2014.

[20] 张正禄,黄全义,文鸿雁,等. 工程的变形监测分析与预报[M]. 北京:测绘出版社,2007.

[21] 张正禄. 工程测量学[M]. 2 版. 武汉:武汉大学出版社,2002.

[22] 中国有色金属工业总公司. 工程测量规范:GB 50026—2007[S]. 北京:中国计划出版社,2008.

[23] 中华人民共和国建设部. 建筑变形测量规范:JGJ8—2016[S]. 北京:中国建筑工业出版社,2016.

[24] 中华人民共和国交通运输部. 公路工程技术标准:JTG B01—2014[S]. 北京:人民交通出版社,2014.